GERSTENBERG VERLAG

# 50 Klassiker SCHIFFE

*Von der Arche Noah bis zur Cap Anamur*

*dargestellt von Lutz BUNK*

# Jenseits des Horizonts …

*Wenn du ein Schiff bauen willst, solltest du die Leute nicht zum Baumfällen antreiben, sondern ihre Sehnsucht nach dem Meer wecken.*
Antoine de Saint-Exupéry

50 Schiffe – 5000 Jahre Geschichte. In diesen 5000 Jahren hat die Erfindung des Segels den Menschen weitere Räume eröffnet als die Erfindung des Rades. Bis zur Serienreife des Flugzeugs fand der Austausch zwischen fernen Ländern, Kontinenten und Kulturen vor allem auf dem Seeweg statt – ohne Schiffe wären Handel und Wissen, aber auch Machtinteressen und Migrationen auf deutlich engere Umkreise beschränkt geblieben.

Schiffe, ob Segler oder Dampfer, waren stets Träger von Hoffnungen und Projektionen, aber mit ihnen verbanden sich immer auch Ängste. Schiffe duften nach Teer, Holz und Stahl, und sie wecken stets aufs Neue die Sehnsucht nach dem Meer. Seeleute betrachten Schiffe als lebendige Wesen. Doch so robust und technisch ausgefeilt ein Schiff auch sein mag, ist es doch immer den Launen des Meeres ausgeliefert. Der Alltag an Bord von Entdecker- und Forscherschiffen war hart und oft eintönig. Ganz anders das Leben und Treiben an Bord der Titanic, auf der sich die Passagiere mit ausgefallensten Vergnügungen, wie etwa Kamelreiten, die Zeit vertreiben konnten.

■ Flotte der niederländischen Ostindischen Kompanie. Gemälde von Ludolf Backhuysen, 1675

So stellte man sich die Bunte Kuh von Flandern lange Zeit vor. Aquarell von Enno Kleinert. In Wirklichkeit waren die Hansekoggen größer und hatten nur einen Mast.

Das Meer ist Urort des Menschen. Unsere Vorfahren kamen aus dem Wasser, wir wachsen schwimmend in der Fruchtblase heran und bestehen zum größten Teil aus Wasser. Wir alle tragen ein Stück »Urmeer« in unserem Körper. Unser Blut ist salzig, und es wird vermutet, dass dieser Salzgehalt dem des Meeres zur Zeit der Entstehung des Lebens entspricht. Wir sind untrennbar verbunden mit dem Meer – es ist Metapher für Romantik und Abenteuer, aber zugleich auch Sinnbild für das Unkontrollierbare der Natur.

Der in den letzten Jahrzehnten immer aktivere Umweltschutz hat uns die Bedeutung des Meeres für unser Weiterleben auf diesem Planeten erst richtig bewusst gemacht. Filme, Literatur und Medien beschäftigen sich mit dem Meer. Längst zieht das Meer nicht mehr nur Männer in seinen Bann, auch Frauen begeistern sich zunehmend für die maritime Welt. Die gesteigerte Aufmerksamkeit und die globale Vernetzung haben die Forschung vorangetrieben. Dank neuer Methoden können Überreste historischer Schiffe heute leichter aufgespürt und analysiert werden. Das Holz eines im Sacramento River, Kalifornien, gestrandeten Dschunkenwracks etwa wurde mithilfe der C-14-Analyse auf das Jahr 1410 datiert. Anhand solcher Forschungsergebnisse können Historiker mittlerweile die Entwicklung der Zivilisation während der letzten 5000 Jahre fast lückenlos nachvollziehen. So lassen zum Beispiel Reste der Schiffsladung darauf schließen, wie sich die Menschen an Bord ernährt haben und auf welchen Routen das Schiff unterwegs war.

Die wichtigste moderne Quelle der Seefahrtsgeschichte ist die Unterwasserarchäologie, deren Pionier der Franzose Jacques Cousteau war, der Anfang der 1950er Jahre als erster geeignete Tauchgeräte entwickelte. Seitdem ist es möglich, zu überprüfen, inwieweit antike Darstellungen der Seefahrt Schriftstellerphantasien entsprangen oder auf historischen Tatsachen beruhen. Das mithilfe von Tauchgeräten gefundene, bis dahin älteste Schiffswrack der Welt zeigt, dass Homer die Schiffe seiner Zeit und jene aus der Zeit des Trojanischen Krieges tatsächlich richtig beschrieben hat.

Noch eine weitere wissenschaftliche Technik entwickelte sich nach dem Zweiten Weltkrieg: das Experimentalsegeln, das dazu dient, legendäre und mythische Reiserouten und Schiffe experimentell zu überprüfen. Für Schlagzeilen sorgte vor allem Thor Heyerdahls Expedition mit dem Balsafloß Kon-Tiki, das der Norweger auf der Grundlage von Abbildungen, die in einer Ruinenstadt der Inka vorgefunden wurden, hatte bauen lassen. Der Engländer Tim Severin wiederum ließ die legendäre Argo nachbauen, die Homer in seiner im achten Jahrundert v. Chr. verfassten *Odyssee* beschreibt, und ruderte mit seiner Mannschaft durch den Bosporus und das Schwarze Meer bis nach Georgien. Damit folgte er der Route, die Jason mit den Argonauten auf der Suche nach dem Goldenen Vlies zurückgelegt haben könnte. Severins zweites Projekt, mit einer rekonstruierten Dhau, der Sohar, wie einst Sindbad nach China zu segeln, wurde zum offiziellen Staatsprojekt des Wüstenstaates Oman. Und die Sohar, die ähnlich gebaut war wie die Schiffe der Pharaonen und nur von Seilen aus Koksfasern zusammengehalten wurde, erreichte ohne Probleme ihr Ziel. Der Australier Alan Villiers steuerte einen Nachbau der Mayflower über den Atlantik, und erst seitdem ist bekannt, wie katastrophal es um die Seetüchtigkeit dieses Schiffes bestellt war. Nachbauten von Wikingerschiffen wiederum schossen geradezu pfeilschnell über den Ozean nach Amerika. Viele Repliken berühmter Schiffe befahren mittlerweile die Weltmeere: die Santa Maria, Bounty, Batavia, Endeavour, Golden Hinde, einige Hansekoggen, und auf dem Genfer See ist sogar eine Galeere unterwegs. Und wer erfahren möchte, wie es ist, an Bord solcher Schiffe in See zu stechen, der sollte eine Fahrt auf einem dieser Nachbauten wagen. Andere historische Schiffe existieren bis heute, etwa die Barke des Pharao Cheops, das wikingische Gokstad-Schiff, Lord Nelsons Victory oder die amerikanische Superfregatte Constitution.

Die Geschichte der Seefahrt hat sich in den letzten Jahren zu einem selbständigen, interdisziplinären Zweig der Geschichtswissenschaft entwickelt. In der Forschung galt zwar schon längere Zeit als sicher, dass die großen Entdecker, da Gama, Kolumbus, Magellan, Drake und Cook, Seekarten benutzten, die bereits vielfach die Umrisse jener Weltgegenden darstellten, die sie erst entdecken wollten. Doch erst in den letzten fünfzig Jahren wurden in verschiedenen Bibliotheken Originale entdeckt. In Istanbul stieß man auf die Seekarte des türkischen Admirals Piri Reïs aus dem Jahr 1513. Die Karte zeigt große Teile der Welt, die im Europa jener Zeit

■ Sir Francis Drake, der im Dienste der englischen Königin Elisabeth I. spanische Schiffe kaperte. Kolorierter Kupferstich von Nicolas de Larmessin, um 1600

noch unbekannt waren – ein möglicher Hinweis darauf, dass vor den europäischen Entdeckern schon andere Seefahrer diese Landstriche entdeckten und kartographierten.

Im Jahre 2002 überraschte der pensionierte britische U-Boot-Kommandant Gavin Menzies die Weltöffentlichkeit mit einer Sammlung einzeln bekannter, aber nie zusammengetragener Details, direkten und indirekten Beweisen, die zeigen, dass vier chinesische Dschunken-Flotten zwischen 1421 und 1423 offenbar die Küsten Amerikas, Afrikas und Australiens kartographiert haben. Kopien und Teilkopien dieser Karten gelangten danach, so Gavin Menzies, auch nach Europa und in die Hand von Magellan oder da Gama.

Wir Europäer müssen uns wohl endgültig an den Gedanken gewöhnen, dass nicht *wir* die Ersten waren, die die Neue Welt entdeckten. Und wir sollten künftig vorsichtiger sein mit unserem bisherigen Schulbuchwissen über Entdeckungen, Seefahrten und Seemannsgarn – das hat sich bei der Recherche für dieses Buch immer wieder herausgestellt. Es dauerte Jahre, bis die vielen Fakten zusammengetragen waren. Spezialbibliotheken, Universitäten und Botschaften halfen, und der direkte Kontakt zu Fachleuten war gerade bei der Suche nach Informationen über jüngere Funde oder modernere Schiffe, von der Whydah bis zur Exodus 1947 oder der Cap Anamur unverzichtbar. Die hier vorgestellten Schiffe stehen nicht nur für bestimmte historische Epochen, sondern repräsentieren zugleich die für die Geschichte der Seefahrt wichtigsten Schiffstypen, wie den Katamaran, den Kutter, die Kogge, die Bark, den Klipper, den Schoner, die Dampfschiffe und andere.

■ Mit seinem Balsafloß Kon-Tiki segelte Thor Heyerdahl von Peru nach Französisch-Polynesien. Filmplakat von 1950

5000 Jahre Geschichte skizziert dieses Buch, am Beispiel von 50 ausgewählten Schiffen und den mit ihnen verknüpften menschlichen Schicksalen. Jedes dieser Schiffe ist bis ins Detail Ausdruck seiner Zeit, eine Art Mikrokosmos, der den Zeitgeist einer Gesellschaft, einer Epoche widerspiegelt. Und so führen uns diese Schiffe, in verknappter Form, die Zivilisationsgeschichte der Menschheit vor Augen.

# Arche Noah

## *Urbild aller Schiffe*

■ Tontafel mit dem Teil des Gilgamesch-Epos', in dem eine Sinflut und der Bau einer Arche geschildert werden. Die assyrische, auf etwa 650 v. Chr. datierte Tafel, wurde in Ninive gefunden und ist heute im British Museum, London, zu sehen. Die sumerischen Originaltafeln des Gilgamesch-Epos' aus dem 3. Jahrhundert v. Chr. existieren nicht mehr.

1839 treibt ein Floß den Tigris hinab, an Bord ist der britische Hobby-Archäologe Austen Layard. Als Kind hatten ihn die *Geschichten aus Tausendundeiner Nacht* fasziniert, jetzt sucht er die biblische Stadt Ninive. Am 8. November macht der 22-Jährige sein Floß in der Nähe von Bagdad fest und beginnt zu graben. Fünf Jahre später stößt er auf 26 000 Keilschrifttafeln – die Bibliothek des Assyrer-Königs Assurbanipal. Die Tafeln werden nach London ins Britische Museum geschickt. Dort, im Jahr 1872, gelingt es George Smith, ebenfalls einem Autodidakten, die Texte zu entziffern. Elf der Tontafeln erzählen die Geschichte des sumerischen Königs Gilgamesch, der um 2900 v. Chr. lebte – die älteste der schriftlich überlieferten Sagen der Menschheit. In diese Erzählung gehört auch der Bericht von einer sintflutartigen Überschwemmung des Zweistromlandes zwischen Euphrat und Tigris. Bodenproben aus dem Irak – deren Alter nach dem Zweiten Weltkrieg anhand der C-14-Methode bestimmt wurde – bestätigten, dass um 2900 v. Chr. tatsächlich eine große Überschwemmung stattgefunden hat.

Den entzifferten Tafeln war zu entnehmen, dass damals auch ein Rettungsschiff, eine Arche gebaut wurde. Doch war dies zunächst nur ein Hinweis, denn die Tafel XI, auf der sich eine exakte Beschreibung hätte finden müssen, war unter den Smith vorliegenden Tontafeln nicht aufzufinden. Kurzerhand reiste er ins Zweistromland, wo er nach wenigen Tagen das fehlende Stück tatsächlich aufspüren konnte, das den Bau eines gigantischen Wasserfahrzeuges bis in technische Details hinein beschreibt.

Textkritische Bibelforscher konnten mit Sprachvergleichen belegen, dass der biblische Bericht über Noahs Arche auf der Flutgeschichte des Gilgamesch-Epos beruht. Christliche Traditionalisten wollten davon nichts wissen; die als »Bibel-Babel-Streit« bekannt gewordene Kontroverse entbrannte und wurde so erbittert geführt, dass sich Kaiser Wilhelm II. bemüßigt sah, zugunsten der Wissenschaftler einzugreifen.

Fast alle Völker der Welt kennen Sintflutmythen. Tatsächlich schmolzen nach dem Ende der letzten Eiszeit (ab 11 000 v. Chr.) die Gletscher langsam ab, und der Meeresspiegel stieg global um bis zu 120 Meter an. Im Jahr 2000 fand der Titanic-Entdecker Robert D. Ballard im Schwarzen Meer in 100 Meter Tiefe Siedlungen, die um 5600 v. Chr. überspült worden sind. Demnach ist das Schwarze Meer also über die Ufer getreten – ein Ereignis, das die historische Grundlage für die Sintflutmythen des Vorderen Orient sein könnte.

Was erfahren wir auf der Tafel XI des Gilgamesch-Epos über den Bau der Arche? Es hat bereits tagelang geregnet, als der halbgöttliche Gilgamesch dem beunruhigten König prophezeit, dass der Euphrat bald über die Ufer treten und des Königs Stadt Shuruppak überfluten werde. Nur sieben Tage bleiben König Utnapischtim, ein Rettungsschiff zu bauen. Dabei hat er nicht sein Volk im Sinn, sondern ausschließlich sich selbst will er retten, seine Familie und seinen Besitz: Nutztiere, Öl, Wein, Gold und Silber. Der biblische Noah baut seine Arche ohne die Hilfe anderer. König Utnapischtim dagegen schafft es, sich der Hilfe seiner ganzen Stadt zu versichern. Die Zeit drängt. Zum Bau einer Arche braucht man viel Holz, die Bewohner der Stadt reißen tatsächlich Dächer, Ställe und Zäune ein und liefern dem König das Holz.

1999 tauchte im Vorderasiatischen Museum Berlin (dem Pergamon-Museum) eine im British Museum fehlende Scherbe auf, die der deutsche Archäologe Robert Koldewey 1913 im Irak gefunden hatte: ein Bruchstück der Gilgamesch Tafel XI mit einer genauen Beschreibung der »agasiliggu«, der Krummäxte aus Bronze, mit denen die Zimmerleute die Arche bauten.

■ Noah und die Arche. Kupferstich von Matthäus Merian d. Ä., 1625/27, Kolorierung der Merian-Werkstatt

»Ein König fragte einst einen Gelehrten: Was gibt es Neues in Ihrer Wissenschaft? und erhielt die Gegenfrage: Kennen Majestät schon das Alte?«
Adolf von Harnack, 1892 zum deutschen »Bibel-Babel-Streit«

Utnapischtim hat einen ganz einfachen Bauplan: Er lässt einen Ponton bauen, einen gigantischen Würfel mit einer Seitenlänge von 60 Metern. Tag und Nacht arbeiten Tausende von Zimmerleuten, Bootsbauern und Hilfsarbeitern. Sie produzieren identische Bauteile: Platten für Boden und Seitenwände, die sich nach Art des Fertigbaus zusammenfügen lassen. Die Reichen der Stadt geben, was sie haben, für den Bau. Unter allen Herden der Stadt lodern die Feuer, man kocht Pech und Teer zum Abdichten des Rumpfes: die gewaltige Menge von 32, wenn nicht gar 270 Tonnen, je nachdem, wie man die Maßangaben deutet. Und zwischen 4 und 30 Tonnen Öl brauchten die Handwerker, um die Hanffasern einzufetten, die zwischen die Planken geschlagen wurden.

Erst als der Rumpf fertig ist, werden Spanten, wasserdichte Schotten sowie sechs Decks eingezogen, die man wiederum in Kammern aufteilt. Es ist nicht einfach, die riesige Konstruktion zu Wasser zu lassen: Der Stapellauf in den Euphrat wird detailliert beschrieben. Als das Ungetüm zu zwei Dritteln im Wasser liegt, belädt es Utnapischtim mit seiner persönlichen Habe und überlässt die hilfreichen Bewohner der Stadt den steigenden Fluten. Sie hatten sich ohne Zögern und Murren am Bau des Schiffs beteiligt, denn der König hatte ihnen gesagt, er werde sich mitsamt der Arche den Göttern opfern. Durch dieses Opfer versöhnt, würden diese die Einwohner Shuruppaks verschonen. Sie würden sie sogar belohnen, denn wie zuvor der Regen würden dann Wein und Weizen vom Himmel fallen. Doch alle Bewohner der Stadt ertrinken in den gelben schlammigen Fluten des Euphrat: »wie Fischlaich füllen sie die See«. Sechs Tage und sieben Nächte tobt ein Südsturm. Er treibt das Schiff zunächst nach Norden, auf die Gebirge der heutigen Türkei zu. So heftig sei der Sturm gewesen, dass man auch tagsüber die Hand nicht vor den Augen habe sehen können. Dann aber legt sich der Sturm, und mit dem ablaufenden

■ Die Tiere ziehen in die Arche Noah ein. Szenenphoto aus dem italienischen Film *Die Bibel* von 1965; Regie führte John Huston.

■ Bau der Arche Noah. Kolorierter Holzschnitt, 1493

Wasser treibt die Gilgamesch-Arche vier Wochen lang zurück nach Süden, dem Persischen Golf zu, bis sie nach vierzig Tagen schließlich am Berg Nisir strandet. Weil es am Persischen Golf keinen Berg gibt, nur Sanddünen, vermuten die Forscher heute, dass das Schiff auf einer »shadu«, einer Erhebung strandete, die »nisirtu«, also unzugänglich, unbekannt und versteckt lag. Die biblische Arche dagegen treibt zwölf Monate auf den Wogen, und immer weiter nach Nordosten, bis sie schließlich am »Berg Ararat« strandet.

Die Türken nennen diesen Berg Agri Dagi. Der glücklichste Mensch in dieser Gegend ist vermutlich der Wirt des Sim-Er-Hotels; sein Hotel verfügt als einziges über Zimmer mit Minibar und Panoramablick auf die grandios bedeutungsvolle Aussicht. Dass

Gott befiehlt dem biblischen Noah, »alle Tiere« mitzunehmen. Die Juden verstehen darunter »alle Tiere, die der Talmud nennt«. Demnach wären also sieben Paare Rinder, Schafe und aller anderen koscheren Säugetiere an Bord gekommen, dazu je ein Paar der dreißig Arten, die wie die Schweine als unreine Vierfüßler gelten sowie ein Paar aller unkoscheren Vögel – insgesamt 280 Tiere. Utnapischtim, der König des Gilgamesch-Epos nahm die Tiere seines persönlichen Besitzes mit: »Ich verlud alle Tiere, die ich hatte.«

die Region um den Ararat – nur 30 Kilometer von der Grenze zur ehemaligen Sowjetunion und zum Iran entfernt – militärisches Sperrgebiet war, machte sie nur noch geheimnisvoller; sie blieb wegen des türkisch-kurdischen Konfliktes bis 1998 für Touristen und Forscher tabu. Heute ist der schneebekrönte Fünftausender – wie die Pyramiden von Gizeh oder Stonehenge – wieder Anziehungspunkt für Bergsteiger, Archäologen und Mythomanen.

Unzählige Legenden ranken sich um die Arche und den Berg Ararat. Tatsächlich hat man fossile Muscheln und Meerestiere auf dem Berg gefunden. Russische Wissenschaftler sollen sogar Teile der Arche Noah geborgen haben, die allerdings nach der Oktoberrevolution verschwunden seien. Auf Satellitenphotos unserer Tage will man außerdem den Abdruck eines Schiffs entdeckt haben. Am 6. Juli 1955 fand der Spanier Fernand Navarra in einem Gletscher einen Holzbalken, der nach einer Untersuchung des Prähistorischen Instituts der Universität Bordeaux etwa 5000 Jahre alt sein soll.

■ Die Aussendung der Taube. Nach einer Zeichnung von Gustave Doré (1832–1883)

Juden, Christen und Mohammedaner kennen die Geschichte von Noah und seiner Arche, die Luther mit »Kasten« übersetzt hat. Alle drei Religionen siedeln den Landeplatz des Schiffs auf oder in der Nähe des Ararat an. Die Heimat von Noah und Abraham, den Stammvätern, auf die sich alle drei Religionen beziehen, war das Zweistromland zwischen Euphrat und Tigris, der Schauplatz des Gilgamesch-Epos.

# ARCHE NOAH

## DATEN UND FAKTEN

**Die Arche des Gilgamesch-Epos:**
**Baujahr:** um 2900 v. Chr.
**Typ:** würfelförmiger Schwimmponton mit 9 Schotten, 7 Hauptdecks und Stauraum in weiteren 63 Zwischendecks
**Tonnage:** 76 000 BRT; evtl. 10 000 t Ladekapazität
**Maße:** Länge: 60 m; Breite: 60 m; Höhe: 60 m. Der Gilgamesch-Text spricht von einer Seitenlänge von »120 Ellen« (die Elle zu 50 cm) und einer Höhe von »10 Ruten«, ebenfalls 120 Ellen = 60 m. Die quadratische Fläche des Decks wird mit einem »Ar« = 4000 qm angegeben; dies führt zu einer Seitenlänge von 63 m. Problematisch ist die Bestimmung des im Gilgamesch-Epos verwendeten Mengenmaßes »sar«. Mit sechs sar Teer sei der Rumpf innen ausgegossen worden, mit drei sar Pech zusätzlich von außen isoliert, und mit einem sar Öl das Hanf-Werg eingefettet worden, das man zum Abdichten zwischen die Planken schlug. Die Übersetzer des Gilgamesch-Epos interpretieren das Maß äußerst unterschiedlich: Ephraim Speiser (1950) schätzt ein »sar« auf 8000 amerikanische Gallonen = 30 240 Liter; Raoul Schrott (2001) dagegen auf nur 3600 Liter. So wären nach Speiser 270 t, nach Schrott 32 t Teer und Pech zum Abdichten verwendet worden; zusätzlich 30 t (nach Speiser) bzw. 3,6 t (nach Schrott) Öl zum Kalfatern der Planken.
**Baumaterial:** Zedernholz (gopher)
**Bauweise:** Segmentbauweise, der Boden und die Seitenteile wurden einzeln gebaut, zusammengesetzt, und erst danach wurden die Spannten im Inneren eingezogen – die bis in die Wikingerzeit übliche Schiffbauweise. Erst später geht man den umgekehrten Weg.
**Antrieb:** möglicherweise Ruder, der Text spricht von Dollen.

**Die Arche Noah der Bibel:**
**Typ:** lange Barke mit Flachkiel, 3 Decks
**Maße:** Länge: 135 m; Breite: 22,5 m; Rumpftiefe: 13,5 m (300 Ellen lang, 50 Ellen breit, 30 Ellen hoch; 1 hebräische Elle = 45 cm). Eine derart schlanke Konstruktion wäre allerdings äußerst instabil.
**Wasserverdrängung:** ca. 15 000 t bzw. 14 500 BRT
**Baumaterial:** Tannenholz, Pech
**Antrieb:** keinen

## WISSENSWERTES

**Wasserverdrängung von Schiffen:** Dem Gilgamesch-Text zufolge wurden 300 Stangen zum Staken des Schiffes angefertigt, jede 30 m lang. Das könnte einem möglichen Tiefgang von 10m und damit einer geschätzten Wasserverdrängung von 10 000 t bzw. 76 000 BRT entsprechen. Die viel benutzte Maßangabe Bruttoregistertonne ist irreführend. Mit BRT bezeichnet man nur den Bruttoraumgehalt eines Schiffes, nicht dessen Gewicht oder tatsächliche Ladefähigkeit. 1 BRT (= 2,83 Kubikmeter) ist der Raum, in der sich eine (um 1850 durchschnittliche) Tonne Fracht, gleich welcher Art, verstauen ließ. Wie sehr Ladekapazität und Bruttoraumgehalt voneinander abweichen können, zeigen auch die chinesischen Riesen-Dschunken des 15. Jhs.: Mit bis zu 40 000 BRT fassen sie eine Zuladung von nur ca. 3600 t.

## AUF DEN PUNKT GEBRACHT

So phantastisch es klingen mag, aber mit den technischen Möglichkeiten und Ressourcen vor 5000 Jahren wäre der Bau einer gigantischen, wenn auch primitiven Arche durchaus möglich gewesen.

## EMPFEHLUNGEN

**Lesenswert:**

Raoul Schrott (Hg.): *Gilgamesh-Epos*, München–Wien 2001

Andrew George: *The Epic of Gilgamesh. The Babylonian Epic Poem and other Texts in Akkadian and Sumerian*, London 2003

Raymond J. Tournay, Aaron Shaffer: *L'Épopée de Gilgamesh*, Paris 1998

Thor Heyerdahl: *Tigris. Auf der Suche nach unserem Ursprung*, München 1987

**Besuchenswert:**

Vorderasiatisches Museum, Berlin (Pergamon-Museum)

British Museum, London

**Anklickenswert:**

www.assyriologie.uni-hd.de/assurmaul/gilga.htm
Die Seite zeigt das von Prof. Stefan M. Maul 1999 in Berlin entdeckte letzte fehlende Fragment der Tafel XI des Gilgamesch-Epos

# Cheops-Barke

## *Das Sonnenschiff des Pharao*

Vier Jahre hatte der ägyptische Archäologe Kamal el-Mallakh darum gekämpft, einige Steinplatten direkt am südlichen Fuß der großen Pyramide von Gizeh untersuchen zu dürfen. Am 26. Mai 1954 war es soweit. Als er die erste lockern ließ, strömte ihm der süße Geruch von Zedernholz entgegen. In einer unterirdischen Halle lag die 43 Meter lange Kultbarke des Pharao Cheops, allerdings als Puzzle: zerlegt in 1224 Einzelteile, sorgsam in 13 Schichten gestapelt. Das Sonnenschiff war um 2600 v. Chr. gebaut worden. Es sollte den verstorbenen Pharao zu seinem göttlichen Vater, dem Sonnengott Re, bringen, der den Himmel Tag für Tag in einem Boot überquert. Wahrscheinlich wurde der einbalsamierte Leichnam in der Barke zur Pyramide überführt. Das Boot war nicht nur Grabbeigabe, es hatte, wie nachgewiesen werden konnte, zusammengesetzt im Wasser gelegen. Die Zedernholzteile waren erstaunlich gut erhalten: Die mit Gips verputzten Kalksteinquader hatten die Fundkammer luftdicht gemacht und die Königsbarke des Pharao im Originalzustand konserviert. Mit ihren viereinhalbtausend Jahren ist sie das älteste und zugleich das am besten erhaltene Schiff, das je gefunden wurde.

Vierzehn Jahre, bis 1968, benötigte man, um das Schiff vollständig zusammenzusetzen. Es war, wie sich herausstellte, nach der gleichen Methode gebaut worden, die auch die Wikinger noch anwendeten (s. S. 44): Zuerst wurde aus Planken die Außenhaut des Schiffes zusammengesetzt, im zweiten Schritt dann das versteifende Innengerüst aus Querspanten eingezogen. Kopfzerbrechen bereiteten den Archäologen die unzähligen Löcher im Rumpf sowie die große Menge von Grasseilen in der Grabkammer. Obwohl man weder Mast noch Segel fand, dachte man zunächst, sie gehörten zur Takelage. Dann erkannte man, dass Löcher und Seile dazu dienten, das Schiff »zusammenzubinden«. Wurden die

■ Cheops-Barke. Illustration von Enno Kleinert, 1992

■ Der Sonnengott Re in seiner Barke tötet das in der Finsternis hausende Schlangenungeheuer Apophis. Sarkophag des Nespawershepi, Schreiber im Amun-Tempel. 21. Dynastie, um 984 v. Chr.

durch Hunderte von Löchern gefädelten Seile feucht, zogen sie sich und damit auch die exakt gearbeiteten Planken wasserdicht zusammen – arabische Dhaus (s. S. 38) wurden bis ins 17. Jahrhundert ähnlich gebaut.

Die Königsbarke sah aus wie die Vergnügungsschiffe der Pharaonen. Diese wurden von 10 Ruderern bewegt; Bug und Heck, beide schlank, erinnerten an die Papyrusboote, mit denen Ägypter schon 6000 v. Chr. zur See fuhren (s. S. 240). Dem Pharao stand eine Kabine mit zwei Räumen zur Verfügung, deren Decke von grazilen Kapitellen gestützt wurde; die Hofbeamten mussten sich am offenen Bug aufhalten, wo, wie oft bei ägyptischen Schiffen, unter einem kleinen Baldachin eine Götterfigur stand. Über ein Segel verfügte die Barke nicht – im Unterschied zu den ägyptischen Handelsschiffen, die um 2600 v. Chr. mit markanten zweibeinigen Masten fuhren.

Zu dieser Zeit erlebte das südöstliche Mittelmeer einen regen Handelsverkehr. Hunderte Schiffe legten jede Woche in den Häfen des Pharaonenreiches an, regelmäßig auch ein bis zwei schwere Holzfrachter, die ausschließlich Zedern geladen hatten, die von der Levante kamen, dem heutigen Syrien, Libanon und Palästina. Das wohlriechende harte Holz war eines der beliebtesten Handelsgüter, aus ihm

Um 1400 v. Chr. ließ Pharao Amenophis III. einen Obelisken auf einem von 864 Mann geruderten Frachter von 7000 Tonnen Ladefähigkeit 600 Kilometer den Nil abwärts bringen. Wie alle Pharaonen liebte Amenophis III. auch den Prunk auf dem Wasser, für seine Frau Tiy ließ er einen 2000 Meter langen und 400 Meter breiten See anlegen, der durch einen Kanal mit dem Nil verbunden war. Zur Einweihung kam Amenophis mit seinem Flaggschiff »Die Herrlichkeit von Aton«.

■ Ägyptische Totenbarke. Holzmodell, 11. Dynastie, 2100–2000 v. Chr.

wurden nicht nur die Königsbarken, sondern auch die Sarkophage der Pharaonen gefertigt und das Öl zu deren Einbalsamierung gewonnen. Auch Vieh und Silber, Früchte und Kupferteller aus Zypern, feine Tuche aus Syrien holten die ägyptischen Kapitäne, lieferten dafür Papyrus, Leinen, Perlen, Figurinen und Öl. Königin Hatschepsut schickte um 1500 v. Chr. ganze Flotten in den Süden des Roten Meeres, die mit Sklaven, Gold, Weihrauch, Elfenbein, Affen und einmal sogar mit einem lebendigen Panther zurückkehrten. Über das Rote Meer hinaus aber trauten sich die Seeleute der Hatschepsut nicht; und auch im Mittelmeer segelten ägyptische Kapitäne nur die Küsten entlang.

Mit den Phöniziern (s. S. 20), der großen Seefahrernation, hielten die Ägypter Frieden, doch draußen auf der offenen See lauerten griechische wie auch kleinasiatische Piraten, die in historischen Quellen lapidar als »Seevölker« (s. S. 24) bezeichnet werden. Um 1200 v. Chr. waren diese so stark geworden, dass sie das ganze östliche Mittelmeer terrorisierten und schließlich auch die Großmacht am Nil angriffen: mit 1000 Schiffen und 60 000 Mann. Ramses III. ließ die Seeschlacht an einer Tempelwand in Theben darstellen. Dass die Ägypter triumphierten, verdankten sie einer neuen Taktik. Sie wussten, dass die Seevölker die besseren Seefahrer waren, und nahmen darum Bogenschützen an Bord.

Immer größere Schiffe bauten die Ägypter; spätestens gegen 1500 v. Chr. transportierten sie aus den Steinbrüchen von Assuan mehrere hundert Tonnen schwere Granitobelisken zweihundert Kilometer den Nil hinab zu den großen Tempelstädten von Luxor und Karnak. Mit ihrer Lademethode nahmen die Ägypter das Wasserverdrängungsprinzip des Archimedes vorweg. Die Obelisken wurden quer über einen Kanal gezogen, ein mit Ballast beladenes Schiff fuhr darunter, wurde entladen und hob durch den Auftrieb den Obelisken an.

Nur wenige Touristen verirren sich heute in das eigens für die Sonnenbarke des Cheops eingerichtete Museum, obwohl es sich direkt neben der großen Pyramide befindet und über eine Klimaanlage verfügt. In der kurzen Restaurierungszeit hatte das Schiff durch Luftfeuchtigkeit und Temperaturschwankungen mehr gelitten als in den 4600 Jahren zuvor. 1987 fand man eine zweite Barke, in einer identischen Kalksteinkammer direkt neben der ersten. Man verschloss sie sofort wieder luftdicht.

»Lebende Tote« nannten die Ägypter ihre Rudersklaven. Um Kraft zu sparen, standen diese beim Rudern zunächst auf und ließen sich dann, ihr Körpergewicht nutzend, wieder nach hinten auf die Bank sinken, eine Technik, die 4000 Jahre Bestand hatte. Auch die venezianischen Galeeren-Sklaven des 16. Jahrhunderts ruderten so, wenn sie beschleunigten. Die Königsjachten der Pharaonen sollen bis zu zwölf Stundenkilometer schnell gewesen sein, bei 26 Ruderschlägen pro Minute.

# CHEOPS-BARKE

## DATEN UND FAKTEN

**Baujahr:** um 2613 v. Chr.
**Maße:** Länge: 43,3 m; Breite: 5,9 m; Tiefgang: 1,48 m
**Wasserverdrängung:** ca. 45 t
**Baumaterial:** Zeder, Akazie, Alfa-Gras. Schon um 6000 v. Chr., in der vordynastischen Zeit, verfügten die Ägypter über Papyros-Schiffe, mit denen sie segeln konnten. Wann sie begannen, Schiffe aus Holz zu bauen, ist unbekannt.
**Bauweise:** Ein Deck auf 46 Deckbalken und 16 Holzspanten, 2 Seiten-Steuerruder, eine 9 m lange Kabine. Rumpf aus Planken, die mit Grasseilen wasserdicht zusammengehalten werden. Obwohl arabische Dhaus nach einem ähnlichen Muster gebaut wurden, brauchten die Archäologen lange, um diese Bautechnik bei der Cheops-Barke zu entschlüsseln. Schon Phönizier und Griechen befestigten die Planken ihrer Schiffe mit Zapfen, Dübeln und/oder Nägeln.
**Antrieb:** 10 Ruderer

## WISSENSWERTES

**Die Frachtschiffe der Ägypter:** Ein so genanntes Sprengtau, ein dickes in sich gedrehtes Seil war vom Bug zum Heck gespannt und gab den Schiffen zusätzliche Längsstabilität: Es konnte wie eine Aderpresse beim Blutabbinden angezogen werden. Diese Technik wurde von den Papyrus-Schiffen übernommen. Die Mastkonstruktion der ägyptischen Nutzsegler um 2600 v. Chr. findet man in der Geschichte des Schiffbaus nur noch in der frühen Seefahrt im Pazifik. Für die grazilen kiellosen Rümpfe war ein normaler, einzelner Mast zu schwer, weswegen man auf einen zweibeinigen auswich, der das Gewicht besser verteilte und der leicht abzunehmen war. Um 1500 v. Chr. war die Stabilität der Schiffe so weit entwickelt, dass man mit einbeinigen Masten fuhr, was die Segeleigenschaften verbesserte. Bei Windstille mussten Sklaven rudern. Wer nach Ägypten fährt, der sollte in Tempeln auf Abbildungen von Ruderern achten, die zusätzlich zum Lendenschurz vorne auch noch hinten einen tragen, allerdings einen aus Leder, zum Schutz des Gesäßes.
**Unfallbericht und Seemannsgarn, altägyptisch:** Auch die älteste schriftliche Überlieferung eines Schiffsunterganges stammt von ägyptischer Hand. Die Papyrusrolle eines anonymen Autors erzählt von der Fahrt eines 54 m langen Erzfrachters mit einem 18 m hohen Mast. Das Schiff war um 2000 v. Chr. im Roten Meer mit einer Ladung Kupfer unterwegs, geriet in einen Sturm und sank mit 120 Mann: »Das Schiff sackte weg wie Blei, ich allein überlebte.« Er selbst, so der Schreiber, sei auf einer Insel gestrandet. Dort habe ihm ein 14 Meter langer sprechender Fisch prophezeit, dass er gerettet werde.

**Neuerungen ab ca. 1500 v. Chr:**
- Fernwaffen (Bogenschützen) an Bord
- Wassersport mit Segel- und Ruderwettkämpfen

## AUF DEN PUNKT GEBRACHT

Die Cheops-Barke ist das älteste je gefundene Schiff, und es war perfekt konserviert – eine Sternstunde der Schiffsarchäologie. Der Fund zeigte, wie weit die Schiffbaukunst schon zur Zeit der Pharaonen entwickelt war.

## EMPFEHLUNGEN

**Lesenswert:**

Björn Landström: *Die Schiffe der Pharaonen*, München 1974

Thor Heyerdahl: *Expedition Ra. Mit dem Sonnenboot in die Vergangenheit*, München 1987

Colin Thubron (Hg.): *Die Seefahrt des Altertums*, Eltville 1992

Joseph Gribbins: *Wooden Boats. Vom Ruderboot zur Segeljacht*, Stuttgart 1994

Helmut Pensel: *Weltgeschichte der Seefahrt*. Band I, Hamburg 2000

László Veres, Richard Woodman: *Unter Segeln. Vom Einbaum zum Hightech-Segler*, Bielefeld 2002

**Besuchenswert:**

Das Sonnenboot-Museum in Gizeh, direkt am südlichen Fuß der Großen Pyramide

Musée du Louvre, Paris

**Anklickenswert:**

www.egytpsites.co.uk/lower/giza/museum/museum.html

# Gelidonya-Schiff

## Phönizischer Handel auf See

»Sie trugen quastenreiche Mäntel, Haar und Backenbärte glänzten schwarz, groß blickten die braunen mandelförmigen Augen, auffällig waren ihre gebogenen Adlernasen, in den Ohren trugen sie stets goldene Ringe.« Homer, *Odyssee*

Seit der französische Unterwasserforscher Jacques Cousteau moderne Tauchsportgeräte entwickelt hatte, zog es viele Abenteuerlustige zur Erforschung des Meeresgrundes. Auch den New Yorker Journalisten Peter Throckmorton. Im Sommer 1959 erzählte ihm der türkische Schwammtaucher Kemal Aras, er habe vor dem Kap Gelidonya (in der Nähe des heutigen Ferienparadieses Bodrum) ein Wrack mit einer Bronzeladung entdeckt und auch die exakte Position notiert, denn er wolle das Wrack sprengen, um das wertvolle Metall zu bergen.

Throckmorton schloss sich einem Taucherteam an, und tatsächlich fand man das Schiffswrack. Es war das bis dahin älteste der Welt, gebaut um 1200 v. Chr. Erst 1982 wurde bei Uluburun, ebenfalls in der Nähe von Bodrum, ein noch älteres Schiff entdeckt, das auf 1400 v. Chr. datiert wird. Wer das Gelidonya-Schiff, wie es fortan genannt wurde, gebaut hat, weiß man nicht. Aber es hatte Gebrauchsgegenstände an Bord, und diese gaben Auskunft über seine Herkunft: Es ist eindeutig ein phönizisches Schiff, das einzige, das bis heute gefunden wurde.

Der Fund war eine archäologische Sensation und bewies, dass Homer in der um 800 v. Chr. entstandenen *Odyssee* den Schiffbau um 1500 v. Chr. exakt beschrieben hatte (s. S. 24): Die Planken wa-

■ Landung phönizischer Schiffe. Typisch sind die Pferdeköpfe als Galionsfigur. Holzstich, um 1880

ren mit Dübelzapfen ineinander gesteckt. Durch diesen Fund weiß man auch, warum Homer oft von Reisig in Schiffen berichtet hatte: Im Gelidonya-Wrack lag die Ladung auf einer dicken Schicht Reisig. Diese sollte einerseits die Ladung vor dem Bilgenwasser schützen, andererseits den Holzboden vor dem Gewicht der 1,5 Tonnen schweren Erzladung.

Plinius, der römische Historiker, nennt die Phönizier »die Erfinder des Handels«. Tatsächlich dominierten sie und ihre Nachfahren, die Karthager, von 1200 bis 200 v. Chr. den Fernhandel im Mittelmeerraum und darüber hinaus. Basis dieser Handelsmacht war allerdings nicht das nur neun Meter lange Gelidonya-Schiff, sondern knapp dreißig Meter lange, sehr bauchige Frachtsegler. Sie werden auch als Rundschiffe bezeichnet, sind von der Form her den holländischen Fleuten des 17. Jahrhunderts sehr ähnlich (s. S. 112), wurden allerdings auch gerudert.

■ Bergung von Artefakten des Gelidonya-Schiffs. Bei wiederholten Tauchgängen in den späten 1980er Jahren wurden – dreißig Jahre nach den ersten Ausgrabungen – zwei gut erhaltene mykenische Amphoren in etwa fünfzig Meter Entfernung vom Wrack des gesunkenen Schiffes gefunden.

Um 1200 v. Chr. begannen »Seevölker«, das heißt Seefahrer, die an den Küsten des Ägäischen Meeres und Kleinasiens beheimatet waren, wie etwa die Tjeker (Trojaner), den Phöniziern Konkurrenz zu machen, bedrängten sie auch als Piraten. Um sich ihrer zu erwehren, entwickelten die Phönizier doppelstöckige Galeeren. Auf deren oberen Bänken ruderten phönizische Soldaten, auf den unteren zwei Mannschaften angeketteter Sklaven, die einander ablösten. So konnten die phönizischen Galeeren längere Zeit mit hoher Geschwindigkeit fahren. Sanitäre Einrichtungen gab es keine, der Gestank auf diesen Schiffen war damals sprichwörtlich.

Mit ihren Rundschiffen verließen phönizische Seeleute und Handelsfahrer von Karthago aus, als erste das Mittelmeer. Ihre astronomisch geschulten Kapitäne fuhren die afrikanische Küste entlang bis zum Senegal, auf ihren »Tharsis-Schiffen« (tharsis: Westen) bis nach England. Auf diesen Fahrten gründeten sie Stützpunkte wie Ibiza und Cadiz.

Die Herkunft der Phönizier, die als Schöpfer des modernen Alphabets gelten, ist bis heute nicht geklärt; sie haben außer Tempelin-

Als so feinsinnig wie Ägypter und Griechen galten die Phönizier nie. Menschenopfer – etwa von Erstgeborenen – und exzessive Sexualität gehörten zu ihrer Religion. Neben den Göttern Baal und Melkart verehrten sie Astarte, die Göttin des Himmels und der Meere, aus der die Griechen Aphrodite, die Tochter des Meeres, machten und die Christen Maria, die Himmelskönigin. Die Phönizier stellten Astarte immer mit einer Taube in der Hand dar, als Symbol des Friedens.

■ Phönizisches Handelsschiff auf der Schmalseite eines Sarkophags

schriften keine Quellen hinterlassen. Ihre Schiffe trugen wie jene aus dem assyrischen Zweistromland Pferdeköpfe als Galionsfiguren. Die Phönizier könnten also Nomaden gewesen sein, die um 2500 v. Chr., als sie sich noch Ivrim oder Evräer nannten, von Mesopotamien aus (zwischen Euphrat und Tigris, dem heutigen Irak) an die Küste des heutigen Syrien gewandert sind (s. S. 10). In ägyptischen Inschriften um 1800 v. Chr. werden die Städte Sidon (heute Syrien), Tyros (die Mutterstadt von Karthago) und Byblos (heute beide in Libanon) als Gründungen der Phönizier bezeichnet. Phönikien war keine Einheit, sondern ein Bund reicher bronzezeitlicher Stadtstaaten, die sich zu einer Art Hanse zusammen schlossen (s. S. 56). Sie machten den Kretern, die den Fernhandel übers Mittelmeer bis dahin dominiert hatten, Konkurrenz. In welchen Hafen man auch kam, überall traf man »Kreti und Pleti«, die Kreter und Peleter, wahrscheinlich eine andere Bezeichnung für Phönizier. Die Bezeichnung Phönizier geht auf die Griechen zurück: »phoinikes« oder »phoinoi« heißt die Roten. Ob die Griechen damit die Hautfarbe der Phönizier, die Farbe ihrer Äcker oder ihre Fähigkeit gemeint haben, Stoffe mit dem Saft von Purpurschnecken leuchtend rot zu färben, ist nicht geklärt.

Jedenfalls sind sie von 1200 v. Chr. an Hauptwirtschaftsmacht des Mittelmeerraums. Sie waren die größten Bronzeproduzenten, importierten das dazu notwendige Zinn aus Spanien und England, das Kupfer aus Zypern; mit dem feinen Quarzsand des Libanon stellten sie Glas her, und die enormen Zedernbestände des Libanon garantierten das Monopol auf das für den Schiffbau begehrte Holz. Leinen holten sie aus Ägypten, Elfenbein aus Indien, Pferde aus Anatolien, Pfauen und Affen aus Afrika – und Sklaven von überallher. Die Ladung des Gelidonya-Schiffes gibt einen Einblick in diese Handelstätigkeit: Zinnbarren – die ältesten je auf einem Wrack gefundenen –, Skarabäen, eine Öllampe, ein steinerner Amboss, Bronzewerkzeuge wie ein Gesenkblock zum Schmieden von Nägeln, Gewichtssätze aus dem Hethiter-Reich, aus Syrien, Troja und Ägypten und Olivenkerne. Auch diese kann man heute im Museum von Bodrum, dem antiken Halikarnassos, besichtigen.

*Wir … kommen aus der Stadt Sidon. Geschäfte haben uns an diese ferne Küste verschlagen … Wir schifften uns in das Rote Meer ein und reisten mit zehn Schiffen. Wir waren zusammen auf dem Meer zwei Jahre lang vor dem Land Ham (Afrika).*

Inschrift einer Tafel, die 1872 in Brasilien gefunden wurde

# GELIDONYA-SCHIFF

## DATEN UND FAKTEN

Das Gelidonya-Schiff war ein kleiner Transportsegler, der zwischen Zypern und der türkischen Küste verkehrte.
**Baujahr**: um 1200 v. Chr.
**Maße**: Länge: 9 m; Breite: 2 m; Tiefgang: ca. 1 m
**Ladekapazität:** ca. 8 t
**Bauweise:** Kiel, Spanten, Kraweelbeplankung; gebaut aus Zedernholz
**Beseglung:** 1 Mast, 1 Rahsegel
**Ladung:** 1,5 Tonnen Kupferbarren zu 55 Pfund. Die Barren waren mit vier Griffen versehen und mit einer cypro-minoischen Schrift gekennzeichnet, die bis heute nicht entziffert ist. Um sie vor dem Verrutschen zu sichern, waren sie in Bastmatten eingewickelt. Bronzebarren zu 40 Pfund sowie einige aus Zinn
**Gebrauchsgegenstände aus Bronze:** Geschirr und Werkzeug, Hacken, Pickel, Nadeln, Speerspitzen, Schalen, Meißel, Äxte, eine Schaufel und ein Spieß. Diese Gegenstände lagen in Weidenkörben und waren schon vor dem Untergang zerbrochen: Das Gelidonya-Schiff war demnach ein Schrottfrachter. Unter den Reisigbündeln in der Bilge lagen 115 Kilogramm Steinballast

## WISSENSWERTES

**Ähnliche archäologische Funde:** 1970 wurden an der sizilianischen Küste sieben, dem Gelidonya-Schiff ähnliche Wracks und auch das älteste bekannte Dock entdeckt. 1982 wurde bei Uluburun ein Schiff aus der Zeit um 1400 v. Chr. gefunden. An Bord fand man eine aufklappbare Holztafel, möglicherweise das älteste Logbuch der Welt. Logbuch und Wrack befinden sich im Museum von Bodrum.
**Neuerungen phönizischer Seefahrt:**
· doppelstöckige Galeere
· Mastkorb
· Polarstern als Navigationsmittel

**Phönizische Hochseefrachter:**
**Maße:** Länge: um 33 m; Breite: um 10 m; Tiefgang: 2,50 m
**Ladekapazität:** ca. 400 t
**Antrieb:** 1 Segel mit bis zu 300 qm Segelfläche, 20 Ruderriemen
**Besatzung:** ca. 30 Mann
Diese Schiffe nannten die karthagischen Phönizier vom 8. Jh. v. Chr. an Tharsis-Schiffe (West-Schiffe), da sie mit ihnen das westliche Mittelmeer befuhren und über die Meerenge von Gibraltar hinaus in den Atlantik vordrangen. Diese plumpen Schiffe sollen gute Segeleigenschaften besessen haben.

**Phönizische Kriegsschiffe:**
**Maße:** Länge: 27,5 m; Breite: 4,5 m; Tiefgang: 1,8 m
**Wasserverdrängung:** 40 t
**Antrieb:** 1 Segel, 120 Ruderer
**Besatzung:** 120 Rudersklaven, 60 Soldaten; Die zweistöckigen Galeeren, auch Langschiffe genannt, wurden ab 1200 v. Chr. gebaut.

## EMPFEHLUNGEN

**Lesenswert:**
Sabatino Moscati (Hg.): *Die Phönizier*, Hamburg 1988

Richard Pietschmann: *Die Phönizier. Von 1200 v. Chr. bis zum Untergang Karthagos*, Essen 1995

Aldo Massa: *Die Welt der Phönizier*, München–Berlin 1977

George F. Bass: *Shipwrecks in the Bodrum Museum of Underwater Archaeology*, Ankara 1996

Gabriele Hoffmann: *Schätze unter Wasser. Abenteuer Archäologie*, Hamburg 2001

**Besuchenswert:**
Museum der Unterwasserarchäologie in Bodrum, Türkei, und das angeschlossene Institut für schiffskundliche Archäologie

Im Musée du Louvre, Paris: ein Stahlstich nach einem 2,9 m hohen Alabasterrelief aus dem Palast des assyrischen Königs Sargon II. in Khorsabad (Dur-Scharrukin/Irak), das phönizische Schiffe zeigt

**Anklickenswert:**
www.rgzm.de
Internet-Bilddatenbank zur europäischen Schiffsarchäologie

## AUF DEN PUNKT GEBRACHT

Das Gelidonya-Schiff ist das einzige phönizische Schiff, das bis heute gefunden wurde. Auch wenn es nur der schwache Abglanz der großen Seemacht ist, bewies das Wrack, dass Homer in seinen Schiffsbeschreibungen nicht übertrieben hatte.

# Argo
## *Die Fahrt zum Goldenen Vlies*

»Hell von der Sonne glänzten wie Flammen im dahinfahrenden Schiffe all seine Teile.« So beschreibt Apollonius von Rhodos (295–213 v. Chr.), Dichter, Geschichtsschreiber und Leiter der Bibliothek von Alexandria, die Ausfahrt der Argo: Um das Jahr 1250 v. Chr. soll sie vom nordgriechischen Hafen Iolkos aus (heute Volos, vier Autostunden südlich des Olymp) in mythischer Mission ins Schwarze Meer gefahren sein.

Meist musste Argo, »die Pfeilschnelle«, gerudert werden. Tiphys stand als Steuermann am Ruder eines Schiffs, das einem Wikingerschiff (s. S. 44) nicht unähnlich sah, auch wenn es am Bug den typischen Rammsporn trug. Die Mannschaft der Argo war erlesen: Herakles, Orpheus, Castor, Pollux und alle anderen Helden der vor-trojanischen Zeit, fünfzig an der Zahl, wie Homer in der *Odyssee* berichtet. Sie wollten, angeführt von Jason, das Goldene Vlies nach Iolkos holen: aus Kolchis, einem Königreich an der Ostküste des Schwarzen Meeres, 2800 Kilometer entfernt, im heutigen Georgien. Vorgeschlagen hatte diesen Raub König Pelias. Er hatte seinen Stiefbruder, Jasons Vater, vom Thron vertrieben, und als

■ Einschiffung der Argonauten: Die Argo wird zu Wasser gelassen. Aquarell von Peter Connolly

der junge Jason nun das väterliche Erbe forderte, hoffte Pelias den Neffen auf diese Weise loszuwerden.

Goldene Schaffelle gab es in Kolchis tatsächlich. Dort wurden, so der römische Geograph Strabo, »Schaffelle auf dem Grund seichter Stellen in den Flüssen befestigt, in denen sich goldhaltiger Sand verfing. Die Felle wurden sodann in Öfen verbrannt und das Gold auf die einfachste Weise gewonnen.« Eine Methode, die georgische Goldsucher bis heute nutzen. Lange zweifelten Historiker, ob ein Schiff wie die Argo diese Strecke von zweimal 2800 Kilometern tatsächlich hätte zurücklegen können. Dass dies technisch möglich gewesen wäre, bestätigten Funde antiker Schiffe nach dem Zweiten Weltkrieg (s. S. 20). Und die Frage, ob dies auch seemännisch hätte bewältigt werden können, beantwortete Tim Severin (s. S. 38). Severin hat Geographie studiert, mehr aber reizt ihn die Geschichte: Seit den 1970er Jahren versucht er, historische Fahrten in Nachbauten historischer Schiffe nachzufahren.

■ Mit diesem Nachbau der Argo fuhr der Experimentalsegler Tim Severin auf den Spuren Jasons durch den Bosporus und das Schwarze Meer bis nach Georgien.

1983 traf sich der Experimentalsegler auf der griechischen Insel Spetses mit dem Schiffszimmermann Vasilis Delimitros. Diesem zeigte Severin ein Modell der Argo: Ob es schwierig sei, das nachzubauen? Delimitros sagte »ochi« und schüttelte den Kopf. Über den wortkargen Erbauer der Argo II sagte Severin später: »Auf seinem Kopf trug er eine seltsame Mütze, eine schmutziggraue, kegelförmige Filzkappe, die an einigen Stellen mit Öl verschmiert war, und einen Moment lang erinnerte er mich ganz deutlich an Rumpelstilzchen aus Grimms Märchen.« Kettenrauchend und schweigsam baute Delimitros die Argo II – allein, ohne jede Hilfe, in fünf Monaten. Präzise hielt er sich an das Modell, das der britische Marinearchitekt Colin Mudie nach Homers Beschreibungen und Darstellungen auf griechischen Vasen gebaut hatte; Länge und Form des Rammsporns waren in einem Strömungskanal der Universität von Southampton getestet worden. Nach Homer hatte die Ur-Argo fünfzig Ruderer. Mit nur zwanzig Ruderern hielten sich Severin und Mudie an das Standardschiff des 13. Jahrhunderts v. Chr.

Am 2. Mai 1984, rund 3200 Jahre nach dem mythischen Schiff, verließ die Argo II mit einer internationalen Crew den Hafen von

Das Goldene Vlies hat die Phantasie vieler Menschen beschäftigt. Man sah es als Symbol der ewigen Menschensehnsucht nach dem Sonnenlicht. Im Spätmittelalter glaubte man, das Goldene Vlies sei eine Schriftrolle mit den Geheimnissen der Alchemie.

■ Auf Verlangen von König Pelias lässt Jason ein Schiff bauen – die Argo – und begibt sich mit den Argonauten auf die Suche nach dem Goldenen Vlies.

Volos. Zweimal brach ein Steuerruder, und bei einer Gegenströmung von 7,5 Stundenkilometern wurde die Durchfahrt durch den Bosporus, wie erwartet, zu einer besonderen Herausforderung. Ruderer aus zwei Istanbuler Clubs lösten die erschöpfte Mannschaft ab und unter geschickter Ausnutzung der Strömung gelangte die Argo II am 15. Juni ins Schwarze Meer. Nun mussten Schiff und Mannschaft noch einem Sturm standhalten, bis sie, nach insgesamt 1,5 Millionen Ruderschlägen, am 21. Juli ihr Ziel ereichten, den georgischen Fluss Rioni, der bei der Stadt Poti ins Schwarze Meer fließt.

Besonders bewährt hat sich der in Southampton getestete Rammsporn: Dieser galt unter Laien und Wissenschaftlern vor allem als Waffe. Doch die Fahrt der Argo II zeigte, dass er den antiken Schiffen hohe Seetüchtigkeit gab; sie wurden schneller, weil der in der Wasserlinie nach vorne verlängerte Bug den Widerstand der Wellen brach und den Ruderern damit die Arbeit ungemein erleichterte. Ein Prinzip, das der moderne Schiffbau noch einmal entdeckt hat – alle Schiffsneubauten tragen heute diesen wulstig ausgeformten Bugsteven, der nach seinem Erfinder, dem amerikanischen General D.W. Taylor (1864–1940), Taylor-Wulst genannt wird.

Und Jason, der Kapitän der Argo? Er kehrt – nach zahlreichen Abenteuern – nicht nur mit dem Goldenen Vlies von König Aietes zurück, sondern bringt auch dessen Tochter Medea mit. Mit Zauberkünsten hatte sie dem Geliebten zum sagenhaften Goldschatz verholfen und hatte ihren Bruder geopfert, um den König von der Verfolgung der Argonauten abzuhalten. Als Jason »die Barbarin« dann jedoch verstößt, weil er Glauke, die Königstochter von Korinth, heiraten will, sendet Medea dieser ein kostbares Gewand, aus dem Flammen schlagen, als Glauke es überzieht. Und um die Rache an Jason vollkommen zu machen, tötet sie ihre beiden Kinder. Euripides' dramatische Bearbeitung des Sagenstoffs wird zum Vorbild für die Weltliteratur, für Oper, Theater und Novelle und für die Malerei. Jason sitzt im Alter einsam sinnend am Strand, den Rücken an die mittlerweile vermodernde Argo gelehnt, bis eines Tages ihr brüchiger Bug abbricht und Jason unter sich begräbt.

Eines der berühmtesten Schiffe der Geschichte ist ein Boot ohne Planken – mit Fell bespannt wie ein Eskimokajak. Mit dieser Nussschale will der irische Mönch Brendan Mitte des 6. Jahrhunderts nach Amerika gefahren sein. Mit einem 6,5 Meter langen Nachbau bewies Tim Severin 1976/77, dass dies tatsächlich möglich ist. Tim Severin ist, nach Thor Heyerdahl, der bedeutendste Experimentalsegler der Welt.

# ARGO

## DATEN UND FAKTEN

Die Argo war der Prototyp des schnellen Piratenschiffs, wie es um 1250 v. Chr. von den Küsten der Ägäis und Kleinasiens aus genutzt wurde. In ihrer funktionalen Einfachheit erinnert sie an die Drachenschiffe der Wikinger. Die Argo war so flach gebaut, dass man sie jederzeit auf den Strand ziehen konnte.

**Argo I (nach Homer):**
**Baujahr**: um 1250 v. Chr.
**Maße**: Länge: 20 m; Breite: 4 m; Tiefgang: 1 m
**Wasserverdrängung**: 1 t
**Baumaterial**: 20 Eichen
**Antrieb**: 50 Ruderer; 1 Segel an einem umklappbaren Mast
**Bauweise**: Kraweel-Beplankung; die Planken waren mit Eichenholz-Zapfen ineinander gesteckt (von portugiesisch: carvalho = Eichenholz; der Begriff »Kraweel« stammt allerdings aus dem 15. Jh.); nach Homer waren die Planken wie beim zeitgleichen Gelydonia-Schiff schon angenagelt.
**Besonderheiten**: In den Kiel war von der Göttin Pallas Athene ein göttliches Holz aus dodonischer Eiche eingefügt worden, das sprechen konnte. Keine sagenhafte Erfindung sind die Wände aus Weidengeflecht, die man bei Sturm an den Seiten der Schiffe anbringen konnte, um zu verhindern, dass hohe Wellen über die Bordwand schlugen; bei den Wikingerbooten erfüllten die zusammengesteckten Schilde diese Funktion.

**Neuerungen**:
· Die Argo gilt als erstes Schiff in der Geschichte mit einem Namen.
· Die Schiffe, die Agamemnon um 1200 v. Chr. gegen Troja führte, waren größer als die Argo: 27–33 m lang, 4,8 bis 6 m breit und von bis zu 100 Ruderern angetrieben. In der *Ilias* beschreibt Homer die Eleganz dieser Schiffe; die geschnitzten Stierhörner am Bug erinnerten ihn an Hirschgeweihe.

**Argo II (Tim Severin):**
**Baujahr**: Oktober 1983 bis März 1984 in Spetses, Griechenland; Entwurf: Colin Mudie; Bauausführung: Vasilis Delimitros
**Maße**: Länge: 16,5; Breite: 2,8 m; Tiefgang: 0,6 m
**Wasserverdrängung**: 8 t
**Baumaterial**: Frisches Pinienholz; Mast und Rahen aus Zypressenholz; Plankenzapfen aus Buche; Steuerruder aus Eiche
**Beseglung**: 1 Rahsegel, Segelfläche 28 qm; Höchstgeschwindigkeit 4 kn
**Antrieb**: 20 Ruderer, Länge der Ruderriemen: 4,3 m; Höchstgeschwindigkeit: 6 kn
**Besatzung**: 22 Mann
**Besonderheit**: 2 Seitensteuerruder, 3,7 m lang
**Verbleib**: Kam als Exponat ins Exeter Maritime Museum, England, das inzwischen geschlossen ist.

## AUF DEN PUNKT GEBRACHT

Die Argo ist das erste historisch bekannte Schiff, dem Menschen ein Eigenleben zusprachen und dem ein Eigenname gegeben wurde. Der Nachbau des mythischen Schiffs zeigte, wie weit die Seefahrt zu Odysseus' Zeiten schon entwickelt war.

## EMPFEHLUNGEN

**Lesenswert:**
Tim Severin: *Auf den Spuren der Argonauten*, Düsseldorf–Wien–New York 1987

Ders.: *1000 Jahre vor Kolumbus*, München 1992

Apollonius von Rhodos: *Die Fahrt der Argonauten*, Stuttgart 2002

Homer: *Ilias und Odyssee*, Stuttgart 2001 und 1995

Vergil: *Aeneis*, Leipzig 2001

Carl W. Weber: *Segel und Ruder. Die Welt des Meeres bei den Griechen*, Düsseldorf 1988

Günther Jachmann: *Der homerische Schiffskatalog und die Ilias*, Köln–Opladen 1958

*Schiffahrt und Kunst aus Griechenland*. Katalog, Hamburg 2003

Marie Luise Kaschnitz: *Jasons letzte Nacht*. Eine Novelle, Frankfurt/M. 1957

**Hörenswert:**
Homer: *Die Odyssee*. Mathias Wieman spricht aus der Odyssee. Textauswahl von Ernst Ginsberg. Hamburg 2002. 2 CDs

**Sehenswert:**
*Medea*. Regie: Pier Paolo Pasolini; mit Maria Callas. Italien/Frankreich/BRD 1969

Anselm Feuerbach, *Abfahrt der Medea* (Gemälde, 1870), Neue Pinakothek, München

# Koloss des Ptolemäus

## Früher Gigant

Dieses Schiff, von dem wir nur aus schriftlichen Quellen wissen, war, wenn es wirklich so existiert hat, der größte Katamaran, der je gebaut wurde. Es konnte 7000 Menschen an Bord nehmen – mehr als dreimal soviel wie die Titanic (s. S. 208) –, 3000 Soldaten auf dem 25 Meter hohen Deck und 4000 Ruderer in den beiden Rümpfen; kein Kriegsschiff hatte je mehr Menschen an Bord. Und es sah aus wie ein Fabeltier, so jedenfalls beschreibt es der römische Autor Plinius. Auf beide Bugspitzen des Katamarans gemalte lastwagengroße Augen starrten nach vorne, überragt von zwei schlanken Schneckenhörnern, die sich so hoch wie zehnstöckige Wohnhäuser in den blauen Himmel des südlichen Mittelmeeres reckten. Am Doppelheck trug das Schiff zwei gebogene stilisierte Fischschwänze, kaum niedriger als die monströsen Schneckenhörner.

Gebaut wurde dieser Dinosaurier des Meeres um 210 v. Chr. im Auftrag von Ptolemäus IV., dem griechischstämmigen König von Ägypten. Darum erhielt der Riesenkatamaran den Namen Koloss des Ptolemäus.

Am 13. Juni 323 v. Chr. war Alexander der Große gestorben. Seine drei Oberbefehlshaber hatten sein Großreich untereinander aufgeteilt; Mazedonien und Griechenland waren an Antigonos, Syrien und Kleinasien an Seleukos und Ägypten war an Ptolemäus I. gefallen, den direkten Vorfahren von Ptolemäus IV. Unter Alexanders Nachfolgern entbrannte ein Kampf um die alleinige Seeherr-

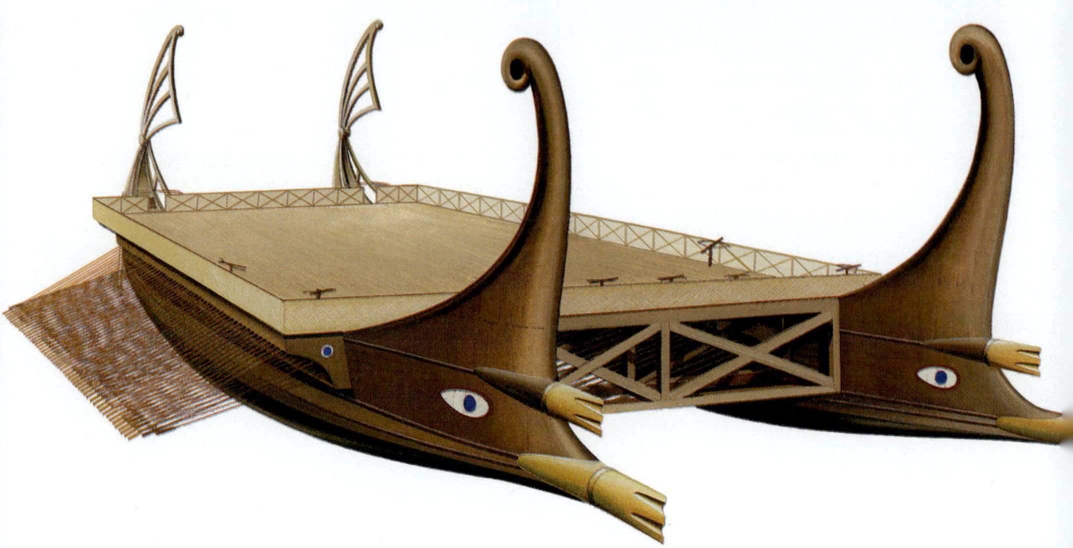

■ Ausdruck früher Gigantomanie – der Koloss des Ptolemäus. Illustration von John Batchelor

■ Die Alexandreia, das riesige Prachtschiff des Hieron von Syrakus. Holzstich, um 1880

schaft im östlichen Mittelmeer. Im westlichen Mittelmeer und im Atlantik dominierten die phönizischen Karthager. Erst im Jahr 200 v. Chr. begannen die Römer das Mittelmeer zu ihrem, zum »Mare nostrum« zu machen. In den 123 Jahren zwischen Alexanders Tod und dem Beginn der römischen Expansion zur See fand zwischen den drei griechischen Reichen im Ostmittelmeer ein gewaltiges maritimes Wettrüsten statt; und eines seiner Produkte war der Koloss des Ptolemäus.

Bereits um 1200 v. Chr. hatten die Phönizier Galeeren mit zwei übereinander angeordneten Rudererreihen (Biremen) erfunden; ihre Nachfahren, die Karthager, entwickelten gegen 300 v. Chr. dreistöckige Galeeren. Hier saßen die Ruderer in drei Reihen übereinander; Fünfergaleeren (s. S. 32) wurden sie genannt, weil an den drei übereinander angeordneten Ruderriemen fünf Männer saßen, wobei der mittlere sein Ruder alleine bediente. Dieser Fortschritt ermunterte Schiffbauer und Militärs zu Experimenten mit immer größeren Galeerenkonstruktionen mit noch mehr Stockwerken und noch mehr Ruderern – was sich als unpraktikabel erwies. In solchen Polyremen ruderten auf die drei Stockwerke verteilt nun sieben, zehn oder sogar zwölf Mann, bei einem 12er-Schiff zogen also vier Mann an einem Ruderriemen. In mazedonischen Häfen wurden konventionelle Galeeren für 1800 Ruderer gebaut. Ptolemäus IV. dagegen setzte auf seinen Riesenkatamaran. Ein Gleichgewicht des Schreckens entstand, keine Seite war bereit, die teuren Schiffe wirklich in Vernichtungsschlachten aufs Spiel zu setzen; so wie auch die Schlachtschiffe des Ersten Weltkriegs geschont wurden (s. S. 222).

Die Schönheit der Kleopatra war, Plutarch zufolge, »nicht gerade einzigartig«. Doch wurde der ptolemäischen Königin die Liebe zum Verhängnis. Um ihren römischen Gemahl Marcus Antonius zu unterstützen, fuhr sie 31 v. Chr. an Bord ihres Antonias genannten Flaggschiffs mit der gesamten ägyptischen Flotte in die Schlacht von Actium. Sie wollte Octavian, den Widersacher ihres Gatten, besiegen. Kleopatras Flotte aber verlor, sie selbst beging Selbstmord mit Schlangengift.

Statt weitere Riesenkatamarane zu bauen, investierte Ptolemäus IV. seinen unerschöpflichen Reichtum – der größte Hafen der damaligen Welt, Alexandria, wo ständig 1200 Schiffe gleichzeitig gelöscht und beladen wurden, brachte ihm Unsummen ein – lieber in ein Luxusschiff, bescheiden Königsbarke genannt. Dieser schwimmende Palast war 100 Meter lang, 15 Meter breit und 20 Meter hoch. Man ließ ihn mit der Strömung treiben oder schleppte ihn

■ Der Pharus von Alexandria. Der höchste Leuchtturm der Welt – eines der Sieben Weltwunder – war ebenfalls Ausdruck des Größenwahns der Ptolemäer. Er wurde 280/79 v. Chr. unter Ptolemäus II. errichtet. Kolorierter Kupferstich, um 1700

mit Dutzenden von Galeeren den Nil hinauf. Das Zedernholzdeck war mit Marmor und Mosaiken gepflastert, Säulen aus Bronze und Marmor schmückten den Palast, in dem es Zimmer mit Bädern gab.

Zur gleichen Zeit ließ sich Hieron, der Tyrann von Syrakus, die Alexandreia bauen, von der man nicht genau weiß, ob sie ein reines Prunkschiff oder ein Handelsschiff war. Jedenfalls soll sie bei gutem Wetter auch auf dem offenen Meer gefahren sein und eine Ladefähigkeit von 1000 Tonnen gehabt haben. Um 50 n. Chr. ließ sich ein römischer Kaiser auf dem Nemi-See in der Nähe von Rom zwei schwimmende Paläste mit Heißwasserbädern und Palmengärten bauen, 78 und 79 Meter lang, 22 und 16 Meter breit. Leider wurden die 1928 geborgenen Holzrümpfe 1944 von deutschen SS-Truppen verbrannt und gesprengt.

Der Koloss des Ptolemäus markierte im Kriegsschiffbau den Wendepunkt einer 125-jährigen Gigantomanie. Danach wurden nur noch konventionelle Galeeren gebaut, in Massenproduktion. Die Frachtschiffe dagegen wurden immer größer. Das Größte war mit Sicherheit die Iris, ein römischer Getreidetransporter, der 2893 Tonnen laden konnte. Es mutet grotesk an, dass Araber und Wikinger, die nach dem Zusammenbruch Roms führenden Seemächte (s. S. 44), sehr kleine Kriegsschiffe fuhren. Die Wikinger-Skeidhs waren nur 23 Meter lang und 5 Meter breit.

Der Koloss des Ptolemäus war 130 Meter lang und 50 Meter breit. Die Konstruktionsidee war genial: Wenn man ein Schiff für 7000 Mann bauen wollte, war dies nur in Form eines Katamarans möglich. Ein konventioneller Schiffsrumpf hätte so groß werden müssen wie die Titanic, mit einem für die flachen Küstengewässer Ägyptens viel zu großen Tiefgang. Der Katamarankoloss brauchte nur zwei Meter Wasser unter den Kielen. Als Kriegsschiff kam er nie zum Einsatz, und er soll auch nur ein einziges Mal auf dem offenen Meer gefahren sein: praktisch unsteuerbar, ein Spielball des Windes, der sich in den monströsen Aufbauten fing. Mit Mühe, heißt es, habe man ihn mithilfe einiger Dutzend Galeeren wieder in den Hafen zurückgeschleppt.

Was die Ptolemäer begannen, wuchs ins Kolossale. Sie bauten in Alexandria den größten Hafen der damaligen Welt, die größte Bibliothek, den höchsten Leuchtturm der Weltgeschichte – den 120 Meter hohen Pharus von Alexandria – und eine Art ersten Suezkanal. Auch ihre Inzest- und Mordlust war kolossal. So betäubte der Erbauer des Katamarans Ptolemäus IV. (221–204 v. Chr.) Mutter und Bruder, um beide dann in langsam zum Sieden gebrachtem Öl zu töten.

# KOLOSS DES PTOLEMÄUS

## DATEN UND FAKTEN

**Baujahr:** um 210 v. Chr.
**Typ:** Katamaran, Galeere
**Maße:** Länge: um 130 m; Breite: 50 m; Tiefgang: 2 m; Höhe des Decks über Wasser 25 m
**Antrieb:** 4000 Ruderer, 10 an einem Ruderriemen
**Besatzung:** 3000 Soldaten
**Bewaffnung:** Bogenschützen, Katapulte (für Stein-, eventuell auch schon brennende Wurfgeschosse. Solche Behälter mit glühender Holzkohle oder brennendem Pech sind für die Schlacht von Actium, 31 v. Chr., überliefert.)

## WISSENSWERTES

**Zur historischen Klassifizierung von Galeeren:** Es gibt zwei unterschiedliche Klassifizierungsmodelle für Galeeren, die sich verwirrend überschneiden: nach Anzahl der Ruderreihen übereinander oder nach der Anzahl der Ruderer, die übereinander sitzen. Eine Monere (1er-Galeere) war einstöckig, eine Bireme (2er-Galeere) zweistöckig – zunächst unabhängig davon, wie viele Ruderer an einem Ruderriemen saßen. Eine Trireme oder Triere (3er-Galeere) war dreistöckig. An jedem Ruderriemen in jedem Stockwerk saß ein einziger Ruderer. Eine Quinquereme (5er-Galeere) jedoch war nicht, wie man vermuten würde, fünfstöckig, sondern auch dreistöckig; aber es saßen jeweils fünf Ruderer an den drei übereinander angeordneten Rudern: an zwei der Riemen jeweils zwei, am dritten ein Ruderer. Ebenfalls dreistöckig waren 7er-, 10er- oder 12er-Galeeren; sie hatten, verteilt auf die drei übereinander liegenden Ruderriemen, 7, 10 oder 12 Ruderer. Im Koloss des Ptolemäus saßen in jedem der beiden Rümpfe in zwei Stockwerken, in denen jeweils außen und innen gerudert wurde, an jedem der 400 Ruderriemen 10 Ruderer. Zum Begriff »Stockwerke«: gemeint sind niedrige Decks, die einem Sitzenden gerade das Rudern ermöglichten. Bei dreistöckigen Galeeren war das mittlere Deck seitlich versetzt, überschnitt sich also teilweise mit den beiden anderen. Von außen allerdings waren drei Reihen Ruderriemen übereinander zu sehen.

**Katamarane:** Der Koloss des Ptolemäus war der größte Katamaran der Weltgeschichte, aber nicht der erste. Ab 2500 v. Chr. spielten Doppelrumpfschiffe eine wesentliche Rolle bei der Besiedlung des Pazifik, pro Tag konnten sie bis zu 130 Seemeilen zurücklegen. Den ersten europäischen Katamaran, Invention getauft, baute der englische Erfinder Sir William Petty 1662. König Charles II. beschrieb den Segler als großartige doppelrumpfige Maschine. Bei einer Wettfahrt an der irischen Küste schlug die Invention drei herkömmliche Rennjachten, ihre Nachfolgerin Invention II überholte die schnellsten Depeschenboote des Königs. Heute verbinden Hochgeschwindigkeitskatamarane Inseln wie Helgoland und Sizilien mit dem Festland.

## EMPFEHLUNGEN

**Lesenswert:**

Günther Hölbl: *Geschichte des Ptolemäerreiches*, Darmstadt 1994

Colin Thubron (Hg.): *Die Seefahrt des Altertums*, Eltville 1992

Michael Pfrommer: *Alexandria. Im Schatten der Pyramiden*, Mainz 1999

Pat Southern: *Kleopatra*, Erfurt 2000

Lionel Casson: *Ships and Seamanships in the ancient World*, Princeton 1971

**Sehenswert:**

*Cleopatra*. Regie: Joseph L. Mankiewicz. USA 1963

**Besuchenswert:**

Ägyptisches Museum, Berlin

Musée du Louvre, Paris

Nationalmuseum, Neapel

## AUF DEN PUNKT GEBRACHT

Weder Katamarane noch Gigantomanie sind eine Erfindung der Moderne. Der Koloss des Ptolemäus ist ein erster historischer Höhepunkt technischer und weltanschaulicher Hybris.

# Quinquereme von Messina

## *Die schlechtesten Seeleute der Welt*

Ein sonniger Junitag im Jahr 260 v. Chr. Vom Land her leuchteten die weißen Mauern der sizilianischen Küstenstadt Mylae. Der Befehlshaber der mächtigen karthagischen Flotte stand am Heck seines Flaggschiffes und hörte das Gelächter seiner Matrosen. Aber auch er wollte seinen Augen nicht trauen. Was da auf ihn zukam, war die erste Kriegsflotte, über die Karthagos neuer Gegenspieler Rom verfügte: für den erfahrenen Seemann ein aberwitziger Anblick. Das war kein Rudern, die 145 Galeeren taumelten wie müde Käfer über das Wasser, mit hilflos verhakten Rudern. Nicht von ungefähr galten die Römer damals als die schlechtesten Seeleute im Mittelmeerraum. Und nicht nur die Seeleute, auch ihre Schiffe waren schlecht: Aus minderwertigem Fichtenholz zusammengezimmert, wirkten sie wie Karikaturen der perfekten karthagischen Schiffe. Mit einem Lächeln gab der Karthager den Befehl zum Angriff. Präzise beschleunigten die Galeeren, am Bug den mörderischen Rammsporn. Doch die Schlacht wird einen überraschenden Verlauf nehmen, und mit ihrem Ende beginnt Roms Aufstieg zur Weltmacht.

Bis zu dieser Seeschlacht war das Mittelmeer in zwei Einflusszonen aufgeteilt gewesen, im Osten herrschten die drei griechischen Königreiche (s. S. 28) und im Westen die Karthager (s. S. 20). Vor dem ersten Punischen Krieg (264–241 v. Chr.) verfügte Rom über kein einziges Kriegsschiff. Doch

■ Römische Galeeren im Hafen. Lithographie, 1891

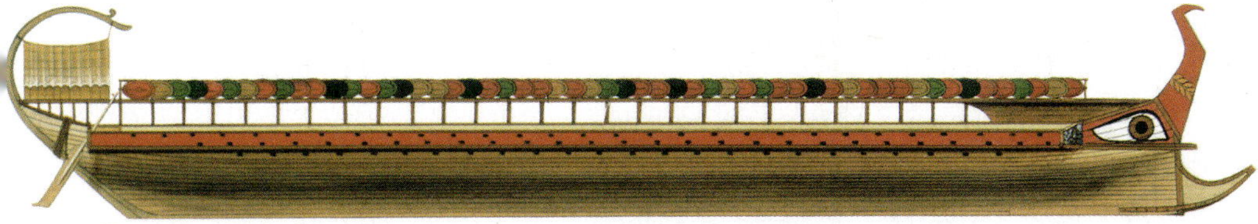

■ Seitenansicht einer Quinquereme, der karthagischen Kriegsgaleere. Aquarell von Peter Connolly

die Römer hatten sich im Osten Siziliens festgesetzt und wollten die Karthager vollständig von der Insel und aus der Adria vertreiben. Darum beschloss der römische Senat im Januar 260, eine Kriegsflotte aus einhundert Schiffen, Fünfruderer genannt, zu bauen. Diese Quinqueremen waren die Standard-Kriegsgaleeren im Mittelmeerraum. Allerdings hatten die Römer vom Schiffbau keine Ahnung – da kam ihnen der Zufall zu Hilfe. Im April strandete bei Messina eine karthagische Galeere. Diese »Quinquereme von Messina« kopierten die Römer, und zwar im großen Stil: Innerhalb von zwei Monaten bauten sie einhundert davon nach. Entsprechend schief und ungeschlacht wirkten die Nachbauten.

Auch das Rudern mussten die Römer erst lernen. So wurden in den Straßen der Tiberstadt öffentliche Ruderklassen eingerichtet – ohne Ruderriemen, in Straßen und Parks auf Holzbänken sitzend, übte Roms begeisterte Jugend das Trockenrudern. Ihre Kriegsschiffe von Sklaven rudern zu lassen, wie in Karthago üblich, widersprach dem Selbstverständnis der Römer. Roms Soldaten mussten freie Männer sein; der sprichwörtliche römische Galeerensklave ist eine Erfindung der Literatur.

So fuhren sie denn vor Mylae aufeinander zu, die schlingernden Waschtröge der Römer und die pfeilschnellen Galeeren der Karthager. Haarscharf wollen die Karthager an den römischen Galeeren vorbeifahren, dabei alle Ruder abrasieren, um den manövrierunfähigen Gegner dann, nach einer Wende, mit dem Rammsporn zu versenken – die übliche Taktik der Zeit. Doch als die Schiffe auf gleicher Höhe sind, lassen die Römer einen riesigen Metallsporn in das Deck des karthagischen Schiffs einschlagen: Er verankert eine Klapp-Brücke und verbindet beide Galeeren untrennbar miteinander. Und 120 römische Elitelegionäre stürmen über den Steg und machen die karthagische Besatzung nieder. Dies Geschehen be-

»Naumachia« nannten die Römer inszenierte Seeschlachten. Zur Zeit des Kaisers Claudius fanden sie auf dem See Fucine statt: Bis zu 19 000 Sklaven lieferten sich auf Originalgaleeren blutige Schlachten. Zu Zeiten Cäsars und Neros wurden am Tiberufer gelegene Amphitheater geflutet, hier wurde auf Miniaturgaleeren gekämpft. Dazu Tacitus: »Die Strafgefangenen kämpften wie ehrliche Männer. Nach vielem Blutvergießen erließ man ihnen die Hinrichtung.«

■ Rudern auf drei Etagen – so ähnlich könnte es im Innern einer Trireme ausgesehen haben. Szenenphoto aus dem amerikanischen Film *Ben Hur* von 1925

stimmt den Ausgang der Schlacht bei Mylae.

Nur im Landkrieg, im Kampf Mann gegen Mann fühlten sich die Römer in ihrem Metier. Darum hatten sie für ihre erste Seeschlacht eine neue Waffe erdacht: eine Enterbrücke mit schnabelförmigem Dorn, dem Corvus (lat. Rabe).

Vom Seesieg bei Mylae bis zur Herrschaft über das Mittelmeer war es noch ein weiter Weg; die ersten Versuche, Karthago auf dem Seeweg zu erreichen, scheiterten. Mit der Seeschlacht bei den Ägatischen Inseln kann Rom 241 v. Chr. den ersten der drei Punischen Kriege für sich entscheiden. Der zweite entbrennt in Spanien, und Hannibal überrascht die Römer mit seiner Alpenüberquerung. Dass sich der Feldherr mit Heer und Tross und Elefanten über verschneite Gebirgspässe quälte, zeigt, dass die Römer mit ihrer Enterbrücke dem Seefahrervolk der Karthager die uneingeschränkte Seeherrschaft bereits genommen hatten.

Erst 146 v. Chr., nach der Landung zweier Heere unter Scipio Africanus, konnte Karthago endgültig geschlagen werden; Rom beherrschte das westliche Mittelmeer und dehnte seine Herrschaft langsam nach Osten aus. Ein letztes Mal stellte sich ihnen 69 v. Chr. eine 1000 Schiffe starke griechische Flotte entgegen, die aber besiegt wurde; und 67 v. Chr. zerschlägt eine römische Armada mit 500 Schiffen und 120 000 Mann in einer perfekt koordinierten Aktion gleichzeitig alle griechischen Widerstandsnester und macht das ganze Mittelmeer endgültig »piratenfrei«. Die allerletzte »hellenistische« Bastion, Kleopatras Reich in Ägypten (s. S. 28), wird am 2. September 31 v. Chr. in der Seeschlacht von Actium geschlagen. Damit gehört das Mittelmeer für die nächsten vierhundert Jahre den Römern, die es nun »mare nostrum« nennen.

Die Römer liebten das Meer – solange sie an Land waren. So ließ sich ein Kaiser zwei 79 Meter lange Prachtschiffe bauen – und verankerte sie als schwimmende Paläste fest und sicher auf dem kleinen Nemi-See bei Rom. Kaiser Domitian ging das, wie er sagte, »ewige Schlagen der Ruder auf die Nerven«, also ließ er sich in einem Beiboot an einer langen Leine von der Staatsgaleere nachschleppen. Der Dramatiker Terenz schrieb: »Oh, glücklich der, der die Gefahr nicht kennt, der er entrann, weil niemals er auf See.« Auch das Rudern blieb nicht lange heroisch-fröhlicher Volkssport junger Römer. Bald bestanden die Besatzungen der Kriegsschiffe komplett aus Legionären. Unter Römern galt die Kriegsmarine als Armeeverband zweiter Klasse; dort dienten nur Nicht-Römer, die Karriere machen wollten. So schrieb der Ägypter Sempronius an seinen Sohn: »Wie ich erfuhr, hast Du Dich nicht bei der Marine beworben. Zwei Tage habe ich mich deswegen gegrämt. Dabei tätest Du gut daran, eine glänzende Laufbahn einzuschlagen.«

Wenn frei gelassene Sklaven ihr Vermögen in Handelsschiffe investierten, erhielten sie im Gegenzug die vollen Bürgerrechte. Die Römer fuhren also nicht selbst, sondern ließen zur See fahren. Kapitäne und Mannschaften der römischen Handels- und Kriegsschiffe kamen aus Griechenland, Karthago und Ägypten. Römische Reedereien ließen ihre Schiffe »ausflaggen« – so wie Schiffe heute unter Flaggen von Billiglohnländern fahren. So bekam Roms Seefahrt moderne Dimensionen: Immer größere Schiffe wurden gebaut, das größte war die Iris mit 2893 Tonnen. Und der Historiker Plinius der Ältere berichtet, dass der Schwertransporter, der einen 450 Tonnen schweren Obelisken von Alexandria

■ Entern eines Schiffes mit einer Fallbrücke, dem Corvus, während einer Seeschlacht zwischen Römern und Karthagern, Mitte 3. Jahrhundert v. Chr. Deutlich ist der Metalldorn im Deck des gegnerischen Schiffes verankert. Aquarell von Peter Connolly

■ Sieg der Römer über die karthagische Kriegsflotte während einer Seeschlacht bei den Ägatischen Inseln. Holzstich, 1863

nach Rom brachte, »einen Großteil der linken Hafenseite Ostias« belegte. Der Frachter war also rund neunzig Meter lang. Dreimastfrachter fuhren bis nach England und Indien. Mit der größeren Segelfläche verkürzten sich die Fahrtzeiten: von Rom nach Tunesien in zwei Tagen, von Sizilien nach Ägypten in sechs Tagen. Viel schneller waren die Segler des 18. und 19. Jahrhunderts auch nicht.

Mit Kabinen ausgestattete Schiffe beförderten bis zu 600 Passagiere: Extravagante Römer entdeckten den maritimen Tourismus. Die meisten Römer aber liebten die See nur dann, wenn sie von der Terrasse ihrer ans Meer gebauten Villen über die Wellen schauten. Oder angelten. Der Dichter Martial pries eine Villa, die so perfekt konstruiert war, dass man dies vom Bett aus tun konnte.

Die Römer errichteten rund ums Mittelmeer ein Netz gut ausgebauter Seehäfen, deren Hafenmolen Schiffe vor Sturm und schwerer See schützten. 42 n. Chr. bauten die Römer Portus, den größten künstlichen Hafen der Antike (das heutige Fiumicino). Zwei 750 Meter lange und 15 Meter breite Wellenbrecher aus Stein schützten das 315 000 Quadratmeter große Hafenbecken, 300 Schiffe konnten gleichzeitig abgefertigt werden. Leuchttürme wiesen den Schiffen den Weg; 20 Standorte kennt man, der mit 60 Metern höchste stand auf Pharus vor Alexandria; der einzige erhaltene befindet sich bei La Coruña in Nordwestspanien.

# QUINQUEREME VON MESSINA

## DATEN UND FAKTEN

**Baujahr:** 260 v. Chr.
**Typ:** Galeere, dreistöckige Quinquereme (drei Ruderreihen übereinander, an diesen drei Riemen insgesamt 5 Ruderer, oben und unten je zwei, in der Mitte einer)
**Wasserverdrängung:** ca. 180 t
**Maße:** Länge: 45 m; Breite: 8 m; Tiefgang: 1,5 m
**Beseglung:** 1 Mast mit 1 Rahsegel, möglicherweise ein zweites kleines am Bug
**Baumaterial:** nicht abgelagertes Fichtenholz
**Besatzung:** 300 Ruderer in 3 Stockwerken an 180 Ruderriemen, 120 Elite-Soldaten
**Neuerungen der römischen Seefahrt:**
· die Enterbrücke, der Corvus
· Feuergranaten, die mit Katapulten verschossen wurden: Behälter mit glühender Holzkohle und brennendem Pech oder mit griechischem Feuer, einer Erdöl-Phosphor-Mischung
· Dreimastschiffe mit Bugspriet und neuen Segeltypen: Toppsegel, Besansegel, Vorsegel
· Eisenanker in heutiger Form ersetzen große Steine
· die Lenzpumpe, vorher wurde mit Eimern geschöpft
· Galeassen; schnelle Handelsgaleeren
· Häfen mit schützenden Molen
· Leuchttürme als Navigationshilfen

## WISSENSWERTES

**Römische Handelsschiffe:** Die Handelsschiffe der Römer behielten die breite, bauchige Form der phönizischen Rundschiffe mit einem Verhältnis Länge zu Breite von 4 bis 3 : 1. Doch wurden die Frachtschiffe immer größer: Allein die Stadt Rom verfügte über 85 Getreidefrachter von 50 Metern Länge mit einer Ladekapazität von 1000 Tonnen. Eine Neuerung waren die Galeassen: große schnelle Handelsgaleeren für Passagiere und verderbliche Güter. Die Venezianer nutzten diesen Schiffstyp bis ins 16. Jh. hinein. 1571, in der Schlacht von Lepanto, dienten sie als Artillerieplattformen.

## EMPFEHLUNGEN

**Lesenswert:**
Olaf Höckmann: *Antike Seefahrt*, München 1985

Karl Christ: *Die römische Kaiserzeit*, München 2001

George F. Brass (Hg.): *Taucher in die Vergangenheit*, Luzern 1972

Helmut Pemsel: *Weltgeschichte der Seefahrt*. Bd. 1, Hamburg 2000

**Besuchenswert:**
Fahrten mit der Galeere La Liberté auf dem Genfer See

Das Museo delle Navi Romane in Nemi und in Fiumicino bei Rom

Teatro marittimo, die Villa Hadrians in Tivoli

Das Haus des Neptun, in Herculaneum bei Pompeji

Römische Rheinschiffe: im Mainzer Museum für Antike Schiffahrt

**Anklickenswert:**
www.lateinforum.de/arch5.htm (neuere archäologische Schiffsfunde bei Pisa)

www.phil.uni-erlangen.de/~p2latein/kirke/staettenit.html (Museen in Italien)

## AUF DEN PUNKT GEBRACHT

Das Erfolgsgeheimnis der Römer waren Improvisationstalent, Pragmatismus und hohes Organisationsvermögen. Mit dem Nachbau der karthagischen Quinquereme von Messina beginnt Roms Aufstieg zur Weltmacht.

# Sohar

## *Die Dhau: das Schiff des Propheten*

654 n. Chr. Die ersten Sonnenstrahlen tauchen die Bergspitzen von Rhodos in orangefarbenes Licht. Die Fischer, die vom Nachtfang zurückkehren, entdecken plötzlich Segel am Horizont, die sich von Süden her über die Kimm schieben. Unzählige Segel. Doch etwas ist seltsam – die Segel scheinen alle schief zu stehen, als seien die Schiffe umgekippt. Aber sie nähern sich schnell, und die Fischer erkennen, dass die fremden Schiffe riesige Dreiecksegel tragen.

Bis zu jenem Tag, an dem eine arabische Flotte die Insel Rhodos eroberte, waren arabische Dhaus im Mittelmeer unbekannt. Im Jahr 640 hatten die unter dem Banner des Islam geeinten Stämme der arabischen Halbinsel die Mittelmeerküste erreicht und begonnen, eine Flotte aus Dhaus aufzubauen. 698 fällt Sizilien, 711 setzen arabische Truppen über die Straße von Gibraltar: Spanien wird arabisch. Um 800 beherrscht die Dhau das Mittelmeer: das Schiff, das auch das Familienwappen des Propheten Mohammed schmückt. Und dieser Schiffstyp sollte den Schiffbau Europas revolutionieren.

■ Die Sohar. Inspiriert durch Sindbads Abenteuer segelte Tim Severin mit diesem Nachbau einer arabischen Dhau des 10. Jahrhunderts 6000 Meilen weit von Oman bis nach China.

23. November 1980. Golden leuchten ein Phönix und die Worte »bismillah et rahman et rahim« (Im Namen Allahs des Gnädigen und Barmherzigen) von dem purpurfarbenen Wimpel, der sich am Hauptmast der Dhau Sohar im Hafen der omanischen Stadt Sur in der Morgenbrise langsam entrollt. Am Ufer winken Sayyid Faisal al Said, der Kulturminister des Oman, und eine Delegation aus der Volksrepublik China – das Ziel der Sohar ist das 6000 Seemeilen entfernte Kanton. Das Echo des Signalschusses eines omanischen Kriegsschiffs hallt von den Ufern zurück, und Tim Severin (s. S. 24), Kapitän der Sohar, lässt die Segel setzen: auf den Spuren der Fabelfigur Sindbad und großer arabischer Entdecker wie Ibn Buttuta. Wie immer bei seinen experimentalhistorischen Expeditionen legte Severin auch bei der Sohar Wert auf absolute Detail-

treue. Er wollte eine Original-Dhau, so wie sie im Mittelalter und dann seit Jahrhunderten nicht mehr gebaut worden war.

■ Arabische Dhau mit dem charakteristischen Dreieckssegel. Sklavenhändlerboot auf dem Weg nach Djidda. Holzstich, 1884

Eine Odyssee begann, obwohl Sultan Qaboos bin Said, Staatsoberhaupt des Oman, Severin einen Blankobrief überreichen ließ, in dem dieser alle Wünsche auflisten konnte. 1978 reiste Severin zusammen mit einigen omanischen Fachleuten in den Dschungel an der indischen Malabarküste, um die Bäume für das Bauholz vor Ort auszusuchen. Spezialwerkzeuge, darunter auch sechs Rochenschwänze, wurden gekauft. Schwieriger aber war, Schiffbauer zu finden, die sich noch auf die traditionelle Konstruktionsweise verstanden: Bis ins 17. Jahrhundert wurden Dhaus nicht genagelt, sondern wie bei den Ägyptern zusammengebunden (s. S. 16). Auch den Rumpf der Sohar durchzog am Ende ein Flechtwerk aus insgesamt 740 Kilometer Kokosseilen, hergestellt aus 50 000 Kokosnüsssen, durch 20 000 Löcher in der Bordwand gefädelt. Die einzigen Schiffbauer der Welt, die diese Technik noch für den Bau von kleinen Fischerbooten benutzen, leben auf den Lakkadiven, einer Inselgruppe nördlich der Malediven, die die indische Regierung zum ethnographischen Biotop erklärt hat: Kein Fremder, nicht einmal ein Inder darf die Insel

Der Australier Alan Villiers arbeitete in den 1930er Jahren ein Jahr als kuwaitischer Dhau-Kapitän. In seinem Buch *Sons of Sindbad* beschreibt er die Matrosen: »Tag und Nacht verrichten sie die schwersten Arbeiten unverzüglich, gehorsam, zufrieden und liebevoll … Ohne zu murren oder sich zu beklagen; sie sind echte Seeleute bis ins Mark.«

■ Die Sohar wurde in traditioneller Dhau-Konstruktionsweise gebaut: Sie ist nicht genagelt, sondern wird von Kokosnussseilen zusammengehalten.

Schon 570, im Geburtsjahr des Propheten Mohammed, wird das Wappen seiner Familie von einer zweimastigen Dhau geschmückt. Heute tragen Golfstaaten wie Kuwait und die Vereinigten Arabischen Emirate eine zweimastige Dhau im Staatswappen.

betreten. Severin informierte Regierungsstellen, Boten wurden geschickt; die Insulaner blieben misstrauisch: Wer war so verrückt, eine traditionelle Dhau bauen zu lassen? Eine 30-köpfige Gruppe aus Schiffszimmerleuten und Reepschlägern (Seilmachern) willigte schließlich ein, sich zum Bau der Sohar nach Oman fliegen zu lassen.

Severin hatte sich für den Oman entschieden, weil dieses Land Schiffbau und Seehandel über Jahrtausende beeinflusst hatte; schon um 2500 v. Chr. sprachen die Sumerer (s. S. 10) voller Achtung von den »schwarzen Schiffen von Magan« (Oman), die regelmäßig in den Häfen des Euphrat vor Anker gingen. 324 v. Chr. stellte Nearchos, der Flottenführer Alexanders des Großen fest, dass das Arabische Meer und der Indische Ozean übersäht waren mit Dhaus, von denen viele aus Oman stammten.

Damit Severins Fachleute von den Lakkadiven am Flughafen nicht verloren gingen, gab er ihnen grüne T-Shirts und nannte sie fortan nur noch die »Greenshirts«: »Ein Mann war so alt, dass ich Angst hatte, er würde die Reise nicht überleben; ein anderer hatte nur ein Auge; und dann war da noch der kleine Ruhige, der ständig grinste, als hätte er nicht alle Tassen im Schrank.« Am Strand der omanischen Hafenstadt Sur stand ein Haus für das Team bereit, davor das Fundament für den Bau, das Holz aus Indien und 50 000 Kokosnüsse. Die Greenshirts schafften ihr Werk in 165 Tagen. Sägen für die Planken benutzten sie kaum. Ähnlich wie die Wikinger schälten sie diese mit Hammer und Meißel aus den Stämmen, bei einer Genauigkeit von bis zu 0,2 Millimeter. Wie die Wikinger bauten sie die Sohar von außen nach innen: zuerst den Rumpf, dann die Innenverstrebungen. Und alles nach Augenmaß. Die zusammengebunden Planken wurden allerdings nicht kalfatert, sondern mit einer Schicht aus Musselin isoliert, der mit indischem Chundruz-Baumgummi getränkt wurde. Für den Unterwasserschutzanstrich gegen Bohrwürmer wurde eine Mischung aus Muschelkalk und Hammelfett benutzt, zum Imprägnieren innen sechs Fässer Fischöl mit Zucker. Dessen Gestank

Die größte bekannte Dhau war die Muhammadi mit 600 Tonnen und 55 Matrosen, über alles 60 Meter lang. Wie viele kuwaitische Dhaus wurde sie in den Werften von Calicut an der indischen Malabar-Küste gebaut, womit sich der Reeder den teuren Transport des indischen Teakholzes nach Kuwait sparte. 1916 lief die Muhammadi in Calicut vom Stapel. Nach zwei Reisen stellte sich heraus, dass die indischen Schiffbauer geschlampt hatten, das Schiff leckte permanent. 1917 wrackte Reeder Ahmad bin Salman die Muhammadi ab; die prächtig geschnitzte Tür der Kapitänskajüte aus Rosenholz allerdings ließ er sich in seinem Wohnhaus einsetzen.

begleitete die 20-köpfige Mannschaft während der acht Monate bis nach China, so wie jene anderen Mitreisenden, die im Oman an Bord gekommen waren: Jede Nacht sangen die Grillen.

Die Fahrt verlief, zur Überraschung aller, fast ohne Zwischenfälle – bis auf einen Ruderschaden auf dem Weg nach dem südindischen Calicut und den Bruch einer Rah bei der Überfahrt von Sri Lanka nach Sumatra. Die Schäden konnten jeweils mit Bordmitteln behoben werden. Am 7. Mai 1981 erreichte die Sohar mit dem Südwest-Monsun die Straße von Malakka, ankerte kurz in Singapur und erreichte 18 Tage später, am 29. Juni, die chinesische Küste. Am 11. Juli warf sie Anker im Hafen von Kanton, von Feuerwerk und Musikkapellen begrüßt. Am Kai warteten genau die Regierungsvertreter Chinas und Omans, die die Sohar in Sur verabschiedet hatten.

Mit ihrer Zuverlässigkeit und einer Geschwindigkeit von bis zu neun Knoten hat die Sohar bewiesen, warum die Dhau den europäischen Schiffbau im Mittelmeerraum revolutionieren konnte. Als im Jahr 1286 zum neunten Kreuzzug gerüstet wird, lässt Frankreichs König Ludwig IX. Frachtschiffe nach arabischem Vorbild bauen, allerdings wurden die Planken nicht zusammengebunden, sondern genagelt. Und im Jahr 1430 empfiehlt der portugiesische Kö-

■ Sindbad der Seefahrer auf stürmischer See. Holzstich aus *Tausend und eine Nacht*, 1865

■ »Sindbad Voyage« – die Sohar auf ihrer Reise

nig Heinrich der Seefahrer seinen Werften ausdrücklich, arabische Schiffe zu kopieren, die stark genug waren, auf dem Weg um Afrika herum nach Indien den Atlantikwellen zu trotzen (s. S. 74). Heinrich nennt diesen Schiffstyp »caravela latina«. Noch Kolumbus' Karavellen waren Dhaus nachempfunden (s. S. 70). Der große Vorteil dieser Schiffe bestand in ihren in Europa zuvor unbekannten dreieckigen Segeln, im Arabischen Settie-Segel, im europäischen Einflussgebiet Lateinersegel genannt. Eigentlich müssten sie »Arabersegel« heißen. Mit ihnen waren Schiffe viel besser manövrierbar, gerade gegen den Wind. Und doppelt so schnell: Ein Schiff von zwanzig bis dreißig Metern Länge kann aus statischen Gründen sehr viel größere Segel führen, wenn diese dreieckig sind. Erst als man im Mittelmeerraum größere Schiffe – wie caravela redonda, Karacke, Não, Galeone – baute, kehrte man zum rechteckigen Rahsegel zurück, denn ab einer bestimmten Größe sind sie wiederum leichter zu handhaben als Lateinersegel.

Doch sieht man bis heute jene alten Dhaus allein unter Segeln fahren. »Die Dhaus ohne Motor sind zu Schiffen der Armen geworden«, sagen die Seeleute Sansibars, »aber da es immer Arme geben wird, werden die alten Dhaus fahren, bis die Welt untergeht.«

# SOHAR

## DATEN UND FAKTEN

**Name:** Sohar ist der Name einer omanischen Hafenstadt, ehemals einer der bedeutendsten Handelshäfen.
**Baujahr**: 1980 in Sur; Bauzeit 8 Monate; Entwurf Colin Mudie, Bauleitung Mohamed Ismail und Hoodaid
**Typ**: Boom-Dhau; Doppelender; seit dem Mittelalter werden Dhaus in Europa auch Schebeken genannt
**Maße**: Länge über alles: 35 m; Breite: 6,7 m; Tiefgang: 1,8 m
**Wasserverdrängung**: ca. 60 t
**Baumaterial**: 140 t Holz; Rumpf: indisches Aini-Holz aus Beypore, dem Teakholz ähnlich; Mast und Rahen: Poonholz
**Beseglung**: Haupt- und Besanmast. Segel: Klüver und zwei Lateinersegel; Länge der Rah des Großsegels 26,6 m; Gesamtsegelfläche ca. 1000 qm. Max. Geschwindigkeit 9 kn. Keine Reff-Möglichkeit, die Segel werden gewechselt.
**Besatzung**: 20 Mann: 8 Mann aus dem Oman und wechselnde internationale Crew
**Bewaffnung**: 3 Ak-47 (Kalaschnikow)
**Ladung**: 12,5–15 t Ballast, 0,5 t Kohle für die Kombüse, Lebensmittel; als Grundnahrungsmittel 1 t Datteln
**Verbleib**: Die Sohar steht heute als Nationaldenkmal des Oman in Al Bustan bei Maskat
**Neuerungen:**
· Lateinersegel
· Heckruder
· Kompass

## WISSENSWERTES

**Heckruder:** Seit Anbeginn der Seefahrt wurden Schiffe mit einem oder zwei Steuerrudern an den Seiten gelenkt. Die Erfindung eines zentralen Steuerruders am Heck revolutionierte die Seefahrt: Ohne Heckruder sind Schiffe mit einer Länge über 30 m und/oder mit einer großen Segelfläche nur schlecht manövrierbar. Die früheste Darstellung eines Heckruders im europäischen Raum stammt aus dem Jahr 1180 und befindet sich auf dem Taufbecken der Kathedrale von Winchester. Nach Meinung der meisten Experten haben die arabischen Dhaus mit ihrem Auftauchen im Mittelmeer im 7. Jh. das zentrale Heckruder in Europa bekannt gemacht. Da bis heute allerdings keine Dhau aus der Zeit vor 1000 n. Chr. gehoben oder ausgegraben wurde, zweifeln andere Wissenschaftler die arabische Herkunft des Heckruders weiterhin an. Experimentalsegler wie Tim Severin hingegen schließen die Möglichkeit, eine Dhau mit einem Seitenruder steuern zu können, gänzlich aus, denn der Druck, der durch die extrem große Segelfläche der Lateinersegel entsteht, sei nur durch ein Heckruder zu kontrollieren. Die Konstrukteure der Sohar zögerten nicht einen Augenblick, die Sohar mit einem Heckruder auszustatten. Dafür, dass die Dhaus das Heckruder nach Europa brachten, spricht auch, dass die arabische Welt früh regen Handel mit China trieb – und der erste Beleg, dass die Chinesen Dschunken mit Heckrudern steuerten, stammt aus dem 2. Jh. n. Chr. So gebührt wohl den Chinesen die Ehre, die Seefahrt revolutioniert zu haben.

## AUF DEN PUNKT GEBRACHT

Bevor Vasco da Gama den Seeweg nach Indien fand, sorgten allein arabische Dhaus für Warenverkehr und Austausch. Als die Dhaus im Mittelmeer auftauchten, revolutionierten sie die Seefahrt Europas. Die Sohar ist wie ein Phönix aus dieser Epoche.

## EMPFEHLUNGEN

**Lesenswert**

Tim Severin: *Auf den Spuren Sindbads. Von Arabien nach China*, Hamburg 1993

Erno Wiebeck, Hermann Winkler: *Segler im Monsun. Die Dau im indischen Ozean*, Rostock 2002

Ross E. Dunn: *The Adventures of Ibn Battuta*, Berkley 1994

Roland Kübler: *Sindbad, der Seefahrer. Nach alten Quellen neu erzählt*, München 1999

Ya'qub Yusuf Al-Hijji: *The Art of Dhow-building in Kuwait*, Kuwait–London 2001

Alison Campbell, Jack Picone: »Die Zauber-Segler«, in: *mare*, No. 18 (2000), Hamburg

**Sehenswert:**

*Sindbad der Seefahrer.* Regie: Richard Wallace; mit Anthony Quinn, Douglas Fairbanks Jr., Maureen O'Hara. USA 1947

**Besuchenswert:**

Die Sohar, in Al Bustan, Maskat, Oman

Kuwait National Museum

Modell einer Dhau (1:50) im Deutschen Technikmuseum, Berlin

Ethnologisches Museum, Berlin

# Gokstad-Schiff
## *Surfbrett der Wikinger*

»Der Wind wird immer stärker, und die Wellen türmen sich auf, … es geht höllisch ab, eine irre Fahrt … 9 kn. Von einer bestimmten Windstärke an verwandelt sich Wiki in ein Surfbrett. Manchmal denke ich, Wiki will fliegen. Sie lebt, dieses Meereswesen, und schlau ist es. Und ich bin high«, so beschreibt der Experimentalsegler Burghard Pieske die Fahrt, die er 1992 mit der Wiking Saga, dem Nachbau eines Wikingerschiffs, nach Amerika unternommen hat. Unglaublich schnell waren sie, die Drachenschiffe der Wikinger, bis zu 12 Knoten, also über 22 Stundenkilometer – so schnell wie ein Frachtdampfer um 1950. Dass der Drachentöter Siegfried, wie es im Nibelungen-Lied heißt, in zwei Wochen von den Niederlanden nach Island gesegelt sein soll, ist durchaus realistisch. Während Kolumbus' Matrosen die Überfahrt nach Amerika als endlosen Albtraum erlebt haben, war die Entdeckung des neuen Kontinents um 1000 n. Chr. für die Wikinger ein konsequenter Schritt. Sie haben die Seefahrt über Jahrhunderte in jeder Beziehung professionell betrieben.

▪ Der warägische Heerführer Rurik landet an der baltischen Küste. Die Hörner am Helm der Wikinger waren eine Erfindung der katholischen Kirche. Aquarell von Willem Koekkoek, um 1900

In den ersten Tagen des Jahres 1880 begannen norwegische Bauern, um sich die Langeweile zu vertreiben, in einem als »Königsgrab« bekannten Erdhügel in der Nähe des Gehöfts Gokstad zu graben. Könige und Fürsten ließen sich in ihren Schiffen bestatten, denn Schiffe waren heilige Orte, zu Wasser wie zu Lande. Und so gab die blaue Tonerde ein perfekt erhaltenes 23,2 Meter langes Wikingerschiff frei; fortan Gokstad-Schiff genannt. Es war das erste in einer langen Reihe archäologischer Schiffsfunde, die die Seefahrt Skandinaviens zu einer der am besten dokumentierten Epoche machten.

Populärwissenschaftlich heißt das Standardschiff der Wikinger »Drachenboot«; sie selbst nannten es »Skeidh«, Rennpferd. Pferde spielten in der skandinavischen Religion eine äußerst wichtige Rolle – so wur-

den heilige weiße Pferde in Hainen gehalten, um die Zukunft vorherzusagen. Liebevoll nannten die Wikinger ihre Skeidhs Gischtrenner, Wogenross, Seepferd, gaben ihnen auch Namen anderer Tiere: Fjordelch, Kielvogel, Meerbock oder Meergottschwan. Der Fund von Gokstad offenbarte den hohen Stand des skandinavischen Schiffbaus. Die dem Körper einer Möwe nachgebildeten Skeidhs waren Kunstwerke, und – wie sich später durch andere Funde zeigte – bis auf den Millimeter genormt. Obwohl die Wikinger über Sägen verfügten, wurde jede einzelne Eichenplanke mit der Krummaxt aus einem Stamm herausgelöst, der Maserung des Holzes folgend; Äste wurden an den Planken belassen und zu natürlichen Innenstreben zurechtgemeißelt, was den Rümpfen die Stabilität von Baumkronen gab. Gigantisch waren die durchgehenden Kiele, die aus 24 Meter langen Stämmen geschlagen wurden; Eichen müssen zur Wikingerzeit die Höhe achtstöckiger Häuser erreicht haben. Burghard Pieske über seinen Nachbau Wiking Saga: »Dank des langen, durchlaufenden Kiels marschiert sie schnurgerade wie eine Straßenbahn, reagiert aber dennoch auf die kleinste Korrektur so präzise wie ein hochentwickeltes Automobil.« An diese Kiele wurden die Planken wie Dachziegel genagelt, von unten nach oben, in Klinkerbauweise. Ein rein skandinavisches Verfahren, das dem Rumpf enorme Dichte und Stabilität verleiht und auf großen Holzreichtum schließen lässt. Diese massiven Konstruktionen blieben jedoch flexibel: Selbst unter den

■ Wikingerschiff auf großer Fahrt. Szenenphoto aus dem amerikanischen Film *Der 13. Krieger* von 1999 mit Antonio Banderas, Omar Sharif und Diane Venora

Das Geheimnis der Wikinger lag in ihren Schiffen, einer perfekten Kombination aus Naturbeobachtung, Handwerkskunst, Innovation und Identifikation. Zweifellos liebten sie ihre Schiffe, in ihren Augen waren sie lebendige Wesen. Pferde-, Stier-, Möwen- und Schlangenköpfe und manchmal auch kunstvoll geschnitzte Drachenhäupter schmückten den Schiffsbug.

■ Das Gokstad-Schiff im Universitäts-Museum Oslo

Anders als Araber, Ägypter oder Griechen konnten die Wikinger ihre Gotteshäuser überallhin mitnehmen, denn ihre Schiffe waren ihre Tempel – und ihre Königsgräber. Gruben wurden ausgehoben, 55 mal 45 Meter, in die das Schiff gebettet wurde, ausgestattet wie die Fürstengräber von Haithabu und Oseberg: mit Wagen, Ochsen, Pferden, Schmuck, Waffen, Lebensmitteln, allem, was der Wikingerkönig auf der Reise nach Walhalla, ins Heldenparadies der Götter, brauchte – auch eine Sklavin, die eigens für diesen Zweck getötet wurde.

Schlägen von Orkanwellen brachen sie nicht, sondern verformten sich nur, der ganze Schiffsrumpf gab nach wie ein Fisch. Und der flache, runde Skeidh-Bug nahm jene Surf-Eigenschaften vorweg, die erst die Schoner um 1800 (s. S. 164) wieder erreichten.

Wie die Schiffbauer am persischen Golf ihre Dhaus (s. S. 38) bauten auch die Wikinger ihre Skeidhs von außen nach innen: Zuerst entstand aus den Planken eine »gewachsene«, stromlinienförmig perfekte Hülle, dann wurden die Innenverstrebungen eingepasst. Dhaus und Skeidhs waren bis 1400 auch die einzigen Schiffstypen, die wirklich gegen den Wind segeln konnten – unverzichtbar, um jederzeit jeden gewünschten Punkt erreichen zu können. Die Wikinger lösten dieses Problem, indem sie das Segel mit dem Beitiáss, einer Extrastange am Bug, stabilisierten – so wie der Spinnaker-Baum moderner Jachten das Segel hält.

Hoch entwickelt war auch die Navigation. Die Wikinger fuhren nach dem Polarstern; bei bedecktem Himmel nach einem so nur in Skandinavien vorkommenden Cordierit. Hält man diesen glänzenden Stein im Winkel von 90° zur Sonne, schimmert er grün-blau: auch bei bedecktem Himmel. Die Wikinger kannten aber auch den »Sonnenkompass«, eine Holzscheibe mit unterschiedlichen Kegeln, die die nach Jahreszeit und Ort verschiedenen Sonnenstände markierten. Und zur Not hatte man immer noch Raben an Bord, die man zur Orientierung fliegen ließ.

Die Seefahrttradition der Wikinger ist so alt wie die der Phönizier und Chinesen. Schon um 1500 v. Chr., in der Bronzezeit, bestand ein regelmäßiger Verkehr zwischen Dänemark und den britischen Inseln; es gab Reedereien, spezialisierte Arbeitsteilung und eine Werftindustrie. Archäologische Funde wie das 1863 bei Flensburg ausgegrabene Nydam-Boot (4. Jahrhundert) und die Reste des 1939 im englischen Sutton Hoo geborgenen Schiffs (7. Jahrhundert) dokumentieren diese Tradition – die Skandinavier, Angelsachsen, Niedersachsen und Friesen teilen. Dass der südnorwegisch-dänische Stamm der Vandalen – Vorfahren der Wikinger – schon zur Zeit der Völkerwanderung perfekt mit Schiffen umzugehen verstand, zeigte sich im Jahr 429. Unter ihrem König Geiserich waren die Vandalen durch ganz Westeuropa nach Spanien marschiert und standen nun bei Gibraltar: Sie wollten nach Afri-

1893, mitten auf dem Atlantik, rieb sich der Kapitän eines englischen Fischtrawlers die Augen, als er in 300 Meter Entfernung ein Wikingerschiff in Richtung Amerika vorbeiziehen sah. Es war die Gokstad, ein Nachbau des 1880 gefundenen Schiffes. Am Ruder stand der norwegische Kapitän Magnus Andersen, auf dem Weg zur Weltausstellung in Chicago: »Leicht wie eine Möwe flog sie über die Brecher hinweg, selbst altgedienten Fahrensleuten entlockten ihre graziösen Bewegungen Ausrufe der Bewunderung.« 28 Tage brauchten Andersen und die Gokstad.

ka und das legendäre Karthago erobern. So überfielen sie kurzerhand Häfen wie Cartagena, bemächtigten sich der Schiffe und setzten ohne Verluste 80 000 Menschen in wenigen Tagen nach Afrika über. Die mächtigen römischen Kriegsschiffe hatten keine Chance – die Vandalen waren die besseren Seeleute.

In den Schulbüchern allerdings scheinen die Wikinger vom Himmel zu fallen. Das beginnt immer mit jenem 8. Juni 793, an dem sie das englische Kloster Lindisfarne überfallen: Angeblich aus dem Nichts sollen ihre rot-weiß gestreiften und purpurfarbenen Segel völlig unerwartet aufgetaucht sein. 500 000 Lindisfarne-Touristen jährlich bezeugen, wie stark sich dieses Datum eingeprägt hat. Jener legendäre Angriff aber war kein zufälliger Piratenakt, sondern eine militärische Reaktion auf machtpolitische Verschiebungen in Europa. Zwei Großmächte standen sich im Norden feindlich gegenüber, die Wikinger und der Frankenkaiser Karl der Große. An der Südgrenze seines Reiches beherrschten die Araber Spanien. So versuchte Karl der Große seinen Einflussbereich zur Nordsee hin auszudehnen, in Richtung der Niedersachsen, die mit den Dänen verbündet waren. Karl konnte die Friesen bestechen; gegen die Sachsen richtete er im Namen christlicher Mission Feuer und Schwert: 4000 Kriegsgefangene wurden in Verden an der Aller in einer Nacht geköpft. Dort nennt man Kaiser Karl bis heute nicht den »Großen«, sondern »Käs-Karl«, den Franzosen-Karl. Während Karls Armeen auf dem Festland vordrangen, umgingen die Wikinger

■ Innenansicht des Gokstad-Schiffs

■ Ein Pferdekopf als Galionsfigur: Normannen fallen in die Normandie ein. Aus: *Le Petit Journal*, Paris 4. Juni 1911

den fränkischen Feind und griffen ihn in dessen Rücken an; der Überfall auf das Kloster Lindisfarne ist ihre erste Reaktion auf die Politik des Frankenkönigs.

Nach dessen Tod geht der Krieg weiter. Die Wikinger bleiben bei ihrer Guerilla-Taktik. Im Jahr 885 fährt eine Flotte von 700 Wikingerschiffen 160 Kilometer die versandete Seine hinauf und belagert Paris, das Herz des Frankenreiches. Ihre Schiffe waren dafür wie geschaffen, mit ihrem geringen Tiefgang gelangten sie überall hin. Wehte kein Wind, wurde gerudert. Zur Not konnte sie die Boote sogar auf Baumstämmen rollend über Land transportieren, von Fluss zu Fluss. Und die Wikinger waren keine Galeerensklaven, sondern gut genährte, durchtrainierte und vor allem hochmotivierte Berufssoldaten: Der Gewinn der Beutezüge wurde aufgeteilt.

So eroberten die Wikinger weite Teile Russlands, dem sie ihren Namen gaben: »Rus« wurden die Wikinger von den einheimischen Slaven genannt, nach dem schwedischen Wort »Ruotsi« für Ruderkerle. Das »Reich der Rus« mit seiner Hauptstadt Kiew erstreckte sich bald bis zum Schwarzen Meer. Im 13. Jahrhundert kontrollierten die Normannen – direkte Nachkommen der Wikinger – nicht nur Russland und Skandinavien, sondern auch England, die Normandie und eine Zeit lang die Bretagne. Die normannischen Herzogtümer auf Sizilien und in Süditalien drängten mit ihren erfahrenen Seeleuten den Einfluss der arabischen Sarazenenflotten im Mittelmeer zurück.

Als Burghard Pieske auf seiner Wiking Saga den Atlantik überquerte, begleitete ihn aus Sicherheitsgründen ein moderner Segel-Katamaran, der vergeblich versuchte, dem Drachenschiff zu folgen: »Wer konnte denn wissen, dass ein eher primitiv zu nennendes Holzboot, im tiefsten Mittelalter erdacht, imstande ist, einen modernen Katamaran einfach stehen zu lassen? Läuft der Drache optimal, dann zeigt er dem Kat nur noch verächtlich das Schwanzende, als wollte er sagen: He, weiter seid ihr nicht gekommen in der Entwicklung des Segelns? Hat sich wohl nicht viel getan in den letzten tausend Jahren?«

Dass die Wikinger Helme mit Hörnern trugen, ist eine Erfindung der katholischen Kirche. Dass sie sich gerne berauschten, ist eine Tatsache – mit Alkohol und mit Pilzen, darunter auch Fliegenpilzen, die der Wirkung von LSD vergleichbar sind; die Wikinger überließen es allerdings ihren Frauen, die Pilze zu essen, und nahmen dann deren Fliegenpilzurin als »Zaubertrank« in Flaschen mit auf Reisen. So soll, heißt es, die Wirkung der Droge viel besser dosierbar gewesen sein.

# GOKSTAD-SCHIFF

## DATEN UND FAKTEN

**Baujahr:** um 890
**Typ:** Skeid(h); Doppelender
**Maße:** Länge über alles: 23,2 m, Kiel 20 m; Breite: 5,2 m; Höhe: Kiel-Bordwand 1,8 m; Bug mit Galionsfigur 2,7 m über der Wasserlinie; Tiefgang: 1 m
**Wasserverdrängung:** 31 t
**Baumaterial:** Eiche, Eisennägel und -nieten
**Beseglung:** 1 Rah-Segel (Wolle), ca. 7 m hoch, 15 m breit. Der Mast war einklappbar, besonders wichtig bei Sturm; Höchstgeschwindigkeit 12 kn: Dänemark-England in drei Tagen
**Antrieb:** 32 Ruderriemen, Höchstgeschwindigkeit 6,5 kn
**Besatzung:** 35 bis 45 Mann
**Bauweise:** 16 streng genormte Plankenreihen auf jeder Seite, unten 2,5 cm dick, in der Mitte 4,4 cm und oben 1,25 cm. Im Abstand von genau 18 cm wurden sie mit einer Art eiserner Rundkopfnieten befestigt.
**Verbleib:** Das 1880 entdeckte Gokstad-Schiff befindet sich heute im Wikingerschiffmuseum auf der Halbinsel Bygdoy bei Oslo. Es enthielt keine Bestattungsbeigaben.

## WISSENSWERTES

**Andere Schiffstypen der Wikinger:** In sehr viel kleineren Stückzahlen als die Skeidhs wurden die großen, schwerfälligeren Schlachtschiffe, Draken oder Drakkare gebaut; sie waren nur im Küstenbereich einsetzbar. Die berühmtesten Draken waren die Orme Lange (lange Schlange) und die Luxusjacht der Königin Asa. Dieses mit Elfenbein und Gold geschmückte Schiff war 50 m lang und 7,50 m breit, es hatte 72 Ruderriemen und eine Besatzung von 300 Mann. Die Wikinger verfügten auch über eine große Handelsflotte, mit der sie Passagiere, Vieh und Waren transportierten, bis nach Amerika. Als Hochseefrachter dienten die Knorre und die etwas kleinere Byrdinge. Eine Knorre (auch Knorr oder Knorren) war bis 18 m lang und 5 m breit, konnte bis zu 60 Tonnen laden und wurde von 10 Seeleuten gesegelt. Ein Nachbau, die Saga Siglar, umrundete 1983–86 den Globus. Aus der Knorre entwickelte sich die Kogge.
**Skeidh:** Die indoeuropäischen Sprachwurzeln des Wortes Skeidh (Pferderennbahn/Rennpferd) verweisen auf den Wortstamm keidh »spalten«, »schneiden« (aind.: khidati: er zerreißt, got.: skaidan, ags.: scadan, afries.: sketha, as.: skedan, ahd.: skeidan, »schneiden«). Pferderennbahn und Rennpferd scheiden die Spreu vom Weizen. Auch das Wort Skandinavien beruht auf der Sprachwurzel skad. Das dänische Wort skite wie das englische to skate leiten sich vom Gleiten der Skeidhs ab.

## AUF DEN PUNKT GEBRACHT

Schwimmende Möwen dienten den Wikingern als Vorbild für ihre Skeidhs, die sie gleichwohl »Rennpferde« nannten. Kein anderer Schiffstyp verbindet derartig perfekt Naturbeobachtung, Handwerkskunst, Innovation und vor allem Identifikation mit dem lebendigen Wesen »Schiff«.

## EMPFEHLUNGEN

**Lesenswert:**

Birgit und Peter Sawyer: *Die Welt der Wikinger*, Berlin 2002

Werner Dammann: *Das Gokstadschiff und seine Boote*, Köln 1996

Burghard Pieske: *Expedition Wiking Saga*, Bielefeld 2002

Snorri Sturloson: *Prosa-Edda*, Zürich 2002

Wolfram zu Mondfeld: *Wikingerfahrt I & II. Kultur-Reiseführer Dänemark, Norwegen, Norddeutschland*, Bergisch-Gladbach 1988

**Hörenswert:**

Tor Åge Bringsvaerd: *Die Wilden Götter*. München 2002. 2 CDs

**Besuchenswert:**

Schleswig-Holsteinisches Landesmuseum für Vor- und Frühgeschichte, Schloss Gottorf, Schleswig

Wikingerschiffmuseum, Oslo

Ladby-Schiff-Museum, Odense

Wikingerschiffshalle, Roskilde

Schiffsgräber-Anlage, Norresundby, Aalborg

**Erlebenswert:**

Fahrt mit der Kari, einem Nachbau des Gokstad-Schiffs mit Motor, Potsdam

Schiffstouren mit Wikingerschiffen, Håholmen Havstuer

# Bucintori

## *Die Prunkgaleeren der Venezianer*

In der Frühlingssonne funkelt der Bucintoro auf den Wellen der Lagune wie eine große goldene Flamme, Gesang weht herüber von unzähligen Gondeln, und leise Musik schwebt über das Wasser, mächtig läuten die Glocken der Stadt. Von überall her begleiten einzelne Salutschüsse und Geschützsalven die Fahrt der Prunkgaleere hinaus aufs offene Meer. Unzählige Delphine und Nymphen, kunstvoll geschnitzt und prächtig vergoldet, zieren den Rumpf. Über dem roten Samtbaldachin flattert mächtig Venedigs riesiges Banner mit dem geflügelten Löwen des heiligen Markus, des Schutzpatrons der Stadt. Am Bug streckt die Galionsfigur Justitia ihr Schwert hin zum Horizont, hinter ihr halten elf Patrizier die elf Symbole der Macht für die Zeremonie bereit: eine Trompete, acht Fahnen, einen Thron und einen Schirm. Die einhundertachtundsechzig Ruderer halten inne. Auf dem Heck erhebt sich der Doge, das Oberhaupt der Republik Venedig. Wie jedes Jahr am Himmelfahrtstag zieht er einen goldenen Ring vom Finger und wirft ihn mit den Worten: »Wir vermählen uns dir, o Meer, zum Zeichen unserer wahrhaftigen und unverbrüchlichen Herrschaft über dich« in die Fluten der Adria.

■ *Das Bucintoro-Fest*. Gemälde, um 1750, von Antonio Canale, genannt Canaletto

■ Plan des Arsenal in Venedig. Die Anfänge dieser bedeutenden Werftanlagen gehen auf das Jahr 1104 zurück. Aquarell von Antonio di Natale, 17. Jahrhundert

Seit Beginn des 11. Jahrhunderts begeht Venedig jährlich das Sposalizio del mare, die symbolische Verbindung mit dem Meer, aus Dank für einen Sieg über die Piraten Dalmatiens. Vier Bucintori ließ der Stadtstaat Venedig zu diesem Zweck bauen: 1311, 1520, 1605 und 1729. Vor 1311 wurde die Zeremonie auf der jeweils größten, schon Bucintoro genannten Kriegsgaleere vollzogen, die auch als Schauplatz für Staatsempfänge diente, so etwa 1177, beim Treffen des deutschen Kaisers Friedrich Barbarossa mit Papst Alexander III. Um 1450 war Venedig zur größten Seemacht im Mittelmeer aufgestiegen; der Stadtstaat monopolisierte den Handel zwischen Europa, Asien und Afrika; bis ins 16. Jahrhundert blieb Venedig der größte europäische Umschlagplatz für Sklaven. Auch an den Kreuzzügen gegen die islamische Welt beteiligten sich die venezianischen Spediteure des Mittelmeers – mit politisch kommerziellen Interessen.

Am 27. November 1095 – Vitale Falier, der 32. Doge Venedigs, lag im Sterben – rief Papst Urban II. zum ersten Kreuzzug nach Jerusalem auf. Als erstes schaltete Venedig die Mitkonkurrenten im Kreuzfahrergeschäft in Seeschlachten aus: die italienischen Hafenstaaten Genua, Pisa und Amalfi. Damit beginnt die »goldene« Zeit der Kreuzzüge, besonders aber die des Seehandels. An den

Als die Goten Anfang des 5. Jahrhunderts Norditalien erobern, fliehen die Einheimischen und verstecken sich in den Sümpfen der nördlichen Adria. Venedigs früheste Erwähnung findet man in einem Schreiben von Cassiodor, dem Staatskanzler des Gotenkönigs Theoderich. 523 fordert er die Lagunenbewohner auf, Wein und Öl als Tribut zu liefern: »Ihr lebt wie die Seevögel … bei euch gibt es keinen Unterschied zwischen arm und reich; eure Nahrung ist für alle gleich, und ebenso eure Häuser. Der Neid, der die ganze Welt regiert, ist bei euch unbekannt. Setzt also eure Boote, die ihr wie Pferde vor den Türen eurer Häuser angebunden habt, unverzüglich instand und beeilt euch mit der Abreise.«

■ Schiffbau im Arsenal von Venedig. Ausschnitt aus einem Zunftzeichen der venezianischen Schiffbauer, 16. Jahrhundert

Kämpfen mit der islamischen Welt beteiligt sich die Lagunenstadt erst im 16. Jahrhundert – bis dahin gingen Handel und Gewinn vor, getreu dem Motto »siamo Veneziani, poi Christiani« (Wir sind Venezianer, dann erst Christen). Während des Vierten Kreuzzugs erobert die venezianische Flotte, offiziell auf dem Weg nach Jerusalem, am 12. April 1204 ganz nebenbei das christliche Konstantinopel, das östliche Bollwerk gegen den Islam. Drei Achtel der sagenhaften Reichtümer in der Stadt fallen an Venedig.

In den folgenden 250 Jahren kontrollieren die Galeerenflotten der Serenissima – der Allerehrwürdigsten, wie die Venezianer ihre Stadt nennen – uneingeschränkt das nördliche und östliche Mittelmeer. Die Werftanlagen der Stadt, das Arsenal genannt, werden zum größten zusammenhängenden Industriekomplex Europas. Auf engstem Raum arbeiten hier 2000 Handwerker arbeitsteilig organisiert an bis zu 116 Galeeren gleichzeitig. Im Jahr 1300 besuchte Dante Alighieri die Werft, in der *Göttlichen Komödie* liefert sie ein Bild zur Beschreibung der Hölle, in der »so wie im Arsenal der Venezianer / Im Winter zähes Pech zu sieden pflegt«.

1453 eroberten die Türken Konstantinopel und setzten sich an den Mittelmeerküsten fest. Spätestens 1499 begriffen die Venezianer, dass ihre uneingeschränkte Herrschaft zu Ende ging. Dem venezianischen Gesandten am Hofe des Sultans zu Konstantinopel erklärte dessen Großwesir, man wisse zwar, dass sich der Doge jedes Jahr mit dem Meer vermähle, doch der wahre Bräutigam werde in Zukunft der Sultan sein.

Im Jahr 1662 ließ sich der bayerische Kurfürst Ferdinand eine Nachbildung des venezianischen Bucintoro für den Starnberger See bauen, in der bayerischen Staatsfarbe Blau. Die Prunkgaleere war 30 Meter lang, 7,5 Meter breit, hatte zwei Lateinersegel, 80 Ruderer und bot 300 Menschen Platz.

Überhaupt war 1499 ein schwarzes Jahr für die Seemacht Venedig: Im August kehrte Vasco da Gama von seiner Indienfahrt nach Lissabon zurück (s. S. 74); der Seeweg um Afrika war gefunden und damit ging Venedigs Monopol im Gewürzhandel langfristig verloren; ein Börsenkrach führte zum Zusammenbruch aller venezianischen Großbanken, den Finanziers halb Europas. Weil die Türken die Handelswege zu Land blockierten, wurde sogar erwogen, einen Kanal zwischen Rotem und Mittelmeer zu bauen. 1571 explodierten die Spannungen zwischen der Hohen Pforte und der Serenissima in der Schlacht bei Lepanto; diese, eine der schrecklichsten Seeschlachten aller Zeiten, war zugleich die letzte, die nur mit Galeeren ausgetragen wurde. Mit 111 von 213 Schiffen stellte Venedig das größte Kontingent der Heiligen Liga.

An Bord der Galeere Marquesa verfolgt der Maler Vicentino das Gemetzel; er hat es in einem Fresko im Dogenpalast festgehalten. An Bord ist auch Miguel Cervantes, der Schöpfer des *Don Quijote*, eine Musketenkugel reißt ihm die linke Hand ab. Neben der Marquesa fährt die »Schwarze Galeere« der Heiligen Liga, La Reale. Nicht nur ihr Rumpf ist schwarz, auch an Bord sind alle schwarz gekleidet. »Rache für Famagusta« ist ihr Schlachtruf. An den Christen dieser zyprischen Stadt hatte eine Armee der Türken ein Massaker verübt. Das türkische Flaggschiff Sultanas wird im Kampf Mann gegen Mann erobert. Und La Reale legt erst ab, als die abgeschlagenen Köpfe der Sultane Ali Pascha und Pertau Pascha an ihren Masten baumeln. Mit Entsetzen sehen die Matrosen der 274 türkischen Galeeren, dass über dem Heck des Flaggschiffs der Christen auch die heilige Standarte des Osmanenreiches weht, die seit Hunderten von Jahren von Sieg zu Sieg getragen wurde. In ihren Schaft eingearbeitet ist ein edelsteinverzierter Zahn des Propheten Mohammed.

Die Niederlage der türkischen Seestreitmacht war vernichtend und endgültig; 30 000 ihrer Seeleute starben. Doch auch die große Zeit Venedigs und seiner mächtigen Kriegsgaleeren war vorbei. 1580 annektierte König Philipp II. von Spanien das Nachbarland

■ *Ankunft der Dogaressa Morosina Morosini-Grimani zu ihrer Krönung im Dogenpalast.* Gemälde von Andrea Vicentino (1542–1617)

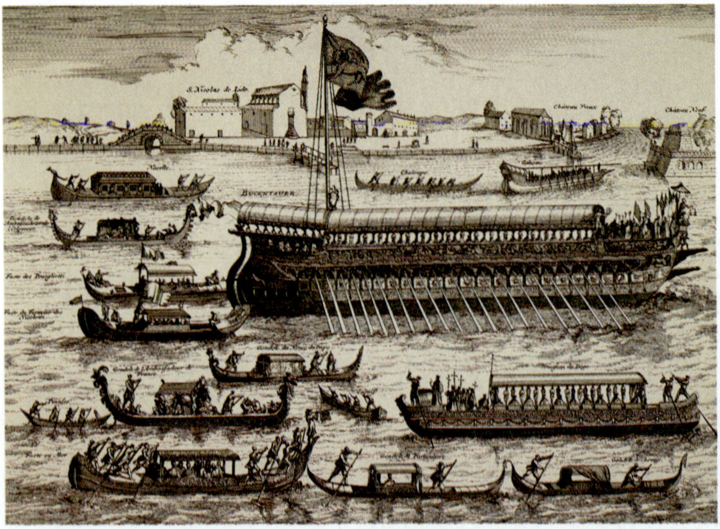

■ Venedig feiert das Spozalizio del mare, die Vermählung der Stadt mit dem Meer. Kupferstich, 1693

Portugal. Dessen riesige Flotte gab ihm das Instrument in die Hand, seine Seemachtpläne zu verwirklichen, auch im Mittelmeer. Bereits 1588 jedoch wiesen die Engländer der spanischen Armada ihre Grenzen: dank ihrer schnellen modernen Schiffe und deren überlegener Artillerie (s. S. 84).

Doch der goldene Bucintoro fuhr weiterhin an jedem Himmelfahrtstag zur Vermählung mit dem Meer hinaus auf die Lagune. 1797 war auch das vorbei. Napoleons Truppen hatten Venedig erobert, der Stadtstaat verlor seine tausendjährige Unabhängigkeit. In der Nacht vom 12. Mai zogen Marodeure durch die Stadt. Die Standbilder der Kraft und der Klugheit, die den Thron des Dogen flankieren, würden gestürzt und zerstört, Plünderer drangen in das Arsenal ein, schlugen die Vergoldungen des Bucintoro herunter und schleppten sie weg. Der nackte Rumpf von Venedigs letzter Prunkgaleere wurde in der Einfahrt zum Lido als schwimmendes Fort verankert und erhielt den Namen Hydra. 1824 wurde es abgewrackt. Spärliche Relikte befinden sich heute im Arsenal und im Museo Civico Correr.

3000 Jahre lang war die Galeere das Kriegsschiff schlechthin. Noch in der Schlacht bei Lepanto bestanden die Flotten in erster Linie aus Galeeren. 1588 im Ärmelkanal sprachen die Kanonen der englischen Flotte in wenigen Minuten das Todesurteil über die letzten Galeeren der spanischen Armada.

# BUCINTORI

## DATEN UND FAKTEN

**Baujahr**: 1311; 1520; 1605 und 1729; die letzten drei waren baugleich. Der Bucintoro von 1605 kostete 70 000 Dukaten (entspricht 238 kg Gold)
**Typ**: Prunkgaleere
**Wasserverdrängung**: ca. 80 t
**Maße**: Länge: 35 m; Breite: 7,5 m; Höhe: 8 m; Tiefgang: ca. 1,5 m
**Beseglung**: 1 Lateinersegel, max. Geschwindigkeit 7 kn
**Besatzung**: 3 Admiräle, 40 Matrosen, 168 Ruderer, die im Unterdeck jeweils zu viert einen Ruderriemen bedienten
**Besonderheiten**: Das Oberdeck der Bucintori, mit rotem Samt ausgeschlagen und mit 48 Glasfenstern versehen, war den Mitgliedern des Großen Rates und geladenen Diplomaten vorbehalten.
**Zum Namen**: Nach Vergil hat der trojanische Seefahrer Äneas für die Totenfeier seines Vaters ein Schiff benutzt, das Centaurus hieß. Die venezianische Galeere war doppelt so groß, also ein »Bi-Centaurus«. Wahrscheinlich leitet sich der Name von »burchio« (auch: bucio oder buzo), einem flachen Bootstyp Venedigs, ab. Im venezianischen Dialekt heißt »bu-cint-oro«: Schiff mit goldenem Gürtel.

## WISSENSWERTES

### Die Kriegsgaleeren

**Typ**: Die Schlagkraft der venezianischen Flotte beruhte auf der galia sottil, der »schmalen Galeere«, die zu Hunderten gebaut wurde.
**Wasserverdrängung**: ca. 60 t
**Maße**: Länge: 40 m; Breite: 5 m; Höhe: 4 m; Tiefgang: 1,5 m
**Beseglung**: ein Lateinersegel
**Besatzung**: ca. 200 Mann; die 150 Ruderer saßen jeweils zu dritt auf einer Bank. Bei anderen Galeeren wurde »al scaloccio« gerudert: Die Ruderer zogen gemeinsam am gleichen Ruderriemen. Die venezianischen Galeerensklaven hingegen ruderten »alla sensile«: wörtlich übersetzt »auf einfache Art«. Das ist irreführend, denn jeder der drei Ruderer auf einer Bank bediente einen eigenen Ruderriemen, was höchste Koordination erforderte. Die Riemen waren knapp 10 m lang und wogen 60 kg. Die Ruderer kamen aus den Gefängnissen Venedigs, viele meldeten sich freiwillig, denn mit zwei Jahren Galeere hatte man fünf Jahre Gefängnis abgegolten.
**Bewaffnung**: Rammsporn; eine 2,5 t schwere, 4,5 m lange Kanone für Kartätschen (Eisenschrot); 2 Halbschlangen (12-Pfünder-Kanonen)
**Das Arsenal:** Die Grundlage von Venedigs Seemacht wurde in der staatlichen Werft geschaffen. Auf einer Fläche von 24 ha produzierten, hochgradig arbeitsteilig organisiert, 2000 Handwerker die Galeeren. 224 Männer konnten in 6 Monaten 20 Galeeren bauen. 1436 beobachtete der Spanier Pero Tafur, wie innerhalb von sechs Stunden zehn nackte Rümpfe vollständig ausgerüstet wurden: Die nach einem Baukastensystem konstruierten Galeeren konnten, wenn sie nicht gebraucht wurden, auseinander genommen und gelagert werden.

## AUF DEN PUNKT GEBRACHT

Die goldüberladenen Bucintori erscheinen wie Prachtschiffe aus Tausendundeiner Nacht – Venedig hat etwas Heidnisch-Orientalisches. Als erstes Land Europas industrialisiert die Stadtrepublik den Kriegsschiffbau. Dante beschrieb die Werften als Hölle.

## EMPFEHLUNGEN

**Lesenswert:**

Gerhard Rösch: *Venedig. Geschichte einer Seerepublik*, Stuttgart 2000

Kerstin Becker, Robert Voit: »Arsenal, Zutritt verboten«, in: *mare*, Nr. 18: Themenheft Venedig, Hamburg 2000. Enthält Photos aus der historischen, nicht öffentlich zugänglichen Schiffswerft

Hansjörg Maus, Wolfram zu Mondfeld: *Alles Gold gehört Venedig*, München 1989

**Besuchenswert:**

Museo Storico Navale, Venedig

Museo Civico Correr, Venedig

Bucintoro-Modell im Deutschen Museum, München

Heimatmuseum Starnberg: Exponate der bayerischen »Bucintoro«

Abtei Irsee, Bayern: Zur Erinnerung an die Schlacht von Lepanto ist die Kanzel in Schiffsform gestaltet, mit Mast, Segel, Anker und Putten als Matrosen

**Erlebenswert:**

Fahrt mit der Galeere La Liberté auf dem Genfer See

# Bunte Kuh von Flandern

## *Die Hansekogge – rund wie ein Heringsfass*

Hamburger Hafen, Grasbrook-Terminal: Dort, wo heute gut gelaunte Menschen darauf warten, dass ihr Kreuzfahrtschiff in See sticht, fanden Bauarbeiter 1888 bei Ausschachtungen zwei Totenschädel, aufgespießt auf 40 Zentimeter lange eiserne Schiffsnägel. Was die meisten Seetouristen unserer Tage nicht wissen: Genau hier, an der Grasbrook-Wiese, befand sich um 1400 Hamburgs Hinrichtungsstätte, der Ort, an dem auch der legendäre Pirat Klaus Störtebeker enthauptet wurde.

Nicht weit vom Grasbrook-Terminal, im Restaurant Ratweinkeller, findet man ein Modell des Schiffs, das erfolgreich Jagd auf Störtebeker gemacht haben soll. Die dort ausgestellte Bunte Kuh von Flandern hat, der Legende nach, im März 1401 Störtebekers Kogge vor Helgoland gerammt und die Besatzung überwältigt. Gesichert ist, dass Klaus Störtebeker und 70 weitere Piraten Ende Oktober 1401 auf der Grasbrook-Wiese in Hamburg geköpft und ihre Schädel auf Holzpflöcke genagelt wurden. Das Schiffsmodell prunkt mit drei Masten, einer Kuh als Galionsfigur und Segeln, die das Hamburger Wappen und einen Schwan zeigen, der ein Schiff zieht – Einzelheiten, die durch keine Quelle belegt sind. Man weiß jedoch, dass um 1400 in Nord- und Ostsee noch keine Dreimaster fuhren. Und die einzige Quelle, aus der wir Näheres über die Bunte Kuh erfahren, ist die Rechnung einer Werft aus dem Jahr 1400, wonach der Bau des Schiffes 95,5 Pfund und 5 Schillinge, also 31 Kilogramm Silber gekostet hat. Im Jahr 1400 hatten die Ratsherren der Hansestadt Hamburg ein rundes Dutzend »Freedekoggen« (Friedenskoggen) in Auftrag gegeben: Kriegsschiffe, mit denen man der lästigen Freibeuterei in Nord- und Ostsee eine Ende machen wollte. Zwei dieser Schiffe stellte der Ratsherr Simon von Utrecht, eines davon war die Bunte Kuh. Dass man die Koggen im Nachhinein so phantasievoll ausgeschmückt hat, hängt mit der Quellenlage der großen Hansezeit zwi-

■ So stellte man sich die Bunte Kuh von Flandern lange Zeit vor. Aquarell von Enno Kleinert

■ Das Modell der Bunten Kuh von Flandern im Hamburger Ratweinkeller ist auch heute noch dort zu sehen. Holzstich, um 1890

schen 1300 und 1450 zusammen. Es gibt Hunderte von Dokumenten, Listen etwa, die Schiffsladungen bis zum letzten Hering aufführen, oder Zollbücher, die Schiffe nach Tonnage, Wert und Heimathafen verzeichnen; allein im Hamburger Pfundzollbuch von 1368/69 finden sich 659 Schiffe. In keiner dieser Quellen jedoch werden die Koggen näher beschrieben. Es waren Standardschiffe, die, zu Hunderten hergestellt, den Handelsherren vor allem Profit bringen sollten. Dominierten im Mittelmeer die Kaufleute und Reeder der Handelsmetropole Venedig, so profitierten in Nordeuropa die Kaufmannsgilden der Hanse vom Handelsboom dieser Zeit. Die Hanse war ein Städtebund, dem zeitweise bis weit ins Binnenland hinein über neunzig Handelsstädte angehörten. Zum ersten Mal erwähnt wurde die Hanse in einer Lübecker Versammlungsurkunde des Jahres 1358 – »stede van de dudesche Hense«.

■ Der Freibeuter Klaus Störtebeker, zeitgenössischer Stich

*Ich ertrage die langsam berechnende Weise nicht, wie Ihr klug und schlau, ja mit List Euren Reichtum zusammenscharrt, von dem niemand einen Nutzen hat, wenn Ihr in Eurem Wohlleben auch noch so ehrbar dreinschaut. Dies erinnert mich an ein Bild, das ich an der Kirchenwand in Marienhafe abkonterfeit sah: Der Fuchs steht auf der Kanzel und predigt den Leuten Moral, Gehorsam und Frömmigkeit. Ich aber griff kühn hinein und nahm rasch, während Ihr spekulierend zu Werke geht. Eure Weise lobt die Welt, weil sie nicht hinter Eure Schliche zu sehen vermag; meine Weise zu nehmen verurteilt sie, und doch bleibt sich die Sache auf ein Haar gleich.* aus Klaus Störtebekers Abschiedsrede

■ »Phantasie-Kogge« im Hafen einer Hansestadt. Farblithographie aus einer Serie kulturgeschichtlicher Bilder, um 1909

Wenn sich Historiker ein Bild vom Bau der Koggen machen wollten, waren sie lange Zeit auf die vereinfachten Darstellungen angewiesen, mit denen Stadtsiegel geschmückt wurden. Doch am 8. Oktober 1962 tauchten im Schlick der Weser zum ersten Mal Wrackteile einer um 1380 gesunkenen Kogge auf, die nach und nach vollständig geborgen werden konnte; ein sensationeller Fund, für die Historiker nicht weniger bedeutsam als die Entdeckung der Cheops-Barke (s. S. 16) oder des Gokstad-Schiffs (s. S. 44). Die Konservierung der hölzernen Teile und die Rekonstruktion dauerten neunzehn Jahre; erst am 17. Mai 2000 konnte die Bremer Kogge im Deutschen Schifffahrtsmuseum in Bremerhaven der Öffentlichkeit vorgestellt werden. Mit einer Länge von 23,5, einer Breite von 7,5 und einer Deckshöhe über Kiel von 3,5 Metern verfügte sie über eine Ladekapazität von rund 120 Tonnen. Koggen waren also dickbauchige, wenig elegante, aber robuste Schiffe mit einem Mast. Mittlerweile wurden weitere Koggen-Wracks entdeckt, teilweise gehoben und drei sogar originalgetreu nachgebaut. Die Ubena von Bremen, die 1991 in Dienst gestellt wurde und seither über 27 000 Seemeilen zurückgelegt hat, ist ein exakter Nachbau der Bremer Kogge.

Tausende dieser zunächst einmastigen Koggen befuhren vom 13. bis ins 15. Jahrhundert Nord- und Ostsee. Der Schiffstyp war eine Weiterentwicklung des wikingischen Last-Seglers, der Knorr (s. S. 44), und verfügte über Heckruder, ein Bauelement der arabischen Dhaus (s. S. 38). Dass an der friesischen Küste Schiffe gebaut wurden, die größer waren als die in Skandinavien und England gebräuchlichen, berichtet der englische König Alfred bereits Ende des 9. Jahrhunderts. Die Bezeichnung »Kogge« findet sich 948 zum ersten Mal, in einem Schiffvermerk der holländischen Stadt Muiden. Das Wort stammt aus den frühnordischen Sprachen: »Kuggon« oder »Kukkon« bezeichnete ein fassähnliches Gefäß oder ein bauchiges Schiff. Die französischen Normannen nannten ihren Koggentyp zunächst »Nef«, abgeleitet vom Lateinischen »navis« (Schiff); die englischen Normannen sprachen vom »Roundship«, bis sich allgemein der friesische Name »Kogge« durchsetzte.

■ Siegeltypar des Großen Koggensiegels der Stadt Stralsund. Arbeit des Stralsunder Goldschmieds Rotgherus, 1329

Mit ähnlich hochbordigen Schiffen eroberte Wilhelm der Eroberer 1066 England; sie waren den traditionell flachen Wikingerschiffen der Angelsachsen beim Gefecht auf See überlegen. Schon bei ihren Expeditionen ins Mittelmeer hatten Wikinger wie Normannen feststellen müssen, dass ihre rennboot-schmalen Kriegsschiffe beim Kampf Bord an Bord den massigen hochbordigen Dhaus von Arabern und Sarazenen unterlegen waren. Darum gaben die nordeuropäischen Schiffbauer die Unterscheidung von Kriegs- und Handelsschiff auf. Ab 1304 wurden die 1100 Wikinger-Schiffe der dänischen Kriegsflotte komplett durch Koggen ersetzt, die spätestens ab 1330 auch mit Feuerwaffen wie Stabringbüchsen und leichten Kanonen ausgerüstet waren. Ob die norwegischen Wikinger das Schwarzpulver von den Sarazenen übernommen haben, ist ungewiss. Mit Sicherheit folgt das in der Kiellinie angebrachte Heckruder der Koggen dem Vorbild der arabischen Dhaus; bis dahin steuerte man mit Rudern an der Seite des Schiffes. Mit dem Heckruder aber wurden die bauchigen Koggen präzise lenkbar und konnten so auch ein ausreichend großes Segel führen. Der erste Beleg für den

Stolz residierten die Kaufleute der Hanse in ihrem Londoner Handelskontor, dem Stalhof. »Let us go to the steelyard and drink the Rheinish wine«, heißt es bei Shakespeare.

Nach dem Tod des dänischen Königs Knut des Großen – er hatte England, Norwegen und Dänemark in Personalunion regiert –, ab 1035 begann der Verteilungskampf um die Handelsräume der Nord- und Ostsee, den die Hanse und die Holländer schließlich für sich entscheiden konnten. Im 14. Jahrhundert stieg Brügge – neben Venedig – zum größten Handelszentrum Europas auf, Haupttransporteure waren die Schiffe der Hanse mit 300 000 Frachttonnen pro Jahr.

■ Die Ubena von Bremen. Wie dieser Nachbau der Bremer Kogge sah wohl auch die Bunte Kuh von Flandern in Wirklichkeit aus – größer als die »Phantasie-Kogge« und mit nur einem Mast.

Gebrauch des Heckruders im Norden findet sich auf dem Taufbecken der Kathedrale von Winchester aus dem Jahr 1180. Der Bodenbereich des Rumpfes war nach Mittelmeermanier kraweelbeplankt, die Bordwände zunächst noch, der Tradition der Wikinger-Knorr entsprechend, klinkerbeplankt, was den Schiffen eine hohe Stabilität gab. Auch mit ihrem typischen geraden Vordersteven erinnern die frühen Koggen an die Dhau. Warum die nordeuropäischen Schiffbauer nicht auch die technisch überlegenen dreieckigen Lateinersegel der Dhaus übernahmen, ist völlig rätselhaft.

Die Koggen des 13. Jahrhunderts hatten eine Ladekapazität von 40 bis 80 »Lasten« (80 bis 160 Tonnen), die in der Folgezeit auf über 100 Lasten gesteigert wurde. Damit änderte sich langsam ihre Silhouette; der Bug zeigte immer öfter die elegant geschwungene Linie portugiesischer Karavellen, und die Kastelle, mit denen bereits die Schiffe von Wilhelm dem Eroberer ausgerüstet waren, wurden immer höher und ausladender. Um 1450 dann setzte eine rasante Veränderung ein: Beeinflusst vom Schiffbau der Spanier und Portugiesen rüsteten die Werften des Nordens ihre Koggen mit drei Masten aus. Die Schiffe glichen nun der Santa Maria des Christoph Kolumbus (s. S. 70) und waren eigentlich keine Koggen mehr, auch wenn man sie weiterhin so nannte. Unter den Namen große Kogge, Hulk, nordische Karavelle, spanische Karacke oder portugiesische Nao wurden diese Dreimaster ab 1450 zum Standardschiff in Europa.

# BUNTE KUH VON FLANDERN

## DATEN UND FAKTEN

**Baujahr**: 1399/1400
**Typ:** Kogge
**Beseglung:** 1 Mast, 1 Rahsegel
**Eigner**: Simon von Utrecht
**Baukosten**: 31 kg Silber

**Die Bremer Kogge**
**Baujahr:** 1380
**Ladefähigkeit**: ca. 120 t
**Maße:** Länge: 23,5 m; Breite: 7,5 m; Deckhöhe über Kiel: 7 m; Tiefgang: Unbeladen 1,25 m, beladen 2,25 m; Verhältnis Länge:Breite = 3:1. Mit ihrer extremen Breite waren Koggen zwar langsam, aber stabil, seetüchtig und hatten ein großes Ladevolumen.
**Beseglung:** Ein Mast, 22, 9 m hoch, ein Rahsegel mit einer Fläche von 150–200 qm
**Besatzung:** 15–20 Mann
**Baumaterial:** Insgesamt 85 Tonnen Holz. Kiel und Vordersteven waren aus Eiche, die Beplankung aus 45 Tonnen gesägtem Fichtenholz. Koggen waren Massenprodukte, teures Eichenholz und aufwendige Arbeitsmethoden – die Wikinger haben Planken nicht gesägt, sondern sie mit der Axt kunstvoll aus dem Kernholz herausgearbeitet –, wollten sich die Reeder nicht mehr leisten.
**Bauweise:** Mit seinem flachem Boden konnte das Schiff bei Ebbe trockenfallen; der Boden war kraweelbeplankt, die Bordwände nach Wikingerart bis ca. 1450 klinkerbeplankt. Danach setzte sich die Kraweelbeplankung durch.

**Neuerungen:**
für Nordeuropa: Heckruder
für Gesamteuropa: Feuerwaffen an Bord

## WISSENSWERTES

**Feuerwaffen an Bord:** Die arabischen Schiffe im Mittelmeer verfügten bereits über Artillerie; der früheste Fund einer Feuerwaffe an Bord eines Schiffs der nördlichen Gewässer ist eine Stabringbüchse aus einem Wrack von 1330, das vor der Ostsee-Insel Anholt gefunden wurde und sich heute im Tøjhus-Museum in Kopenhagen befindet.
**Unterwasserarchäologie:** Die Bremer Kogge ist der erste archäologische Fund einer Kogge (1962) und vollständig restauriert im Schifffahrtsmuseum in Bremerhaven zu besichtigen.
**Navigation:** Der Kompass war in Nordeuropa um 1400 noch nicht verbreitet. Doch hatte jeder Kapitän seine eigene Seekarte, die er wie einen Schatz hütete. In der zweiten Hälfte des 15. Jhs. brachte die Hanse das »Seebuch« heraus, eine Art Seekarte, die Strömungen, Meerestiefen und Gezeitentabellen enthielt. Noch 1458 beschrieb der italienische Karthograph Fra Mauro die Ostsee als ein Meer, das man nicht mit dem Kompass, sondern mit dem Lot befahren müsse.

## AUF DEN PUNKT GEBRACHT

Die Bunte Kuh, die bekannteste aller Koggen, zeigt exemplarisch, wie schlecht der Schiffbau der großen Hansezeit dokumentiert wurde. Der Fund und die Restaurierung der Bremer Kogge war deshalb eine Sternstunde für die Schiffsarchäologie.

## EMPFEHLUNGEN

**Lesenswert:**

Gabriele Hoffmann, Uwe Schnall (Hg.): *Die Kogge*, Hamburg 2003

Konrad Elmshäuser (Hg.): *Häfen, Schiffe, Wasserwege. Zur Schifffahrt des Mittelalters*, Hamburg 2002

Dieter Zimmerling: *Störtebeker & Co*, Hamburg 2000

Ders.: *Die Hanse*, Bindlach 1993

Gabriele Hoffmann: *Schätze unter Wasser. Abenteuer Archäologie*, Hamburg 2001

**Besuchenswert:**

Modell einer Kogge (1 : 50) im Deutschen Technikmuseum, Berlin

Deutsches Schifffahrtsmuseum, Bremerhaven

Hamburger Museum für Geschichte

Museum für Unterwasserarchäologie, Saßnitz

Kulturhistorisches Museum, Rostock

**Erlebenswert:**

Fahrt mit der Ubena von Bremen in Bremerhaven

Fahrt mit der »Kieler Kogge« in Kiel

Fahrt mit der »Poeler Kogge« in Wismar

**Anklickenswert:**

www.user.uni-bremen.de/~bremhist/kogge.html

# Chinesische Schatzschiffe

## *Dschunken auf Weltreise*

3. März 1421 – in der Mündung des Yangtse macht sich die größte Segelschiffflotte aller Zeiten bereit, die Anker zu lichten. Sie wird ausfahren, um präzise Küstenkarten von allen noch unbekannten Ländern der Welt anzufertigen: von beiden Amerika, von Australien und Afrika. Bereits 1405 hatte Chinas Oberster Flottenkommandeur Zheng He den Indischen Ozean, 1417 auch Teile der Ostküste Afrikas kartographiert. Wir müssen uns an den Gedanken gewöhnen, dass es diese Karten waren, die, als Kopien aus China nach Europa gelangt, Heinrich den Seefahrer, den jungen portugiesischen Prinzen, auf die Idee brachten, einen Seeweg nach Indien zu finden – die europäischen Entdecker waren selten die Ersten.

Zheng He hatte von seinen Reisen Tiere mitgebracht, die noch kein Chinese zuvor gesehen hatte. Diese Kreaturen, vor allem eine Giraffe, beeindruckten Zhu Di, den dritten Kaiser der Ming-Dynastie, so tief, dass er immer größere Dschunken bauen ließ. Die Schiffe, die ausfuhren, um die Welt zu entdecken, waren Giganten: 142 Meter lang, 55 Meter breit – die Fläche entspricht anderthalb Fußballfeldern. Sie hatten neun Masten und sechzehn verschließbare Schotten – wie 500 Jahre später die Titanic (s. S. 208). Größere Segelschiffe sind nie gebaut worden. »Schatzschiffe« wur-

■ Eines der Schatzschiffe Zheng Hes. Der Größenvergleich mit der Niña des Kolumbus macht deutlich, welch gigantische Ausmaße die neunmastigen Dschunken hatten.

■ Deck einer chinesischen Dschunke. Holzstich

den diese Riesendschunken genannt, nicht wegen ihrer Ladung, sondern weil jedes Schiff so kostbar war wie ein Schatz: Meisterwerke aus bestem Teak-Holz und durchdacht bis ins kleinste Detail.

Am 4. März wird der letzte Frischproviant geladen: wie damals überall üblich lebendes Vieh. In China allerdings grunzten in den Holzverschlägen keine Schweine, es bellten Hunde. In Wasserbassins unter Deck quakten Tausende von Fröschen, auch sie dienten als Nahrung. In anderen Becken hielt man dressierte Fischotter: Sie sollten Fischwärme in Netze treiben. Auf längeren Fahrten zum Keimen gebrachte Sojasprossen deckten den Vitamin-C-Bedarf der Mannschaft. Selbst Trinkwasser konnte gewonnen werden; die Destillationsapparate für Meerwasser wurden mit Parafin oder Robbenfett befeuert.

Insgesamt 160 Schiffe stehen am 5. März 1421 zur Ausfahrt bereit. 27000 Menschen warten auf den Befehl, die Segel zu setzen. Zur männlichen Besatzung gehören ehemalige Sträflinge; an Bord der 107 Schatzschiffe sind auch 2000 Konkubinen: Zusammen sollen sie auf neuentdeckten Kontinenten Kolonien gründen.

Sein Flaggschiff hieß Floß der Sterne. Der chinesische Flottenführer Zheng He gehört seit 1949 zum Kanon des Geschichtsunterrichts an den Schulen der Volksrepublik China. In Asien ist er bekannter als Kolumbus; als Bote des Friedens wird er in Malaysia und Indonesien in eigenen Tempeln verehrt. Dort wird der Name Zheng He, der sieben berühmte, historisch belegte Fahrten unternahm, »San Bao« ausgesprochen, was an den Namen Sindbad erinnert. Wie Sindbad war Zheng He Muslim. Auf seiner Grabplatte steht »Allah ist groß«.

■ Dschunke mit den für die chinesischen Schiffe charakteristischen, mit Latten versteiften Segeln

Die Küstenbewohner bei Tianjin bestaunen den Wald aus über 10 000 Masten, an denen die bunten Seidenbanner wehen. Hoch über den Schiffen fliegen Menschen in der Luft. Bei gutem Wind war es üblich, Matrosen an überdimensionierten Drachen aufsteigen zu lassen, normalerweise als Späher. Marco Polo hat dies auch als Ritual bei der Abfahrt von Schiffen oft beobachtet; die Chinesen hätten aber auch betrunkene Matrosen auf diese Weise bestraft.

»Allah-u akbar« – kurz vor dem Ablegen dringen aus den prächtigen Kajüten der vier Flottenführer Gebete. Diese Männer sind, wie die meisten Mongolen in chinesischen Diensten, Muslime. Als Kinder kamen sie an die wissenschaftlichen Militärakademien Chinas, wurden aufgezogen und ausgebildet, kastriert und als Eunuchen in den Stand der höchsten Würdenträger des Kaisers Zhu Di erhoben. Dessen Vater Zhu Yuanzhang, der Gründer der Ming-Dynastie, war vom einfachen Tagelöhner zum Befehlshaber der Befreiungsarmee aufgestiegen und hatte die vor 200 Jahren mit Kublai Khan in China eingefallenen mongolischen Truppen vertrieben. Sein Sohn war kein Kriegsherr – Zhu Di hatte Visionen: Er lässt die chinesische Mauer ausbessern und um 1400 Kilometer verlängern, unter seiner Regie entsteht die »Stadt des Him-

»Ich habe mich immer gefragt, woher eigentlich die frühen Weltkarten stammten, und ich habe mich immer gewundert, dass die ersten Entdecker so zuversichtlich waren.«
Admiral Sir John Woodward

Das chinesische Geschichtswerk *Sung Shih* aus der Sung-Dynastie berichtet ausführlich darüber, dass der Ingenieur Lu Ta-lung im Jahr 1027 einen mechanischen Kilometerzähler entwickelte, den »li-Trommel-Wagen«. Alle fünf Meter (das entspricht einem li) schlug eine Holzfigur auf eine Trommel, alle zehn li ertönte ein Glockenschlag. Ausgestattet mit einem Schaufelrad wurde diese Erfindung auch auf Schiffen benutzt. Dem chinesischen Wissenschaftshistoriker Wang Chen-Ho gelang eine Rekonstruktion des li-Kilometerzählers, die exakt funktionierte.

mels«, der verbotene Palastbezirk in Peking. Zuvor aber kümmert er sich um Chinas Seefahrt. Die Werftkapazitäten wurden verdoppelt und 1681 neue Schiffe gebaut, darunter 250 Schatzschiffe.

Die muslimischen Flottenführer sollten auf ihrer zweijährigen Reise, so Zhu Dis Wille, den Menschen in den unbekannten Welten den Konfuzianismus bringen, der im 5. Jahrhundert v. Chr. entstanden war und den Kaiser Zhu Di 2000 Jahre später zur Staatsreligion Chinas erklärt hatte. Fraglich, ob die Einwohner der Küsten Amerikas, Afrikas und Australiens Konfuzius' Botschaft des Respekts der Menschen voreinander gleich verstanden haben: Die Schatzschiffe jedenfalls hatten 650 Mann Besatzung und starrten vor Waffen – Kanonen, Katapulte, Flammenwerfer, Seeminen, Raketen sowie raffinierte »Maschinenarmbrüste«, mit denen ein Matrose in 15 Sekunden 20 Pfeile abschießen konnte.

Europäische Quellen könnten darauf hinweisen, dass die Expeditionsschiffe zumindest an einem Ort auf Widerstand stießen: auf Grönland, bei den trotzigen Nachkommen der Wikinger. 1448 forderte Papst Nikolaus V. die Bischöfe im isländischen Skalholt und Holar auf, wieder einen Bischof in Grönland einzusetzen: Vor dreißig Jahren »kamen die Barbaren von der nahe gelegenen heidnischen Küste (gemeint ist Nordamerika), griffen die Bewohner Grönlands auf höchst grausame Weise an und verwüsteten das Mutterland und die heiligen Bauten mit Feuer und Schwert …« Von Kolumbus stammt eine Zusammenfassung eines Berichts von Papst Pius II.: »Männer aus Cathay (damalige Bezeichnung für Indien/Asien) im Orient sind hierher (nach Island) gekommen.«

■ Weltkarte des türkischen Admirals Piri Reïs. Die Karte stammt aus der Zeit um 1513 und zeigt bereits die Ostküste Nord- und Südamerikas, den Atlantik, die Iberische Halbinsel und die Westküste Afrikas. Tinte und Gouache auf Pergament

■ Dschunke auf dem Hwangpu in Schanghai, um 1875

Zurück an den Yangtse. Ein grandioses Bild: 107 Schatzschiffe mit Segeln »aus blutroter Seide« und »schneeweißen Rümpfen« nehmen Fahrt auf. Weiß waren die Rümpfe, weil sie mit einer Schutzfarbe aus Kalk und dem giftigen Öl aus Styandra-cordifolia-Samen gestrichen waren, um das Holz vor Bohrwürmern zu schützen. Von jedem Bug starrte ein gemaltes, drei Meter hohes Augenpaar nach vorn. An Bord war alles wohlorganisiert. Ohne Probleme wurden neun Masten mit Segeln bedient. Und die Steuerleute verfügten über Sextanten und Kompasse, die sie »magnetische Schildkröten« nennen. Keine Nadel, eine kleine Metallschildkröte weist den Kurs; sie zeigt allerdings nicht nach Norden, sondern nach Süden – dorthin, wo neuer Reichtum lockt.

1822 läuft die Tek Sing vor Java auf ein Riff. Im Jahr 2000 versteigert das Auktionshaus Nagel in Stuttgart 350 000 Objekte, in erster Linie Gebrauchsporzellan aus dem 1999 geborgenen Wrack der Tek Sing (Wahrer Stern) – Bruttoerlös: 22,1 Millionen DM. Über den Verbleib der fünfzehn Tonnen Opium ist nichts bekannt. Als die fünfzig Meter lange, zehn Meter breite und tausend Tonnen fassende Tek Sing auf ihrer Fahrt nach Jakarta in einen Sturm geriet, waren 1800 Menschen an Bord. Die meisten waren Passagiere, Familien von Kulis, die auf den Zuckerplantagen Javas arbeiten wollten. 1600 ertranken, mehr als beim Untergang der Titanic.

In vier Flotten teilen sich die auslaufenden Schiffe. Sie sollen die gesamte Welt umsegeln, die Küsten aller Kontinente wissenschaftlich-astronomisch vermessen. Und sie haben diesen Auftrag erfüllt, das zeigen die bislang zugänglichen Quellen. Bereits 1424 taucht ein erstes Kartenfragment in Europa auf, das Karibik-Inseln zeigt. Eine Kopie davon hat Bartolomeo seinem Bruder Christoph Kolumbus aus dem Geheimen Staatsarchiv in Lissabon besorgt. (s. S. 70). Eine andere Karte – mit der später nach ihm benannten Durchfahrt in den Pazifik – hatte der Weltumsegler Magellan zumindest gesehen, was er allerdings erst preisgab, als die Mannschaft meuterte (s. S. 78). Es ist erstaunlich und korrigiert unser eurozentrisches Welt- und Geschichtsbild: Die gefeierten Entdecker neuer Welten, selbst James Cook (s. S. 126), nutzten Seekarten, die Länder und Küsten zeigten, die nach unserer Sprachregelung noch gar nicht »entdeckt« waren.

Ein chinesischer illustrierter Foliant aus dem Jahr 1430 zeigt präzise Darstellungen der Tierwelt Amerikas: den südamerikanischen Jaguar etwa und das zu Darwins Zeiten bereits ausgestorbene Riesenfaultier Patagoniens. Man findet in diesem Band aber auch tanzende Kosaken. 1993 wurde in Kalifornien das Wrack einer Dschunke geborgen; das Holz muss, wie eine C-14-Kohlenstoff-Analyse ergab, um 1410 geschlagen worden sein. Das im Sacramento gefundene Wrack ist allerdings nur ein kleineres Begleitschiff der Schatzschiffflotte; ein Schatzschiff ist bis heute nicht gefunden worden. Wrackfunde in der Karibik warten noch auf eine Untersuchung.

Ein radikaler Politikwechsel hat dafür gesorgt, dass diese ungeheure Entdeckerleistung für Jahrhunderte nur in Bruchstücken bekannt war. Nach dem Tod von Kaiser Zhu Di, dem großen Förderer der chinesischen Seefahrt, ließ dessen Nachfolger Zhu Gaozhi alle Logbücher und Unterlagen der Weltreise systematisch vernichten. Man vermutet, dass er auch die etwa zwölf Schatzschiffe, die von der Weltumseglung zurückkehrten, öffentlich verbrennen ließ. Sein Ziel war die absolute Abschottung Chinas nach außen, und deshalb war der Neubau seetüchtiger Schiffe streng verboten. Sein Sohn, der fünfte Ming-Kaiser, setzte die Todesstrafe auf den Bau von Dschunken mit mehr als zwei Masten.

Dieser Bericht wird in unseren europäischen Ohren befremdlich klingen. Er folgt dem britischen Hobbyhistoriker Gavin Menzies, der

■ Abbildung des Skeletts eines südamerikanischen Riesenfaultiers (Mylodon), das sich heute im Naturkundemuseum Museo de Sitio in Puerto Natales, Chile, befindet. Das Mylodon erreichte eine Höhe von über drei Meter. Zu Darwins Zeiten war es längst ausgestorben. In dem chinesischen Buch *Illustrierter Bericht von seltsamen Ländern* von 1430 wird das Mylodon noch in seiner exakten Gestalt als lebendiges Tier dargestellt.

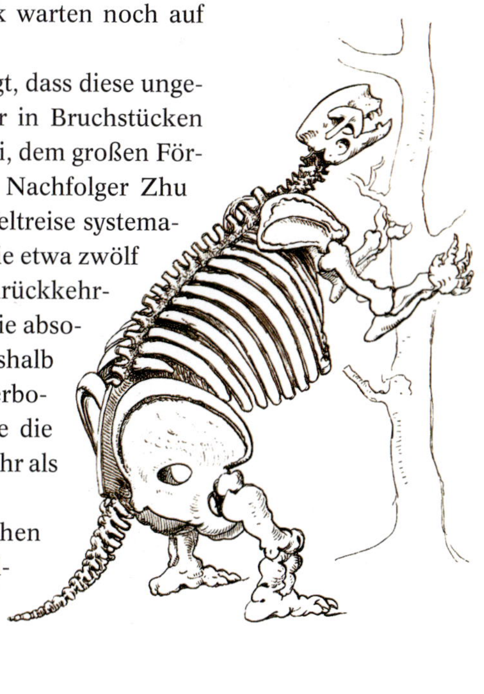

■ Über den Turm von Rhode Island, nahe New York, wurde lange Zeit gerätselt. Historiker vermuteten in ihm ein Bauwerk der Wikinger, obwohl diese nie ähnliche Türme errichteten. Tatsächlich basieren die Maße des Turms auf der buddhistischen Grundzahl acht. Und er ist eine Kopie – wenn auch in kleinerem Maßstab – des chinesischen Standard-Leuchtturms von Zaiton, den schon Marco Polo beschreibt. Bisher lehnten die Behörden eine C-14-Untersuchung des Mörtels strikt ab.

selbst zur See gefahren ist und der seit fünfzehn Jahren weltweit Indizien und Beweise sammelt, um die Routen der vier Schatzschiffflotten zu dokumentieren. Sein Buch *1421. Als China die Welt entdeckte* versammelt seine Funde. Sie werden kontrovers diskutiert, doch möglicherweise müssen wir die Geschichte des großen Zeitalters der Entdeckungen umschreiben. Menzies präsentiert Belege dafür, dass die Chinesen an allen Küsten Amerikas kleine Kolonien gegründet haben, am Pazifik, in der Karibik und am Atlantik. Selbst wenn nicht alle Indizien strenger wissenschaftlicher Prüfung standhalten sollten: Menzies gibt uns Anlass, unser eurozentrisches Weltbild zu überdenken.

Am 15. März 2002 hat Menzies seine Ergebnisse vor der Royal Geographical Society in London präsentiert; die BBC befand diesen Vortrag ausreichend seriös, um ihn in 36 Länder zu übertragen, zwei Milliarden Menschen sollen zugehört haben. Seit zwanzig Jahren arbeiten chinesische Historiker an der Rekonstruktion der wenigen Quellen, die den »Bildersturm« überlebt haben. Angesichts der Quellenlage hat die Regierung der Volksrepublik China 2002 angekündigt, ein Schatzschiff nachzubauen und die alten Trockendocks aus der Zeit von Zhu Di zu rekonstruieren.

# CHINESISCHE SCHATZSCHIFFE

## DATEN UND FAKTEN

**Baujahr**: nach 1410
**Maße**: Länge: 142 m; Breite: 55 m; Höhe des Steuerruders: 12 m
**Ladekapazität**: 3600 t, davon 1600 t Ballast
**Bauweise**: 16 wasserdichte Schotten aus Bambus, die bei Sturm einzeln als Ballasttanks geflutet werden konnten; die Bolzen, mit denen die Schotten befestigt waren, waren 1,92 m lang und 7 kg schwer; der Rumpf hatte 3 Plankenschichten, kalfatert mit Kokosnussfasern und Seetangöl; 60 Luxuskabinen, einige mit Balkon
**Baumaterial**: Teakholz, Bambus
**Beseglung**: 9 Masten mit Dschunkensegeln, eine Art Luggersegel, mit Segellatten versteift; diese Schiffe, die auch Seitenschwerter und Treibanker hatten, waren auch gegen den Wind gut zu manövrieren
**Besatzung**: 650 Mann
**Bewaffnung**: Kanonen mit Fadenkreuz; Katapulte für Granaten, Flammenwerferbatterien (»Feuerlanzen«); See-Minen (»unterirdischer, zum Himmel aufsteigender Donner«); Raketen; Armbrust-»Maschinengewehre«
**Neuerungen:**
· Schotten und Ballasttanks
· Kompass (ab 800) und Sextant; vermutlich sogar exakte Längengrad-Bestimmung
· Signalsystem von Schiff zu Schiff durch Flaggen und Drachen
· Panzerschiffe (»Schildkrötenschiffe«): mit Metallplatten geschützte, 300 m lange Kriegsschiffe für den Nahkampf in Küstengewässern
· Raddampfer, mit Ochsen als Antrieb

## WISSENSWERTES

**Zur Geschichte der chinesischen Seefahrt:** Schon um 200 v. Chr., in der Chin- und Han-Dynastie, verfügte China über Trockendocks, in denen hochseetaugliche Schiffe von 80 Metern Länge und 30 Metern Breite gebaut werden konnten. In einem Grab bei Kanton aus dem Jahr 200 n. Chr. fanden Archäologen detailgetreue Modelle damaliger Schiffe. Man fand auch ein 11 Meter langes Steuerruder, das zu einem etwa 100 Meter langen Schiff gehört haben muss. Diese Riesenfrachter, die die Küsten Asiens, Afrikas und Arabiens befuhren, brachten Giraffen, Kamele, Löwen, Strauße, Bernstein (aus der Ostsee), Quecksilber, Elfenbein, Edelsteine, Knoblauch, Muskatnüsse, Porzellan nach China, auch Cannabis für die chinesischen Weihrauchschalen. Um 100 v. Chr. gelangten auch Seekarten des Griechen Marinos von Tyros nach China, die mit Längen- und Breitengraden die Dreidimensionalität des Globus exakt wiedergaben. In Europa ging dieses Wissen zwischen 375 und 1500 n. Chr. vollkommen verloren, die Chinesen aber entwickelten die Kunst der Kartographie weiter: ab 250 mit rechtwinkligem Grundraster.

## AUF DEN PUNKT GEBRACHT

Erst heute scheint sich der Mantel der Geschichte zu heben: Die chinesischen Schatzschiffe waren die größten Segelschiffe aller Zeiten, sie nahmen die Technik und das Wissen des 19. Jahrhunderts vorweg. Ohne die chinesischen Weltkarten wäre Kolumbus wahrscheinlich zu Hause geblieben.

## EMPFEHLUNGEN

**Lesenswert:**

Gavin Menzies: *1421. Als China die Welt entdeckte*, München 2003

Charles H. Hapgood: *Die Weltkarten der alten Seefahrer*, Frankfurt/M. 2002

Tim Severin: *Expedition in China. Mit einem Bambusfloß über den Pazifik*, Berlin 2001

Gianni Guadalupi, Antony Shugaar: *Faszination Äquator. Geschichten rund um den Globus*, München 2002

Marco Polo: *Die Beschreibung der Welt 1271–1295*, Hg. Detlef Brennecke, Stuttgart 2003

László Veres, Richard Woodman: *Unter Segeln. Vom Einbaum zum Hightech-Segler*, Bielefeld 2002

**Besuchenswert:**
Das Mausoleum von Zheng He, 1956 restauriert, im Süden der Stadt Nanking (Nanjing) auf den Stier-Bergen, VR China

**Anklickenswert:**
Menzies' Website: www.1421.tv

Zheng Hes Fahrten im Indischen Ozean: www.chinapage.com/zhenghe.html

**Erlebenswert**
Fahrt mit einer Dschunke, Hong Kong, www.dragonvoyage.com

# Santa Maria

## Kolumbus und der Seeweg nach Westen

2. August 1492, eine Stunde vor Mitternacht: Die letzten Matrosen kommen an Bord der Santa Maria. Es ist ein ungewöhnlicher Befehl, den sie von ihrem Kommandanten Christoph Kolumbus erhalten haben. Normalerweise lässt jeder Kapitän seine Seeleute die letzte Nacht vor der Ausfahrt bei der Familie verbringen. Doch mit Anbruch des 3. August sollte in Spanien ein Gesetz in Kraft treten, nach dem jeder aufgegriffene Jude der Inquisition zu übergeben und mit dem Tode zu bestrafen war. Eine zufällige Koinzidenz? Der Historiker Simon Wiesenthal, in *Segel der Hoffnung*, behauptet, Kolumbus habe Juden an Bord genommen; auch er selbst sei insgeheim jüdischen Glaubens gewesen. Mit der Morgendämmerung des 3. August verlässt die Santa Maria den Hafen von Los Palos de la Frontera. Ihr Ziel ist Indien. Obwohl Kolumbus, so der britische Amateurhistoriker Gavin Menzies, über eine Seekarte der Antillen verfügte, die wahrscheinlich aus China stammte (s. S. 62), glaubte er, Indien auf dem Westweg erreichen zu können.

Am 17. April hatte er mit dem spanischen Königspaar einen Vertrag geschlossen, der ihm Schiffe sowie die Beförderung zum Admiral und die Rolle eines Vizekönigs in den neu zu entdeckenden Ländern zusicherte. Am 23. Mai hatte Kolumbus den Ratsherren von Los Palos den königlichen Befehl vorgelegt: Die Stadt sollte ihm, als Ausgleich für ein Vergehen gegen königliche Rechte, binnen zehn Tagen zwei hochseetaugliche Karavellen mit Besatzung zur Verfügung stellen. Aber erst nach zehn Wochen und nachdem ein hoher Beamter des Hofes der Stadt schwerste Repressalien angedroht hatte, erhielt Kolumbus die beiden Karavellen Niña und Pinta. Sein Flaggschiff, die Santa Maria, charterte er zusätzlich, auf eigene Kosten. Das Schiff – das bis dahin La Gallega, die Galicierin, hieß – war zufällig in den Hafen von Los Palos eingelaufen. Ihr Eigner und Kapitän, Juan de la Cosa, nahm als erster Offizier und Navigator an der Expedition teil.

■ Christoph Kolumbus. Zeitgenössische Darstellung

Getauft wurde die Santa Maria nach einem Spielzeugschiff, das Bartolomeo Kolumbus für Diego, den Sohn seines Bruders Christoph, gebaut hatte. Wie dies Schiff wirklich aussah, wissen wir nicht; keine der überlieferten Darstellungen ist zeitgenössisch. Sicher ist allerdings, dass die Santa Maria drei Masten hatte – wie die Schiffe der anderen Entdecker des 15. und 16. Jahrhunderts auch. Und wir kennen die Ladekapazität: 100 bis 120 Tonnen, das entsprach den Koggen des 13. und 14. Jahrhunderts (s. S. 56); das hochbordige Schiff wird ähnlich schwerfällig gewesen sein. Bereits vor Fahrtantritt bezweifelte Kolumbus die Tauglichkeit der Santa Maria, die er portugiesisch als Nao bezeichnete: Sie habe zu viel Tiefgang und sei sicherlich nicht so seetüchtig wie die beiden anderen, kleineren Schiffe Niña und Pinta, die als Nachbauten der schnellen schnittigen Dhaus (s. S. 38) über Lateinersegel verfügten.

■ So mag sie ausgesehen haben: die Santa Maria, das Flaggschiff von Christoph Kolumbus. Farbiges Aquarell von Enno Kleinert

Kolumbus' Zweifel sollten sich bestätigen. Zudem war die Santa Maria auch schlecht kalfatert, ständig drang zwischen den maroden Planken Wasser in den Rumpf. Größere Sorgen allerdings bereitete Kolumbus die Mannschaft. Die erfahrenen Seeleute, die ihm die Stadt Los Palos hätte stellen sollen, waren geflohen oder hielten sich versteckt, aus Angst vor der gewagten Reise ins Ungewisse. So musste ein Teil der Mannschaft für die Santa Maria gepresst, das heißt zwangsverpflichtet werden. Nach Simon Wiesenthal hat Kolumbus, aus humanistischen Motiven oder weil ihm schlicht Matrosen fehlten, auch Juden angeheuert, die aus Spanien fliehen wollten. In jedem Fall aber fehlten dem Großteil der Mannschaft seemännische Kenntnisse und Disziplin.

Um die von Ängsten geplagte Mannschaft – immerhin reiste man nach damaligen Vorstellungen dem Ende der (bekannten) Welt entgegen – zu täuschen, führte Kolumbus zwei Logbücher: ein privates mit den tatsächlich zurückgelegten Tagesstrecken und ein offizielles für

1488, vier Jahre vor Kolumbus' Entdeckungsfahrt, hatte der Portugiese Bartolomëu Dias das Kap der Guten Hoffnung umschifft und damit den Seeweg nach Indien entdeckt. Damit konnten Venedig, Genua und Portugal den gewinnträchtigen Asienhandel untereinander aufteilen. Spanien hingegen besaß keinerlei Seefahrertradition; es war mit der Inquisition und mit der Vertreibung der Araber von der iberischen Halbinsel beschäftigt. Erst nach deren Niederlage 1492 erhielt Kolumbus seine Chance.

■ Die Santa Maria auf ihrer Reise zur Entdeckung Amerikas. Szenenphoto aus dem Film 1492 – *Eroberung des Paradieses* von Ridley Scott; mit Gérard Dépardieu als Christoph Kolumbus

Seekarten wurden zur Zeit der Entdecker wie Schätze gehütet. Unter Lebensgefahr kopierte Bartolomeo, der Bruder von Christoph Kolumbus, einige Seekarten des geheimen Staatsarchivs Portugals. In Sevilla verfertigten die Brüder dann, so Gavin Menzies, absichtlich jene Karten, die den westlichen Seeweg nach Indien kürzer erscheinen ließen als den um Afrika herum. Aufgrund dieser Fälschung entschloss sich die spanische Krone, Kolumbus zu unterstützen.

die Mannschaft, in dem er die Geschwindigkeit des Schiffes stark untertrieb. Dennoch wurde die Mannschaft, je länger die Fahrt dauerte, immer unruhiger und drohte schließlich offen mit Meuterei. Nur ein, zwei Tage mehr, und Kolumbus wäre seines Lebens nicht mehr sicher gewesen. Doch nach 42 Tagen, am 12. Oktober 1492 um drei Uhr morgens, erreichte die Santa Maria den amerikanischen Kontinent, genauer: die ihm vorgelagerte Insel Guanahani (Watlinginsel) der Bahama-Gruppe; sie wurde für die spanische Krone in Besitz genommen und San Salvador genannt.

Von dort aus entdeckte man Kuba und Haiti. Am 24. Dezember fällt die Santa Maria der Disziplinlosigkeit ihrer Mannschaft zum Opfer: Sie läuft auf Grund und muss aufgegeben werden. Ein Auszug aus Kolumbus' Tagebuch: »Dienstag, den 25. Dezember. Heute erfuhr ich, dass Peralonso Nino (der Steuermann), kaum dass ich schlafen gegangen war, seinen Stand einem Schiffsjungen anvertraut hatte. Auch die Matrosen, die Wache halten sollten, hatten … sich aufs Ohr gelegt. Die Santa Maria in der Hand eines unerfahrenen Schiffsjungen! … Dem war eine Sandbank entgangen, die trotz der Dunkelheit meilenweit zu sehen war … Ich befahl Juan de la Cosa (dem Ersten Offizier), in das im Schlepptau nachgezogene Boot zu steigen und vom Heck aus einen Anker ins Meer zu werfen. Alle stürzten nun in das Boot, aber anstatt meinen Befehl auszuführen, ruderten sie auf und davon, zu der etwa zwei Seemeilen entfernten Niña. Sie hatten völlig den Kopf verloren … Ich ließ den Mast kappen, weil ich hoffte, das Schiff doch wieder flottzubekommen … Die Mühe war umsonst.«

# SANTA MARIA

## DATEN UND FAKTEN

**Baujahr:** unbekannt
**Typ:** Karacke
**Ladefähigkeit:** 100–120 t
**Maße:** Länge: 23–32 m;
Breite: 6,7–9,1 m; Tiefgang: 2,8–3 m
**Beseglung:** 3 Masten, ein Rahsegel am Fock-, zwei Rahsegel am Großmast, ein dreieckiges Lateinersegel am Besanmast. Zusätzlich benutzte Kolumbus noch ein Segel, das vor dem Bug hing, Blinde genannt, dazu zwei Bonnets – Extrastreifen aus Segeltuch, die unten am großen Rahsegel befestigt wurden. Er ließ sogar das kleine Segel des Beiboots auf dem Hüttendach am Heck der Santa Maria setzen.
**Besatzung:** 40–90 Mann
**Bewaffnung:** 18 Kanonen: vier 20-Pfünder, sechs 12-Pfünder, acht 6-Pfünder, 100 schwere 1-Pfünder-Musketen

## BIOGRAPHIE

**Christoph Kolumbus'** Lebenslauf und -daten sind nicht restlos geklärt. Das Geburtsjahr variiert zwischen 1447 und 1453. Italienische Historiker folgen Kolumbus' Darstellung: Er sei als Sohn eines armen Wollwebers im Dorf Savona bei Genua geboren; er habe Italienisch gesprochen, allerdings mit starkem Akzent. Sein Geburtsname Colón ist möglicherweise jüdischen Ursprungs. Spanische Historiker nehmen verschiedene Provinzen Spaniens als Geburtsort an; an einer Stelle nennt Kolumbus Kastilisch als seine Muttersprache. Mit 25 Jahren taucht er in Lissabon auf – wo sein Bruder als Kartograph arbeitet –, gibt sich als Schiffbrüchiger aus, beginnt ebenfalls als Kartograph zu arbeiten und heiratet 1479 die Tochter eines Gouverneurs. Der Sohn Diego wird geboren. 1484 unterbreitet Kolumbus Portugals König den Plan, den Atlantik zu überqueren. Der lehnt ab, darum geht Kolumbus 1485 nach Spanien. 1486 erhält er eine Audienz bei Isabella, der Königin von Kastilien. Auch sie lehnt seinen Plan zunächst ab. Kolumbus gibt nicht auf. Im April 1492 erhält er schließlich den Auftrag, nach Westen zu segeln. Die erste Reise dauert vom 3. August 1492 bis zum 15. März 1493. Am 25. September 1493 startet er mit 17 Schiffen und 1500 Mann zu seiner zweiten Reise, deren Ziel die Kolonisierung der neuen Länder ist; am 11. Juni 1496 kehrt er auf der Niña zurück. Der spanische Hof wird ungeduldig: Das erhoffte Gold der »neuen Welt« bleibt aus. Während seiner dritten Reise gerät Kolumbus in das Netz höfischer Intrigen, wird abgesetzt und in Ketten nach Spanien zurückgebracht. Nach teilweiser Rehabilitierung unternimmt er eine vierte Reise (1500 bis 1502), ohne die erhoffte Passage nach Indien zu finden. Verbittert stirbt er am 20. Mai 1506 im spanischen Valladolid. Bis heute ist nicht sicher, wo seine Gebeine ruhen, ob in Sevilla oder auf der Insel Hispaniola.

## AUF DEN PUNKT GEBRACHT

Wie sie genau aussah, weiß man nicht. Ob ihr Kapitän wirklich christlichen oder vielleicht doch jüdischen Glaubens war, bleibt ebenfalls offen. Die Santa Maria hat etwas von einem Phantomschiff.

## EMPFEHLUNGEN

**Lesenswert:**

Christoph Kolumbus: *Das Bordbuch*, Stuttgart 1979

Washington Irving: *History of the Life and Voyages of Christopher Kolumbus*, Paris 1828; Battlecreek 1987

Salvador de Madariaga: *Kolumbus*, Bern–München–Wien 1966

Simon Wiesenthal: *Segel der Hoffnung. Die geheime Mission des Christoph Kolumbus*, Freiburg 1972

*Schifffahrt und Kunst aus Spanien*, Katalog, Hamburg 1999

László Veres, Richard Woodman: *Unter Segeln*, Bielefeld 2002

**Sehenswert:**

*Die Eroberung des Paradieses (Conquest of Paradise)*. Regie: Ridley Scott; mit Gérard Dépardieu, Armand Assante und Sigourney Weaver. GB/USA 1992

**Besuchenswert:**

Modell einer Nao (1 : 50) im Deutschen Technikmuseum, Berlin

Museo Naval, Madrid

Museu Marítim, Barcelona

Nachbauten der Santa Maria in den Häfen von Barcelona, Caracas und Funchal, Madeira

Die beiden angeblichen Grabstätten des Christoph Kolumbus: die Giralda-Kathedrale in Sevilla und das Prunk-Mausoleum Faro a Colón in Santo Domingo

# São Gabriel

## *Da Gama und der Seeweg nach Indien*

■ Der portugiesische Seefahrer Vasco da Gama

Ein Laie hätte zwischen der Santa Maria und der São Gabriel kaum Unterschiede ausmachen können. Dabei hatte Kolumbus die marode Santa Maria spontan angemietet, während Vasco da Gamas Flaggschiff, die São Gabriel, eigens für die Expedition nach Indien entworfen und von Portugals besten Zimmerleuten gebaut worden war. 1415 hatte der portugiesische Prinz Heinrich – auch Heinrich der Seefahrer genannt, obwohl er kaum je an Bord eines Schiffes war – in Sagres eine Seefahrer-Akademie gegründet, an die er die besten arabischen und jüdischen Wissenschaftler und Schiffbauer des Mittelmeerraumes holte. Portugal betrieb die Seefahrt professionell; auch da Gama überließ nichts dem Zufall.

So wurde das Holz bereits ein Jahr vor dem Bau der São Gabriel im Hafen von Lissabon gelagert, damit es richtig trocknen konnte. Man rechnete mit bewaffneten Auseinandersetzungen, also wurde das Schiff über der Wasserlinie mit einer zweiten Schicht mächtiger Planken gepanzert. Statt der in der portugiesischen Marine üblichen fünf erhielt jedes Mannschaftsmitglied sieben Crusados Monatslohn; und die sechzigköpfige Besatzung war handverlesen: nur die erfahrensten Matrosen, Seesoldaten und Handwerker – Zimmerleute, Segelmacher, Schmiede, Seiler, Kalfaterer, Köche. Ob Auswechseln eines Mastes, ob Ausbessern und Kalfatern des Rumpfs: Man konnte alle eventuell anfallenden Reparaturen ausführen. Obwohl da Gama selbst wissenschaftliche Nautik studiert hatte – bei Abraham Zacuto ben Samuel, dem jüdischen Hofastronomen des portugiesischen Königs Johann II. –, verpflichtete er den brillanten Pero de Alemquer, der 1488 mit Bartolomëu Dias das Kap der Guten Hoffnung umrundet hatte, als Navigator. Nur zwölf arme Seelen an Bord waren ahnungslose Landratten: Kleinkriminelle, die sich im Gefecht bewähren sollten.

■ Die São Gabriel auf dem Weg nach Indien. Buchmalerei, 1565

Der Proviant sollte für eine Fahrt von drei Jahren ausreichen. Die Tagesration bestand aus einem Pfund Pökelfleisch, eineinhalb Pfund Zwieback, eineinhalb Liter Wasser und fünf Achteln Wein, dazu gab es Linsen, Sardinen, Pflaumen, Mandeln, Zwiebeln, Knoblauch, Senf, Salz, Zucker und Honig. Um an der afrikanischen Küste Frischfleisch eintauschen zu können, führte man große Mengen roter Mützen, Glasperlen, Kupferschalen, Zinnringe und Glöckchen mit. Als Handelswaren für Indien wurden gestreifte Wollstoffe, Olivenöl, Zucker und Korallen geladen.

Dafür reichte der Laderaum einer São Gabriel natürlich nicht aus. Drei weitere Schiffe stachen deshalb am 8. Juli 1497 in See: die São Rafael, die Berrio und ein namenloses Vorratsschiff, mit Kurs auf die Kapverdischen Inseln. Dort zeigten die Navigatoren ihre Kunst. Statt der afrikanischen Küste zu folgen, steuerte die Flotte einen völlig neuen Kurs. Sie segelte nach Westen und nahm erst Kurs nach Süden, als sie unter günstige Winde gelangte. So bewältigte sie die 4500 Seemeilen zum Kap der Guten Hoffnung in Rekordzeit: drei Monate und ein Tag – und mit einer Abweichung von nur 58 Seemeilen. (Noch immer wählen Segler, die Afrika umrunden wollen, diese Route.) Viele Historiker glauben bis heute, da Gama sei einer Eingebung gefolgt – und das zeigt, wie gut die Geheimhaltung des portugiesischen Kartenarchivs funktionierte. Denn mindestens ein portugiesisches Schiff hat schon vor Kolumbus den amerikanischen Kontinent, genauer: Brasilien, entdeckt und auf dem offenen Atlantik natürlich auch die günstigen, südwärts wehenden Winde – Wissen, das da Gama zur Verfügung stand.

Vom Kap ging es entlang der afrikanischen Ostküste zunächst nach Norden. Mehrfach ließ da Gama die Flotte vor Anker gehen, um die Schiffe zu überholen. Das Vorratsschiff wurde ausgeschlachtet und zerstört. Wo er landete, ließ da Gama padrões errichten, Steinsäulen zum Zeichen der Landnahme. Am 2. März 1498 erreichte man eine von Minaretten überragte Stadt, das heutige Moçambique; die drei europäischen Schiffe sahen sich umringt von arabischen Dhaus. In Malindi (heute Kenia) übernahm ein einheimischer Lotse das Steuer. Getrieben vom Monsun, mit einer Durchschnittsgeschwindigkeit

Von 1495 bis 1499 hatte sich der Pfefferpreis verdoppelt, da die Türken – 1453 war Konstantinopel gefallen – den Nachschub im Ostmittelmeer störten. Da Gama hatte zwar nur einige Säckchen mit Gewürzen nach Hause gebracht, doch wussten die Portugiesen nun, welche Profite möglich waren. Für einen Zentner Pfefferkörner, der in Venedig 80 Dukaten kostete, zahlte man in Indien nur drei Dukaten. Ähnliche Handelsspannen gab es bei Zimt, Gewürznelken, Muskatnuss, Seide, Gold und Edelsteinen.

■ Nachdem Vasco da Gama an der südwestindischen Malabar-Küste gelandet ist, wird er in Calicut von »Kaiser« Samudrin empfangen. Kolorierter Kupferstich, 1747

■ Die São Gabriel umschifft im Dezember 1497 das Kap der Guten Hoffnung. Farblithographie, 1897

Nach da Gamas Expedition erobern portugiesische Flotten den asiatischen Seeraum, 1510 das indische Goa, 1511 das malaysische Malakka und 1515 Hormus am persischen Golf. Damit ist das Seehandelsnetz der Araber zerstört. Fast 100 Jahre lang kontrolliert Portugal die asiatischen Meere allein, bis die neuen Seemächte Europas ihrerseits Flotten zu den Gewürzinseln schicken, 1595 Holland und 1603 England.

von 4,1 Knoten – doppelt so schnell wie die Santa Maria – erreichte die Flotte nach 27 Tagen und 2700 Seemeilen die indische Küste, nur 48,5 Seemeilen vom Zielort Calicut, dem südindischen Handelszentrum, entfernt.

Auch hier errichtete da Gama einen padrão: als Beweis, dass er indischen Boden betreten hatte. Nur der geplante Handel mit indischen Kaufleuten wurde zum Reinfall: Die billigen Waren der São Gabriel lösten Verärgerung aus; außerdem intrigierte die arabische Konkurrenz am Hof des hinduistischen Herrschers. Ohne ausreichend frischen Proviant, nur mit einigen Gewürzproben und Edelsteinen machte sich die Flotte auf den Rückweg. Drei Monate brauchten die Schiffe, um gegen widrige Winde das Arabische Meer zu durchqueren. Skorbut dezimierte die Besatzung so sehr, dass da Gama in Malindi befahl, die São Rafael zu verbrennen. São Gabriel und Berrio, die das Kap der Guten Hoffnung gemeinsam umrundet hatten, wurden in einem Sturm getrennt. Die Berrio erreichte die Tejo-Mündung im Juli; die São Gabriel segelte bis zu den Azoren. Was aus der São Gabriel wurde, ist unbekannt. Da Gama selbst erreichte Lissabon am 9. September. Obwohl er aus Indien nur eine Handvoll Gewürze mitbrachte, wurde er am 18. September 1499 mit einem gewaltigen Festzug geehrt. König Manuel I. ließ zum Andenken eine Kirche an der Küste bauen, die seit damals die »Tränenküste« heißt: zur Erinnerung an die Matrosen, die auf den Meeren geblieben waren.

# SÃO GABRIEL

## DATEN UND FAKTEN

**Baujahr**: 1496/97
**Typ**: Karacke bzw. Nao
**Ladefähigkeit**: 100 t
**Maße**: Länge: 21,3 m; Breite: 7 m; Tiefgang: 2,7 m
**Beseglung**: 3 Masten, zwei Rahsegel am Fock- und am Großmast, ein Lateinersegel am Besanmast
**Besatzung**: 60 Mann
**Bewaffnung**: 20 schwere Kanonen, auf Lafetten und als Bombarden
**Neuerungen**:
- Zweites Segel am Fockmast
- Navigation auf streng wissenschaftlich-mathematischer Basis

## BIOGRAPHIE

**Vasco da Gama** wurde 1460 oder 1469 als dritter Sohn des Festungskommandanten von Sines, einem kleinen Ort 100 km südlich von Lissabon, geboren. Er studierte Astronomie und Navigation bei den besten Lehrern Portugals, fuhr zur See, bewährte im Kampf gegen die Franzosen, auch als Landsoldat und geriet so in die Gunst des portugiesischen Königs Johann II. Zeitgenossen beschrieben ihn als einen aufbrausenden, harten und konsequenten Menschen, der gleichwohl auch über sehr viel diplomatisches Geschick verfügte. 1497 erhielt er das Kommando über eine Flotte, die den Seeweg nach Indien erkunden sollte – der erste Schritt, um die Vorherrschaft der Araber im Indienhandel zu brechen. 1499 zurückgekehrt, erhielt er den Ehrentitel Dom, wurde geadelt und zum »Admiral der Indischen Meere und aller Armadas« ernannt. Verärgert über die bescheidene Staatspension zog er sich zurück, heiratete und widmete sich seiner jungen Frau. 1502 jedoch führte er erneut eine Flotte nach Indien. Danach lebte er, zu Reichtum gekommen und 1519 zum Conde de Vidigueira ernannt, zurückgezogen in seinem Haus, das, unmittelbar am Domplatz von Evora gelegen, mit kostbaren Wandgemälden indischer Pflanzen und Tiere geschmückt war. Mit der Grafenwürde verbunden war eine Jahrespension von 2750 Crusados. Nur acht Bischöfe und sechs Adlige erhielten mehr; der Jahreslohn eines Matrosen betrug 60 Crusados. 1524, führte er, von König Johann III. zum Vizekönig von Indien ernannt, zum dritten Mal eine Flotte nach Asien. Zum zweiten Mal endete eine Legende in der Nacht vom 24. zum 25. Dezember: 1492 war Kolumbus' Santa Maria auf eine Sandbank gelaufen; in der Weihnachtsnacht 1524 starb Vasco da Gama im südindischen Kotschin, von Geschwüren bedeckt und unfähig zu sprechen. 1534 oder 1538 wurden seine Gebeine nach Portugal überführt und in Vidigueira beigesetzt. 1840 zerstörten »Revolutionäre« das Grabmal. Seit 1898 ruhen die Überreste da Gamas in der Kirche des Hieronymiten-Klosters in Belém an der Tejomündung. Seine Taten wurden 1572 von Luis de Camões in den *Lusiaden*, dem portugiesischen Nationalepos, verherrlicht.

## EMPFEHLUNGEN

**Lesenswert:**

Gernot Giertz (Hg.): *Vasco da Gama. Die Entdeckung des Seeweges nach Indien*, Stuttgart 1980

Henry Hart: *Vasco da Gama und der Seeweg nach Indien*, Bremen 1965

Franz Hümmerich: *Quellen und Untersuchungen zur ersten Indienfahrt des Vasco da Gama*, München 1898

Claudia Schnurrmann: *Europa trifft Amerika*, Frankfurt/M. 1998

**Besuchenswert:**

Museu da Marinha, Lissabon

Grab da Gamas in der Kirche des Hieronymiten-Klosters, Belém, Portugal

Die von Heinrich dem Seefahrer gegründete Seefahrer-Akademie in Sagres, Portugal

## AUF DEN PUNKT GEBRACHT

Die São Gabriel war das Beste, was Europas Werften damals zu bieten hatten, und Portugals Seefahrer waren die ersten mit einer wissenschaftlichen Ausbildung. Ihre Lehrer waren Juden und Araber.

# Victoria
## *Magellans berühmtes Schiff*

■ Der portugiesische Seefahrer Fernando Magellan. Kupferstich aus dem Buch *Die unbekannte neue Welt* von O. Dapper, 1673

»Magellans Flotte besteht aus fünf Schiffen, Sire, ich war einige Male an Bord, und ich versichere Eurer Majestät, dass die Schiffskörper morsch sind wie Zunder, sehr alt und geflickt. Mit solchen alten Kisten würde ich nicht einmal zu den Kanarischen Inseln segeln wollen.« Dies erfuhr der portugiesische König Manuel I. 1519 von einem seiner Spione. Eine dieser »alten Kisten« war die Victoria, das erste europäische Schiff, das die Welt umsegeln sollte. Im Hafen von Sevilla bereitete Spanien eine neue maritime Expedition in Richtung Westen vor. Da Portugal den Indischen Ozean und damit den Seeweg zu den profitträchtigen Gewürzinseln (heute Indonesien und Malaysia) militärisch beherrschte, sollte eine kleine spanische Flotte eine andere, unbewachte Route dorthin suchen. Der Kapitän Fernando Magellan hatte angeboten, eine Passage um den amerikanischen Kontinent herum zu finden. 1513 hatte man (das heutige) Panama auf dem Landweg durchquert und den Pazifik entdeckt. Diesen wollte Magellan als erster europäischer Seefahrer durchqueren und die Gewürzinseln von Osten her erreichen – ein zu jener Zeit aberwitziges Unternehmen, das in seinen Dimensionen durchaus einem Mondflug glich. Die Schiffe, die ihm Spanien für dieses Himmelfahrtskommando zur Verfügung stellte, waren alt und verrottet. Portugal betrieb die Seefahrt seit Heinrich dem Seefahrer (1394–1460) auf wissenschaftlicher Grundlage, am spanischen Hof war man weiterhin der Meinung, nicht die Qualität eines Schiffes, sondern der feste christliche Glaube trage die Seeleute über die Meere (s. S. 70). Magellan, einer der besten und erfahrensten Kapitäne seiner Zeit, stammte aus Portugal. Ins spanische Sevilla war er gekommen, weil er sich 1517 mit König Manuel I. überworfen hatte.

Mit der für portugiesische Seefahrer ganz selbstverständlichen Gründlichkeit begann Magellan Anfang Oktober 1518, die fünf maroden Schiffen zu überholen. Das Drittkleinste war die Victoria, eine dreimastige Karacke mit nur 80 Tonnen Ladekapazität – nicht größer als die Seenotrettungskreuzer, die wir heute von Nord- und Ostsee kennen. Ausgerechnet sie überstand als einziges der fünf Schiffe die Weltumsegelung.

Achtzehn Monate lang beaufsichtigte Magellan persönlich die Reparaturarbeiten. Die Schiffe wurden bei Sevilla auf das flache Ufer des Guadalquivir gezogen. Mithilfe von Flaschenzügen legte man sie auf die Seite, kielholte sie also, dann wurden Planken erneuert, Streben ausgetauscht und neue Masten eingesetzt. Die Reparatur, mit der die Victoria in einen seetüchtigen Zustand versetzt wurde, war kostspielig: rund 320 000 Maravedis (was etwa 96 000 Euro entspricht). Dabei hatte der Kauf der verrotteten Victoria bereits mit überhöhten 240 000 Maradevis zu Buche geschlagen. Allein dafür, so Magellan, hätte er sich ein neues Schiff bauen lassen können. Aber an Spaniens Glorie zehrte allgegenwärtig die Korruption, unter der die Seefahrt des Landes auch in den folgenden Jahrhunderten leiden sollte.

Die Mannschaft wurde aus Seeleuten aller Nationen zusammengewürfelt: Zu den siebenunddreißig erfahrenen Portugiesen

■ *Erfindung des Magallanischen Meers.* Der Entdecker Magellan ist inmitten allegorischer und mythologischer Figuren dargestellt. Insignien der Neuen Welt (das nahezu unbekleidete Paar, der pfeilschluckende Indianer) sowie bekannte mythologische Chiffren (Zeus in den Wolken, der niedergehende Apoll) werden hier einander gegenübergestellt. Kupferstich von Theodor de Bry nach Johannes Stradanus (1523–1605)

Würde man nur an die kleinen Schiffe denken, mit denen die großen Entdecker auf die Weltmeere geschickt wurden, bekäme man ein falsches Bild von den technischen Möglichkeiten der damaligen Zeit. Natürlich war man in der Hochrenaissance in der Lage, größere Schiffe zu bauen als die Santa Maria oder die Victoria, deren Ladekapazität gerade einmal 80 bis 120 Tonnen betrug. Etwa zehn Mal größer war die Henry Grace à Dieu, das Flaggschiff Heinrichs VIII., das 1514 vom Stapel lief.

kamen Griechen, Deutsche, Italiener, Franzosen, Flamen, Malaien, Afrikaner und Spanier an Bord. Die drei spanischen Kapitäne – unter ihnen Luis de Mendoza auf der Victoria – hielt Magellan für unfähig. Nur mit Mühe erreichte er, dass wenigstens der geistig verwirrte Chef-Navigator Ruy Faleiro abgelöst wurde. Anfang August wurde die Victoria mit Proviant beladen: Knapp zwei Tonnen Zwieback, eine Tonne gepökeltes Schweinfleisch, 70 Fässer Wein, 210 Pfund Bohnen, 720 Pfund Mehl, 250 Schnüre Knoblauch, 2553 Pfund Käse, 1217 Pfund Honig, 70 Pfund Mandeln, 150 kleine Fässer Sardellen, 10 000 Sardinen, 1687 Pfund Rosinen, 180 Pfund Dörrpflaumen, 210 Pfund Bohnen und vier Kisten Quittenmarmelade waren bestellt worden.

Am 10. August 1519 verließ die Flotte aus fünf Schiffen den Hafen von Sevilla: die Victoria, die Santiago, die Concepción, die San Antonio und die Trinidad, das Flaggschiff Magellans. Mit diesem Tag setzt das Tagebuch des Antonio Pigafetta ein, eines reichen Weltenbummlers aus Venedig, der sich der Fahrt um die Welt aus reiner Neugier und ohne offizielle Funktion angeschlossen hatte. »Als die Armada alles für die Fahrt Notwendige und ihre 237 Mann starke Besatzung an Bord hatte, kündigte eine Salve der Geschütze die Abfahrt an und auf allen Schiffen wurde das Besansegel hochgezogen. Wir fuhren den Fluss Guadalquivir abwärts …« Auf der Fahrt zur Mündung aber stellte man fest, dass die Lebensmittelhändler aus Sevilla einen großen Teil des Proviants unterschlagen hatten. In der Hafenstadt San Lúcar musste zehn Tage lang nachgeladen werden. Bereits hier zeigte sich, wie undiszipliniert die Mannschaft war. Als Magellan keine Prostituierten an Bord ließ, kam es zu ersten Arbeitsverweigerungen. Am 20. September begann die Fahrt ein zweites Mal. Statt aber wie Vasco da Gama von den Kapverdischen Inseln direkt Kurs auf den Atlantik hinaus zu nehmen – Magellan kannte die Route aus eigener Erfahrung –, quälte er sich zunächst die beschwerliche Küste Afrikas entlang nach Süden, um portugiesischen Kriegsschiffen auszuweichen.

In der Nähe der heutigen Stadt Recife erreichten die Schiffe am 29. November Brasilien. Nachdem frisches Wasser geladen und der Proviant ergänzt war, wurden am 26. Dezember die Anker gelichtet, und die Flotte fuhr weiter nach Süden. Am 31. März 1520 wurden in der Bucht von San Julian an der südlichen Küste Argentiniens erneut die Anker geworfen. Dort wollte Magellan für fünf Monate das Winterquartier aufschlagen. Mit dieser Ankündigung löste er eine offene Meuterei aus; doch Magellans Anhänger gewannen den Kampf. Drei spanische Kapitäne wurden zum Tode verurteilt; einer wurde in der Einsamkeit ausgesetzt, die beiden anderen wurden gehenkt, enthauptet und gevierteilt. So auch Mendoza, der Kapitän der Victoria. Diesen Posten übernahm Magellans Schwager Duarte Barbosa.

Ende August verlor die Flotte ihr erstes Schiff, die Santiago sank. Am 21. Oktober erreichte die verbliebene Armada jenen labyrinthischen Kanal, der Atlantik und Pazifik verbindet – später Magellanstrasse genannt. Hier ging das zweite Schiff verloren: Die San Antonio unter Magellans Cousin Alvaro de Mesquita desertierte und kehrte nach Spanien zurück. So segelten am 28. November 1520 nur drei Schiffe in den Pazifik hinein, Kurs Nordwesten. Eine schier endlose Fahr lag vor ihnen: rund 13 000 Seemeilen. Bordchronist Antonio Pigafetta: »Um nicht Hungers zu sterben, aßen wir das Leder, mit dem die große Rahe zum Schutz der Taue umwunden war. Diese Lederstücke … waren so hart, dass wir sie

■ Die Victoria. Kolorierter Kupferstich, 16. Jahrhundert

■ *Tabula Magellanica.* Landkarte mit der Magellanstrasse. Fernando Magellan durchfuhr mit der Victoria als erster Europäer die labyrinthische Passage an der Südspitze Südamerikas. Kolorierter Kupferstich, 1666

vier oder fünf Tage lang in Meerwasser tauchen mussten, um sie weicher zu machen. Dann brieten wir sie auf Kohlen und würgten sie, von Ekel geschüttelt, durch die Kehle. Oft blieb uns auch nichts anderes übrig, als Sägespäne zu essen, und selbst Mäuse waren eine so gesuchte Speise geworden, dass für eine bis zu einem halben Dukaten bezahlt wurde.«

Nach 98 Tagen, am 16. März erreichte die Flotte die Lazarusinseln (Philippinen). Monatelange Kämpfe mit den Eingeborenen dezimierten die Mannschaften, und am 27. April 1521 kam auch Magellan bei einem Gefecht ums Leben. Die Schiffe Concepción und Trinidad schlugen leck und sanken.

Am 8. September 1522, nach 43 000 Seemeilen, als schwimmendes Wrack und mit einer Mannschaft, die sich nicht mehr auf den Beinen halten konnte, vollendete die Victoria unter der Führung des Basken Juan Sebastián Elcano als einziges Schiff aus Magellans Flotte die erste Weltumsegelung. 250 Mann waren aufgebrochen, achtzehn von ihnen kehrten zurück, unter ihnen der Chronist Pigafetta.

Magellan hat die nach ihm benannte Wasserstraße nicht entdeckt – er hat sie gezielt gesucht. Wie Antonio Pigafetta am 23. Oktober 1520 notiert, wusste Magellan, »dass der Weg durch eine sehr verborgene Meerenge führte, denn er hatte diese auf einer Karte gesehen, die von Martin Behaim, einem vortrefflichen Kosmografen, gezeichnet worden war«. Anfang des 16. Jahrhunderts tauchten exakte Weltkarten auf, die Regionen zeigten, die noch kein Europäer betreten hatte. Die Karten – so auch die von der Westküste des amerikanischen Kontinents – stammten offenbar aus China. Wem und auf welchem Weg es aber gelang, die Landmasse der Antarktis ohne Eispanzer exakt abzubilden, ist bis heute ein Rätsel.

# VICTORIA

## DATEN UND FAKTEN

**Baujahr**: vor 1518
**Typ**: kleine Karacke (Nao)
**Ladefähigkeit**: ca. 80 t
**Maße**: Länge: knapp 20 m; Breite: 7 m; Tiefgang: ca. 2,5 m
**Beseglung**: 3 Masten, zwei Rahsegel an Fock- und Großmast, Lateinersegel am Besanmast
**Besatzung**: 60 Mann. 18 von insgesamt 250 Mann kehrten auf der Victoria zurück. Keiner der heimgekehrten Matrosen erhielt den vollen Lohn, viele versuchten noch jahrelang, den ausstehenden Sold einzuklagen.
**Bewaffnung**: leichte Bronzekanonen, Falkonetts (die Schrotkugeln feuerten), Armbrüste
**Ladung**: Lebensmittel und Handelsgüter
**Gesamte Flotte:** 20 000 Falkenglöckchen, 500 Pfund Glasperlen, Baum- und Wollstoffe, Angelhaken und 400 in Deutschland hergestellte Messer. Die Victoria brachte 26 Tonnen Gewürznelken zurück. Deren Wert, ca. 1,8 Kilo Gold, entsprach den Gesamtkosten der Expedition.
**Verbleib**: Die Victoria überquerte den Atlantik noch dreimal; während der letzten Rückfahrt von Haiti sank das Schiff mit der gesamten Besatzung in einem Sturm.
**Neuerung:** Die Navigation erfolgte nach Weltkarten von Martin Behaim (1459–1507), Gerardus Mercator (Gerard Kremer, 1512–94) und des osmanischen Admirals Piri Reïs.

## BIOGRAPHIE

**Fernando Magellan** (portugiesisch: Fernão de Magalhães) wird um 1480 als Sohn eines Adligen im Städtchen Saborosa, im rauen Bergland der Tras os Montes im Norden Portugals geboren, wird 1492 Page der Königin Leonore in Lissabon; später studiert er Astronomie und Navigation und liest alle geheimen Berichte portugiesischer See-Expeditionen. 1505 fährt er als Seesoldat nach Indien. Auf seiner zweiten Reise rettet er zwei gestrandete Schiffe, woraufhin er sein erstes Schiffskommando bekommt. 1514 wird er auf den Molukken schwer am Bein verwundet, seitdem hinkt er. Seine aussichtsreiche Karriere endet vorerst in einer Intrige: Sein Kommandant Pedro de Sousa beschuldigt ihn, er habe sich mit dem Feind arrangiert. Er wird von diesem Vorwurf freigesprochen, zieht sich jedoch verärgert aus dem aktiven Dienst für Portugals Krone zurück. Stattdessen bietet er Spanien seinen Plan an, den westlichen Seeweg zu den Gewürzinseln Ostasiens zu finden. Am 10. August 1519 verlässt er mit seiner Flotte Sevilla. In einem Gefecht mit Eingeborenen auf der philippinischen Insel Limasawa stirbt Magellan am 27. April 1521. Nur einem der fünf Schiffe gelingt es, Magellans kühne Idee zu realisieren.

## EMPFEHLUNGEN

**Lesenswert:**
Antonio Pigafetta: *Mit Magellan um die Erde. Ein Augenzeugenbericht der ersten Weltumseglung 1519–1522*, hg. von Robert Grün, Stuttgart 2001

Richard Humble: *Die Reise des Magellan*, Nürnberg 1991

Bernardo Gomes de Brito, Johannes Pögl (Hg.): *História trágico-marítima. Berichte aus der großen Zeit der portugiesischen Seefahrt*, Stuttgart 1983

Stefan Zweig: *Magellan. Der Mann und seine Tat*, Wien 1938

Fernão Mendez Pinto: *Merkwürdige Reisen im fernen Asien*, Stuttgart 2001

Carlo M. Cipolla: *Segel und Kanonen. Die europäische Expansion zur See*, Berlin 1999

Charles H. Hapgood: *Die Weltkarten der alten Seefahrer*, Frankfurt/M. 2002

Helmut Pensel: *Weltgeschichte der Seefahrt*, Bd. 2, Hamburg 2001

**Besuchenswert:**
Museu Marítim, Barcelona

Museo Naval, Madrid

**Anklickenswert:**
www.g-o.de

## AUF DEN PUNKT GEBRACHT

Die Victoria wird oft als das berühmteste aller Schiffe bezeichnet. Dieses Attribut hat sie sich durch ihre Zähigkeit erworben: Sie überstand die Strapazen der ersten europäischen Weltumseglung, obwohl sie zu dem Zeitpunkt schon eine alte Lady war.

# Golden Hinde

## *Das Piratenschiff der Queen*

Am 15. November 1577 – fünfundfünfzig Jahre nach Magellans Victoria – sticht zum zweiten Mal ein Schiff in See, um die Welt zu umsegeln. Um fünf Uhr nachmittags, zur Tea-Time, verlässt die Pelican den Hafen von Plymouth. Das Kommando führt Francis Drake, der wohl beste Kapitän seiner Zeit. Erst zehn Monate später, an der Südküste Argentiniens, bekommt die Pelican den Namen, unter dem sie berühmt wird: The Golden Hinde, die goldene Hirschkuh.

Es gibt Schiffe, die die Seeleute »lucky ships« nennen. Für die meist abergläubischen Matrosen sind dies nicht nur einfach sichere Schiffe, sondern denkende und fühlende Lebewesen mit einer glücklichen Seele. So hat Thomas Pike, einer der Seefahrer, nach der Weltumseglung erklärt, die Golden Hinde habe unentwegt gelächelt. Wenn dem wirklich so war, dann hat dazu vielleicht auch das mitreisende Streichquartett beigetragen. Ganz sicher jedoch hatte die Golden Hinde nicht mehr viel mit den plumpen Karacken gemeinsam, mit denen Kolumbus, da Gama oder Magellan ihre Entdeckungsreisen unternahmen. Die Golden Hinde war eine Galeone – ein neuer Schiffstyp, eine Weiterentwicklung der Karacke. Bei dieser standen Länge und Breite in einem Verhältnis von 3:1, bei einer Galeone war dies mindestens 4, wenn nicht 5:1. Sie war schlanker, schneller und deutlich besser zu manövrieren. Die Galeonen der Portugiesen und Spanier waren, wie zuvor die Karacken, extrem hochbordig; ihre Silhouette war geprägt von den prächtigen, aber auch schweren Kastellen an Heck und Bug. Englische Schiffbauer haben die Form der Galeonen revolutioniert. Sie reduzierten die Höhe und Größe der Kastelle, senkten damit zugleich den Schwerpunkt des Schiffs. Extrem niedrig war das Vorderkastell der Golden Hinde. Sie wirkte, als würde sie über den Bug sinken. Tatsächlich hat die Golden Hinde bei Sturm sehr viel Wasser an Bord genommen, was allerdings durch Lenzpumpen bewältigt werden konnte. Eine wei-

■ Sir Francis Drake, der im Dienste der englischen Königin Elisabeth I. spanische Schiffe kaperte. Kolorierter Kupferstich von Nicolas de Larmessin, um 1600

tere Neuerung hatte König Heinrich VIII. angeregt. Von der Seefahrt begeistert, war er es, der in der ersten Hälfte des 16. Jahrhunderts den Grundstein für Englands Vorherrschaft auf den Weltmeeren legte, die bis in den Ersten Weltkrieg andauern sollte. Er kam auf die Idee, die schweren Kanonen, die bis dahin auf dem Oberdeck gestanden hatten, auf die unteren Decks zu verteilen. Damit wurde der Schwerpunkt der englischen Galeonen noch einmal gesenkt. Ihr damit deutlich verbessertes Segelverhalten war ein Hauptfaktor des englischen Siegs über die spanische Armada im Jahr 1588.

■ Englischer Nachbau der Golden Hinde, Stapellauf 1973. Bei der echten Golden Hinde lag der Bug allerdings tiefer im Wasser.

Aber England revolutionierte nicht nur den Schiffbau, es formte die Schiffsmannschaften auch zu einem Team, zu einer »band of brothers«, wie dies Admiral Nelson 230 Jahre später nennen sollte. Insofern ist der Appell, den Francis Drake am 11. August 1578, als die Golden Hinde in die Magellanstraße einlief, an seine Mannschaft richtete, für die Seemacht England historisch geworden: »Ich will, dass der Herr mit dem Seemann und der Seemann mit dem Herrn am selben Strang zieht.« Nach ihrer apokalyptischen Weltumseglung wurde Magellans spanischen Matrosen nicht einmal der ihnen zustehenden Hungerlohn korrekt ausgezahlt, die Seeleute der Golden Hinde dagegen waren am Gewinn

Am 4. Mai 1493 teilte Papst Alexander VI. im Namen Gottes die Welt auf – zwischen Portugal und Spanien. Als Freund Spaniens und der spanischen Inquisition sprach er dem Land alle Regionen westlich der Kapverdischen Inseln zu, während sich die große Seefahrernation Portugal mit dem östlichen Teil des Globus zufrieden geben sollte. Niedergelegt wurde dies in der päpstlichen Bulle *Inter caetera*. Vehement und schließlich erfolgreich protestierte der portugiesische König Johann II. gegen diese Entscheidung. Im Juni 1494 wurde der Vertrag von Tordesillas geschlossen, der Portugals Einflusssphäre im Westen bis nach Brasilien ausdehnte. Die Christenheit akzeptierte diese Regelung. Doch als sich Englands König Heinrich VIII. 1534 vom Papst lossagte, wurden die Karten neu gemischt.

der Unternehmung beteiligt – eine Regelung, die die britische Kriegsmarine bis 1815 beibehielt. Magellan hatte 53 seiner 60 Matrosen verloren, von den sechzig Besatzungsmitgliedern der Golden Hinde blieben nur vier auf See. Die Mannschaft des »lucky ship« kam von der 35 Monate dauernden, fast 30 000 Seemeilen langen Weltreise nicht nur gesund und fast vollzählig zurück. Jeder, ob Matrose, Koch oder Schiffsjunge, war ein gemachter Mann, denn jeder erhielt nach der Weltumseglung rund 160 englische Gold-Pfund ausgezahlt; genug, um nie mehr arbeiten zu müssen.

Dieser Reichtum und die Gesundheit der Mannschaft hatten ihren Grund. Francis Drake führte im Namen der Königin Elisabeth I. Krieg gegen Spanien; allerdings nicht offen: Die Golden Hinde segelte unter einer Piratenflagge und kaperte die Schiffe des Feindes. Man übernahm mit der Ladung auch den Proviant der geenterten Schiffe. Doch kam der frische Nachschub noch aus ei-

■ Szenenphoto aus dem amerikanischen Kostümfilm *Der Herr der sieben Meere* von 1940, mit Errol Flynn in der Rolle des englischen Freibeuters Francis Drake, der den Spaniern das Leben schwer macht und die Schatzkammern der Königin Elisabeth I. (Flora Robson) füllt.

ner anderen Quelle. Die Piraten lebten in der Ferne »wie die Fische im Wasser«. Schon bei seinen Fahrten in die Karibik hatte Drake erkannt, wie sehr es seiner Mission nutzte, wenn er die Eingeborenen nicht bedrohte, sondern fair und gleichberechtigt behandelte. Anders als die Spanier trieb er Tauschhandel, um seine Vorräte aufzufrischen. Dieser, wie man heute sagen würde, Fair Deal führte sogar zu militärischen Bündnissen mit einheimischen Bevölkerungen; und auch dies verhalf dem britischen Empire zur Vorherrschaft über die bis dahin führenden Seefahrernationen, zunächst über die Spanier, dann auch über die Holländer.

■ Francis Drakes Kompass

Der Start des »lucky ship« allerdings schien unter keinem guten Stern zu stehen. In der Karibik wurde, wie spanische Annalen berichten, ein riesiger unheildrohender Komet gesichtet. Und gleich im Ärmelkanal geriet Francis Drake mit seiner Flotte in einen schweren Sturm. Zusammen mit der Golden Hinde hatten fünf weitere Schiffe die Segel gehisst: die Elisabeth, die später auf eigene Faust von Südamerika aus nach England zurückfuhr, die Marigold, die in einem Sturm vor der chilenischen Küste mit Mann und Maus sank, und die beiden Proviantschiffe Swan und Christopher, die, wie geplant, unterwegs aufgegeben wurden. Um sich zu retten, mussten die Mannschaften der Golden Hinde und der Marigold die Masten kappen; die Schiffe mussten also zur Reparatur noch einmal nach Plymouth zurückkehren. Am 13. Dezember 1577 liefen sie erneut aus. Erst als die Schiffe Gibraltar passiert hatten, erfuhren die Mannschaften, dass die Reise nicht – wie ihnen gesagt worden war – ins ägyptische Alexandria führen werde. Die Empörung legte sich, als ihnen die Beteiligung an der erwarteten Goldbeute versprochen wurde. Für gute Stimmung sorgte auch, dass jeder Seemann seine tägliche Ration Wein oder Schnaps bekam. Auch das ist eine Tradition in der englischen Navy: Bis zum 30. Juli 1979 stand jedem Matrosen mittags ein zweieinhalbfaches Glas Rum zu.

Die Erwartungen auf Kapergold erfüllten sich bereits im Atlantik: Acht spanische und portugiesische Handelsschiffe wurden aufgebracht und geentert. Von einem dieser Schiffe übernahm die Golden Hinde auch den portugiesischen Navigator Nuño da

Heinrich VIII. liebte nicht nur Frauen, sondern auch Schiffe. Unter seiner Herrschaft wurde die englische Kriegsflotte zur stärksten des damaligen Europa ausgebaut. Seine katholische Tochter, Königin Maria Stuart, heiratete Spaniens König Philipp II., den maritimen Erzfeind Englands. Mit den Gewaltmitteln der Inquisition versuchte Maria den Protestantismus, den ihr Vater in England eingeführt hatte, wieder auszurotten. 1549, bei einem Pogrom, verbrannten Katholiken das Haus der Familie von Francis Drake. Obdachlos verbrachte er seine Kindheit in einem verschimmelten Schiffswrack. Der Hass auf das katholische Spanien verband die spätere Königin Elisabeth I. – die von ihrer Halbschwester Maria jahrelang eingesperrt worden war – und Drake.

Silva, der ein Logbuch der Reise führte und mit seinen Kenntnissen des Pazifiks zum Gelingen der Expedition beitrug. Am 2. Februar 1578 erreichte die Golden Hinde Brasilien.

Am 20. Juni wirft die Flotte in der Bucht von Port San Julian Anker. Am Strand steht noch der Galgen, den Magellan vor 58 Jahren errichten ließ, um Meuterer zu hängen, die anschließend noch geköpft und gevierteilt wurden. In eben dieser Bucht klagt Francis Drake seinen alten Freund Thomas Doughty – einen am Hof einflussreichen Offizier – der Meuterei an. Die Augenzeugenberichte über Anlass, Anklage und Prozess sind sehr widersprüch-

■ Mercator-Weltkarte von 1569, mit der sich Francis Drake auf den Weltmeeren orientierte

■ Das Heck der Golden Hinde mit dem namensgebenden Wahrzeichen, der goldenen Hirschkuh

lich, aber es kommt zu einem Todesurteil. Am 2. Juli knien Drake und Doughty nebeneinander zum Abendmahl nieder, setzen sich an einen Tisch, essen zusammen und anschließend senkt Doughty sein Haupt für die Axt des Henkers. Aus Magellans hölzernem Galgen fertigt der Böttcher der Golden Hinde, auf Drakes Geheiß, Kannen und Becher.

Nachdem die Schiffe gründlich überholt waren, erreicht die Flotte am 20. August das Capo Virgin Maria, die Einfahrt in die Magellanstraße. Hier erst taufte Drake die Pelican um: Golden Hinde wird sie genannt zu Ehren von Drakes einflussreichem Mentor Sir Christopher Hatton, in dessen Wappen eine goldene Hirschkuh prangte. Dann nahm die Flotte Kurs auf den Pazifik.

Wie Magellan verfügte auch Drake über eine jener legendären Weltkarten, die seit Anfang des 16. Jahrhunderts gezeichnet worden waren und deren Genauigkeit den Historikern lange Rätsel aufgab (s. S. 62). Drakes Karte stammte von Gerard Kremer, dem Kartographen, der unter dem latinisierten Namen Mercator berühmt wurde. Anzunehmen ist, dass Drake diese Karte von einem portugiesischen Schiff erbeutet hat. Am 6. September lief die Flotte in den Pazifik ein. Schwere Stürme trieben sie nach Süden, bis zur Höhe des Kap Horn. Die Elisabeth desertierte und segelte zurück nach England, die Marigold sank. So segelte die Golden Hinde nun allein die Küsten von Chile, Peru und Panama entlang,

Gemäß einer britischen Tradition hatte jeder englische Seemann – ob Sohn eines Bettlers oder eines Adligen – die Möglichkeit, durch Leistung bis zum Admiral aufzusteigen.

■ Königin Elisabeth I. (Flora Robson) schlägt Francis Drake (Errol Flynn) an Bord der Golden Hinde nach erfolgreicher ausgeführter Mission zum Ritter. In Wirklichkeit »zwang« sie den französischen Gesandten, die Zeremonie unter ihren Augen durchzuführen. Szenenphoto aus *Der Herr der sieben Meere* von 1940

plünderte mehrere spanische Städte und Goldschiffe – das größte war die Cacafuego – und legte Spaniens gesamten Ostpazifik-Handel lahm. Die Laderäume voller Gold, Silber und Juwelen nahm die Golden Hinde Kurs auf Kalifornien und noch weiter die Küste hinauf, um eine Nordpassage in den Atlantik zu finden. Als die Schiffstaue steif froren, entschloss sich Drake, doch über die Pazifikroute zurückzukehren. Am 3. November 1579, nach 68 Tagen, erreichte die Golden Hinde die Molukken. Die Sultane der Gewürzinseln waren begeistert vom Streichquartett der Golden Hinde, und Drake konnte erfolgreich Handelskontakte für die Krone knüpfen. Am 9. Januar 1580 lief die Golden Hinde auf ein Riff, doch Drakes Matrosen retteten das Schiff. Nach einem Zwischenstopp in Indien durchsegelte die Golden Hinde in nur 56 Tagen den Indischen Ozean, doppelt so schnell wie Magellans Victoria. Am 26. September 1580 warf die Golden Hinde im Hafen von Plymouth Anker. Der Wert ihrer Ladung wird, nach heutiger Währung, auf einen Wert von etwa 100 Millionen Euro geschätzt. Die Hälfte bekam die Queen, eine halbe Million ging an die Matrosen, den Rest teilten sich Drake und die Finanziers der Expedition. Am 4. April 1581 ließ Elisabeth I. Francis Drake an Bord der Golden Hinde zum Ritter schlagen.

# GOLDEN HINDE

## DATEN UND FAKTEN

**Baujahr:** um 1575
**Typ:** Kleine Galeone, reines Kriegsschiff, in Frankreich gebaut
**Ladefähigkeit:** 100 t
**Maße:** Rumpflänge: 22 m, mit Bugspriet 37 m; Länge über alles: 37 m; Breite: 6,3 m; Tiefgang: 2,8 m
**Beseglung:** 3 Masten, zwei Rahsegel an Fock- und Großmast, am Besanmast ein Lateinersegel
**Besatzung:** 40 Matrosen, 20 Offiziere und Unteroffiziere, ein Maler und ein Streichquartett
**Bewaffnung:** 22 Kanonen, vier 14-Pfünder
**Ladung:** Kapergut
**Besonderheit:** Die doppelte Beplankung, die dem Schiff enorme Stabilität verlieh. Zwischen den beiden Schichten befanden sich, zum Schutz vor Schiffswürmern, mit Teer getränkte Pferdehaare.
**Verbleib:** Nach der Weltumseglung fuhr die Golden Hinde nach Labrador. Von Elisabeth I. zum Nationaldenkmal erklärt, kam das Schiff nach Deptford. Es sollte dort konserviert und in einer Ehrenhalle ausgestellt werden, verrottete jedoch und wurde 1662 abgewrackt.
**Neuerungen:**
für die Seefahrt allgemein:
· der gegenüber der Karacke schlankere, niedrigere Rumpf
· die Galion, eine schnabelartige Verlängerung am Bug
zunächst nur für die englische Seefahrt:
· das Kriegsschiff als eigener Schiffstyp
· Kanonen hinter Geschützpforten unter Deck
· Artilleriekampf auf Distanz statt Entern des Gegners
· Schiff nach Bauplan gebaut
· die Kuhl, ein offener Ladeschacht mittschiffs; diente den Matrosen als windgeschützter Treffpunkt

## BIOGRAPHIE

**Sir Francis Drake** wird um 1543 als ältestes von zwölf Geschwistern auf der kleinen Farm seiner Eltern in Devon geboren. Mit 14 geht er als Schiffsjunge zur See. John Hawkins, ein Vetter Drakes und einer der besten Kapitäne Englands, nimmt den Jungen in die Lehre. Bereits 1567 wird er zum Kapitän ernannt, kapert bald als Freibeuter der Queen spanische Schiffe und legt damit 1572 deren Karibikhandel lahm. Die Beute macht ihn zum Multimillionär. Nach seiner Weltumseglung (1577–80) wird er von der Queen geadelt, auf seinem Wappen steht: »Sic Parvis Magna«, vom Kleinen zum Großen. Als Vize-Admiral ist er 1588 an der siegreichen Schlacht gegen die spanische Armada beteiligt. Am 28. Januar 1596 stirbt El Dragón – der Drache, wie ihn seine Feinde nannten – in der Karibik an der Ruhr. Sein Leichnam wird in einem Bleisarg versenkt. Im gesamten spanischen Reich läuteten zur Feier seines Todes die Freudenglocken. Die Briten leiten ihre Marinetradition und Seegeltung von seinen Taten her.

## AUF DEN PUNKT GEBRACHT

Die Golden Hinde gehört zum Gründungsmythos des britischen Empire. Sie hatte etwas Unbeschreibliches, Unvergleichliches. Sie war wie ein Lebewesen und soll sogar gelächelt haben. Ihr Taufnahme war Pelican – so sah sie aus, so war ihre Seele.

## EMPFEHLUNGEN

**Lesenswert:**
John Hampden (Hg.): *Sir Francis Drake. Pirat im Dienste der Queen. Berichte, Dokumente und Zeugnisse des Seehelden und seiner Zeitgenossen 1567–1596*, Stuttgart 1997

Wolf-Ulrich Cropp: *Goldrausch in der Karibik*, Bielefeld 2000

Hendrik Busmann: *Sovereign of the Seas*. Schriften des Deutschen Schifffahrtsmuseums, Bd. 54, Hamburg 2003

**Sehenswert:**
*Der Herr der sieben Meere (The Sea Hawk)*. Regie: Michael Curtiz; mit Errol Flynn. USA 1940

**Besuchenswert:**
Sir Fancis Drake Museum in Drakes Wohnhaus, Buckland Abbey, Devonshire, England

Modell (1 : 50) im Deutschen Technikmuseum, Berlin

Nachbauten der Golden Hinde im St. Mary Overie Dock, London (lief 1973 vom Stapel und umsegelte die Welt)

**Anklickenswert:**
www.goldenhinde.co.uk

# Mayflower

## *Das Schiff der Pilgerväter*

1957 hat ein originalgetreuer Nachbau der Mayflower unter Kapitän Alan Villiers den Atlantik überquert. »Solch ein Schwanken hatte noch keiner von uns erlebt, weder auf Weltkrieg-II-Zerstörern, U-Booten, Landungsprähmen, Kap-Horn-Klippern noch auf kleinen Segeljachten. Die Mayflower rollte, sie schlingerte, sie stampfte und sie bockte, es war ein wirres Geflecht vollkommen unvorhersagbarer Verzweiflungszuckungen, von denen jede definitiv zu sagen schien, sie sei die allerletzte. Sogar einige unserer alten Kap-Horn-Segler litten mehrere Tage unter schwerster Seekrankheit.«

■ Die Mayflower auf hoher See. Im Herbst 1620 gelangten die ersten »Pilgrim Fathers« an Bord des wenig hochseetauglichen Schiffes nach Neuengland in Amerika. Stahlstich von John Marshall d. Ä., um 1850

Soweit der Bericht des erfahrenen Experimental-Seglers. Wie aber wird sich im Spätherbst 1620 die Mutter des an Bord der Original-Mayflower geborenen, auf den Namen Oceanus Hopkins getauften Babys gefühlt haben? 67 Tage dauerte die Überfahrt. Es war kalt, Oktober, November; und sie lag im unbeheizten Laderaum auf feuchtem Stroh. Es stank nach Erbrochenem und Exkrementen, und wenn die Schiffsbewegungen zu stark wurden, musste aus Sicherheitsgründen das Kombüsenfeuer gelöscht werden. So blieb das Essen, fettes gepökeltes Schweinefleisch, meistens kalt. Bis ins 19. Jahrhundert hinein waren die Verhältnisse auch auf anderen Auswandererschiffen nicht weniger beengt und unwirtlich als auf diesem.

Doch die Mayflower war nicht nur klein – kaum größer als Magellans Victoria oder Drakes Golden Hinde. Sie war auch eine Fehlkonstruktion: nicht mehr Karacke, aber noch keine voll entwickelte Galeone. Wie bei Hunderten anderer Standardschiffe jener Zeit standen Länge und Breite schon in dem für Galeonen typischen Verhältnis von 4:1; unverändert geblieben waren jedoch die von der Karacke bekannten, unproportioniert hohen Kastelle. Beides zusammen jedoch funktionierte nicht, das hatten 1588 die wenig wendigen Schiffe der spanischen Armada gezeigt. Die enormen Kastelle brauchten einen bauchigen Rumpf, der sie trug. Schlanke Schiffe mit hohen Aufbauten und einem entsprechend hoch gelegenen Schwerpunkt waren schlicht gefährlich. Doch erst im 17. Jahrhundert, nach dem tragischen Untergang des schwedischen Flaggschiffs Vasa (s. S. 96), begannen die kontinentaleuropäischen Schiffbauer umzudenken. Einzig die britische Marine ließ bereits früher niedrige Galeonen bauen (s. S. 84). Zudem war die Mayflower auch kein Hochseeschiff, sondern bis zu ihrer legendären Überfahrt im regelmäßigen Küsten-Frachtverkehr unterwegs: zwischen Südengland und französischen Häfen wie La Rochelle, Nantes oder Bordeaux. Sie brachte Felle und Wolle auf den Kontinent und nahm meist Wein und Brandy mit auf die Insel. Aber das konstruktive Handikap wird sich auch in Küstengewässern bemerkbar gemacht haben.

■ Szenenphoto mit Spencer Tracy als »Pilgrim Father« in dem Film *Schiff ohne Heimat* von 1952. Auf der Reise in die Neue Welt mussten die Siedler erhebliche Strapazen aushalten.

Vielleicht lag es am Schnaps, dass sich Christopher Jones, Kapitän und Miteigner der Mayflower, auf eine Fahrt über den Atlantik einließ. Doch können seine seefahrerischen Kenntnisse insgesamt nicht sehr groß gewesen sein, denn die Mayflower landete nicht am Zielort in Virginia, sondern fünfhundert Kilometer weiter nördlich in der Nähe von Boston.

Vom englischen Plymouth aus stach die Mayflower am 6. September 1620 in See, gechartert von jenen religiösen Eiferern, die als »Pilgrim Fathers« in die Geschichte eingingen und zu einem Gründungsmythos der USA wurden. An Bord des Schiffs waren 102 Passagiere, Männer, Frauen und Kinder. In letzter Minute hatte man beschlossen, das zweite gecharterte Schiff, die wrackreife Speedwell, zurückzulassen. Zwanzig Auswanderer der Speedwell verließ der Mut, der Rest stieg um auf die Mayflower.

Kapitän Jones wählte die riskante Route direkt über den Nordatlantik, angesichts der zu erwartenden Oktober- und Novemberstürme eine unverständliche Entscheidung. Die Mayflower brauchte 67 Tage, genau so lange wie 128 Jahre zuvor die Santa Maria des Christoph Kolumbus.

Auswanderer aus Europa konnten froh sein, wenn sie die Reise über den Atlantik überhaupt überlebten. Im Sommer 1847 lagen im Sankt-Lorenz-Strom vierzig Schiffe unter Quarantäne: Viele der 13 000 Passagiere waren an Typhus erkrankt. Qualvolle Enge, Bettzeug voller Ungeziefer, faulende Lebensmittel, glitschiger Unrat, Verwesungsgeruch – die Verhältnisse unter Deck sind für uns kaum vorstellbar.

■ Nachdem sie mit der Mayflower sicher an der Küste von Massachusetts gelandet sind, danken die »Pilgrim Fathers« Gott, dass alle Passagiere die Überfahrt überlebt haben. Holzstich nach einem Gemälde von 1864

Mit dem Nachbau Mayflower II schaffte Kapitän Alan Villiers die Überfahrt in 54 Tagen, und dabei hatte er die 1000 Seemeilen längere, aber übliche Route über die Kanarischen Inseln genommen. Von dort bläst der warme und stets gleichmäßige Passatwind ein Segelschiff direkt über den Atlantik. Wenn wir lesen, wie Villiers seine Überfahrt auf diesem Schön-Wetter-Kurs beschrieben hat, dann wird noch unvorstellbarer, was die Auswanderer von 1620 auf dem rauen Nordatlantik zu erleiden hatten. Aber alle Passagiere haben die gefährliche Überfahrt auf dem Albtraumschiff Mayflower überlebt. Und nach der Ankunft des Schiffes erblickten zwei weitere Babys das Licht der Neuen Welt. Gleichzeitig aber, eine Ironie der Geschichte, begann auf dem sicheren Boden das Sterben. Obwohl die einheimischen Indianer die Siedler mit Lebensmitteln versorgten, überstand die Hälfte der Neuankömmlinge den Winter nicht.

Die Mayflower rollte und stampfte im April 1621 nach England zurück. Kapitän Jones starb ein Jahr später, nach einem Besuch in einem Pub an der Themse, der heute Mayflower Inn heißt. Die letzten Planken der abgewrackten Mayflower soll ein Bauer in Buckinghamshire für seine Scheune benutzt haben.

Mythen und Irrtümer winden sich um die Mayflower. Deren Passagiere, erst später Pilgerväter genannt, waren intolerante Eiferer, die im gelobten Land Amerika unbeeinflusst von der opulent barocken Welt Europas, ohne eine weltliche Regierung über sich, in völliger Abgeschiedenheit leben wollten. In England war »Puritaner« ein Schimpfwort; in Amerika wurden die »Pilgrim Fathers« zu einem Element des Gründungsmythos'. Das mag damit zusammenhängen, dass sie auf der völligen Autonomie ihrer Gemeinde bestanden.

# MAYFLOWER

## DATEN UND FAKTEN

**Baujahr:** Entweder um 1590 in Frankreich (dafür spricht die Konstruktion des Schiffs); oder nach 1600 im englischen Leigh. Erste offizielle Erwähnung 1606 in den Listen des Londoner Hafens. Heimathafen: wahrscheinlich Southampton.
**Typ:** offiziell als Galeone geführt, tatsächlich eine Kombination aus Karacke und Galeone
**Ladefähigkeit:** 180 t
**Maße:** Länge: Wasserlinie 24,2 m; Rumpf 27,4 m; mit Galion 32 m; mit Bugspriet 40 m; Breite: 7,92 m; Seitenhöhe: 5,5 m; Tiefgang: 3,4–4 m
**Besegelung:** 3 Masten, zwei Rahsegel an Fock- und Großmast, Lateinersegel am Besanmast; am Bugspriet eine Blinde; Gesamtsegelfläche 470 qm
**Besatzung:** etwa 25 Mann. Kapitän: Christopher Jones
**Bewaffnung:** möglicherweise 10 Kanonen
**Ladung:** beim Auslaufen 102 Passagiere
**Verbleib:** Nach der Rückreise hat die Mayflower den regelmäßigen Frachtverkehr, Küstenfahrten zwischen England und Frankreich, wohl wieder aufgenommen. Zuletzt erwähnt in einem 1624 in Rotherhite an der Themse erstellten Gutachten, das ihren Wert auf 128 Pfund festsetzt (etwa 20 000 Euro). Ob sie danach abgewrackt wurde, ist unbekannt.

## WISSENSWERTES

**Die Pilgrim-Fathers und die »great migration«:** Auch wenn die Mayflower-Kolonie in Plymouth zu einem Teil des amerikanischen Gründungsmythos' wurde, einen wirklichen Einfluss auf die Entwicklung des späteren Massachusetts und der Vereinigten Staaten hatte sie nicht; sie geriet bald vollständig unter die Verwaltung der Massachusetts Bay Company, einer mächtigen Kapitalgesellschaft mit Zentrum in Boston. Zwischen 1620 und 1642, in der Zeit der *great migration*, wanderten rund 58 000 Engländer nach Amerika aus. Dort war die Lebenserwartung, hatte man erst Fuß gefasst, deutlich höher als in Europa. Den größten Zulauf hatte die bereits 1606 gegründete Kolonie in der Chesapeake-Bay, wo die Mayflower-Passagiere eigentlich landen wollten.

## EMPFEHLUNGEN

**Lesenswert:**
Delores B. Carpenter u.a. (Hg.): *Land Ho! 1620, a Seaman's Story of the Mayflower, her Construction, her Navigation and her first Landfall*, Michigan 1997

Alan J. Villiers: *The New Mayflower*, New York 1958

Claudia Schnurmann: *Europa trifft Amerika*, Frankfurt/M. 1998

Matthew Kneale: *Englische Passagiere*, Stuttgart–München 2000

Andrea Barrett: *Schiffsfieber*, München 2000

**Sehenswert:**
*Schiff ohne Heimat (Plymouth Adventure)*. Regie: Clarence Brown; mit Spencer Tracy und Gene Tierney. USA 1952

**Besuchenswert:**
Nachbau der Mayflower (Kapitän Villiers' Mayflower II) und Pilgrim Hall Museum, das älteste Museum der USA, in Plymouth, Massachusetts

Mayflower Inn, Rotherhithe Street, London. Der Pub, vor dem die Mayflower an der Themse anlegte und nach dessen Besuch Kapitän Jones starb

**Anklickenswert:**
www.pilgrimhall.org

## AUF DEN PUNKT GEBRACHT

Wie die meisten Handelsschiffe ihrer Zeit war die Mayflower für Mannschaft und Passagiere ein Albtraumschiff: so hochseetüchtig wie eine Gummiente in der Badewanne. Aber sie überstand die Strapazen und ist so etwas wir die Arche Noah der amerikanischen Geschichte.

# Vasa
## Untergang auf der Jungfernfahrt

10. August 1628, ein wundervoller, sonniger Nachmittag in Stockholm. Einige tausend stolzer Schweden flanieren auf den Uferpromenaden, die Glocken der Kirche von Storkyrkan verklingen, und alles wartet gespannt darauf, dass das neue Flaggschiff der schwedischen Flotte zu seiner Jungfernfahrt aufbricht. Die Vasa, benannt nach der Ährengarbe im Wappen des schwedischen Königshauses, ist das prächtigste Schiff, das Schweden je gesehen hatte. Die vergoldete Galionsfigur, ein zum Sprung geduckter Löwe – er allein zwei Tonnen schwer – funkelt und spiegelt sich im Wasser. Vom Ufer aus gesehen scheinen die 500 geschnitzten Holzfiguren zu tanzen: Wassernixen, flötenspielende Mädchen, Krieger, Drachen und Höllenhunde. Ausgelassene Stimmung herrscht an Bord; die Seeleute hatten ausnahmsweise ihre Frauen und Kinder mitbringen dürfen; schließlich soll die Fahrt nur zum zehn Seemeilen entfernten Vaxholm führen.

Kapitän Söfring Hansson gibt Befehl, den Anker zu lichten. Zwei Salutschüsse aus den schweren 24-Pfündern donnern über das Wasser, und unter Hurrageschrei schüttelt die Vasa ihre Segel aus, zwei Toppsegel, dann die Vorsegel. Langsam nimmt sie Fahrt auf. Plötzlich, bei den Söderhöhen, lässt ein Windstoß das Schiff erzittern. Ein zweiter Windstoß drückt es in Schieflage. Kapitän Hansson erkennt die Gefahr, will den Winddruck reduzieren, brüllt den Befehl durch sein Sprachrohr, die Segel loszulassen. Doch die neuen Hanfleinen waren noch steif, sie liefen nicht von alleine, und der Wind hatte sofort wieder nachgelassen. Aber noch bevor die Matrosen von Hand eingreifen können, wird die Vasa von einer dritten Böe erfasst und vollends auf die Seite gedrückt. Wasser dringt durch die Geschützpforten. Und Minuten später ist der Stolz der schwedischen

■ Modell der Vasa

■ Nach ihrer Bergung im Jahre 1961 lag die Vasa im Hafen von Stockholm. Der vollständig restaurierte Dreimaster steht heute im Vasa-Museum in der schwedischen Hauptstadt.

Flotte gesunken. Nur noch eine Mastspitze ragt aus dem 32 Meter tiefen Wasser. Fünfzig Menschen sind ertrunken.

Die Vasa war nicht nur eines der prächtigsten Segelschiffe, sie war auch eine der gravierendsten Fehlkonstruktionen der Schiffbaugeschichte. Sie war sehr schmal und dafür zu hoch, ein Zwitter aus Karacke und Galeone – wie die Mayflower (s. S. 92) auch, nur viel größer als diese.

Ein Prozess sollte die Ursachen des Untergangs klären. In den Verhandlungen stellte sich heraus, dass der ursprüngliche Bauplan auf Anordnung des Königs geändert worden war. Der Rumpf war dadurch so schmal geworden, dass die nötigen 400 Tonnen Ballast, die dem Schiff Stabilität geben sollten, nicht geladen werden konnten. Schon Wochen vor der Katastrophe hatte Kapitän Hansson einen der üblichen Tests unternommen. Er ließ die Matrosen auf Deck rasch von einer Seite zur anderen laufen. Dabei hatten sie das Schiff derartig ins Schaukeln gebracht, dass Hansson sich entschloss, Admiral Flemming davon zu berichten. Bedenklich, aber nicht unbedingt ausschlaggebend für den Untergang, waren

■ Der schwedische König Gustav Adolf II.

Die Hauptschuld am Verlust der Vasa trug der König selbst. Gustav Adolf II. hatte die Baupläne des erfahrenen, 1627 gestorbenen Konstrukteurs Henrik Hybertson de Groot aus Holland verpfuscht. Auch in Schweden gab es hervorragende Schiffbauer. Allerdings hatte der König vier der besten in den Tod geschickt, weil sie ihren lange ausstehenden Lohn gefordert hatten. Das sechsmalige Spießrutenlaufen durch eine Gasse von 260 Mann haben sie nicht überlebt.

■ Galionsfigur der Vasa: ein großer, vorwärts springender Löwe, der ursprünglich in goldenem Glanz erstrahlte

die Geschützluken, die nur 1,20 Meter über der Wasseroberfläche lagen. Das war nicht ungefährlich, doch konnten die Geschützpforten, wenn nötig, wasserdicht geschlossen werden. Wenn das allerdings nicht rechtzeitig geschah, konnte dies, wie 1545 bei der Mary Rose, zum Untergang führen. Die Vasa wäre, trotz ihrer Schieflage, wohl nicht gesunken, wäre Kapitän Hansson nicht mit ausgefahrenen Kanonen losgesegelt. Doch an jenem Tag des Stolzes und des Prunks sollte man die achtundvierzig Mündungen der glänzenden Bronzekanonen aus den Bordwänden ragen sehen und natürlich auch die achtundvierzig goldenen Löwen auf scharlachrotem Grund, mit denen die Innenseiten der Stückpforten verziert waren. Außerdem herrschte bestes Segelwetter. Hatte Hansson mit dem Verlauf der Geschehnisse überhaupt rechnen können? Der Kriegsgerichtsprozess endete ohne Verurteilung; die Schuld lag eindeutig bei den Änderungen der Konstruktion, und die hatte der König vornehmen lassen.

Die Akten und Gesprächsprotokolle sind bis heute erhalten. Die Unglücksstelle selbst geriet in Vergessenheit, so traumatisch war der Verlust dieses Schiffes gewesen. Doch einer wollte es unbedingt wiederfinden: der Hobby-Archäologe Anders Franzén. Die Seeleute hatten sich an den Anblick des Mannes gewöhnt, der seit 1953 allerhand Gerümpel, Damenfahrräder, Autoreifen, tote Katzen aus dem Wasser fischte. Auch im August 1956 dümpelte das kleine Motorboot im Stockholmer Hafen. Franzén war unruhig, die Zeit drängte, Teile des Hafens sollten verfüllt werden. So hatte er ausnahmsweise einen Taucher engagiert. Offenbar wiederum vergeblich. Doch als Franzén enttäuscht über Telefon die Anweisung gab, die Suche abzubrechen, antwortete der Taucher Per Edvin Fälting: »Noch eine Minute!«

Die Vasa war gefunden. Am 24. April 1961 um 9.03 Uhr gelangte sie, von Schwimmkränen gehoben, wieder an die Wasseroberfläche. Als Archäologen das Wrack später untersuchten, stellten sie fest, dass sich im Rumpf tatsächlich nur 150 Tonnen Ballast befanden. Die 400 Tonnen, die, wie im Prozess von 1620 festgestellt, notwendig gewesen wären, hätten im schmalen Rumpf gar keinen Platz gehabt. Auch Kapitän Hansson war das klar. Doch was hätte er tun können? Den königlichen Befehl verweigern und nicht auslaufen? Die Strafe dafür wäre »Kielholen« gewesen.

Im Frühjahr 1628, nur wenige Monate vor der Katastrophe, hatte der dreißigjährige Krieg die Ostsee erreicht. Wallenstein wollte mit seinen Truppen alle wichtigen Ostseehäfen einnehmen und dort eigene Flottenbasen schaffen; sein Ziel war eine See- und Handelsblockade des Gegners Schweden. Der Verlust der Vasa traf das Land also in einer denkbar ungünstigen Situation.

# VASA

## DATEN UND FAKTEN

**Baujahr**: 1626–28; Kosten: 100 000 schwedische Reichstaler
**Typ**: Kriegsschiff mit drei Geschützdecks; offiziell eine Galeone, tatsächlich eine Kombination aus Karacke und Galeone
**Wasserverdrängung**: 1210 t
**Maße**: Länge: Wasserlinie 47,5 m, mit Galion 61 m, mit Bugspriet 69 m; Breite: 11,7 m; Höhe: Heckkastell 19,3 m, vom Kiel zum Topp des Großmastes 52,5 m; Tiefgang: 4,8 m
**Ladefähigkeit**: ca. 600 t
**Besegelung**: 3 Masten, drei Rahsegel an Fock- und Großmast, zwei Rahsegel und Lateinersegel am Besanmast; am Bugspriet eine Blinde und ein kleines Rahsegel, Gesamtsegelfläche 1275 qm. Sechs der Originalsegel wurden restauriert und sind damit die ältesten erhaltenen Segel der Geschichte.
**Besatzung**: geplant 145 Seeleute und 300 Seesoldaten und Kanoniere
**Bewaffnung**: 64 Bronzekanonen (achtundvierzig 24-Pfünder, acht 3-Pfünder, zwei 1-Pfünder, sechs Mörser)
**Baumaterial**: komplett Eiche. Da es in der Ostsee wegen des geringen Salzgehaltes keine Schiffsbohrwürmer gab – erst 1982 drangen dort Entenmuscheln ein – ist das Holz erhalten und hat nach über 330 Jahren noch immer 60 Prozent seiner Festigkeit.
**Verbleib**: Nach ihrer Hebung wurde die Vasa bis 1988 restauriert; sie steht heute im 1990 eröffneten Vasa-Museum. Auch viele der 20 000 gefunden Ausrüstungsgegenstände sind dort zu sehen.

**Neuerungen**: Die Vasa war eher ein Anachronismus. Seit Heinrich VIII., also bereits seit 100 Jahren, wurden in Europa Kriegsschiffe von der Größe der Vasa gebaut. Kurzzeitig baute man diese Schiffe sogar mit vier Masten, ging davon aber schnell wieder ab, weil dies nicht den gewünschten Effekt erzielte. Allerdings erhielten große Kriegsschiffe oft noch ein viertes Segel oben an der Mastspitze, das Royal-Segel.
**Schreibweise**: Vasa oder Wasa? Im 17. Jh. existierten beide Schreibweisen. Im 20. Jh. entschied das schwedische Sprachkomitee, alle »W«-Laute mit einem »V« zu schreiben, mit Ausnahme von Eigennamen. Wie Schiffsnamen zu schreiben waren, blieb strittig, bis sich das Vasa-Museum 1989 endgültig auf das »V« festlegte.

## WISSENSWERTES

**Linienschiff:** Die Bezeichnung stammt aus England (ship of the line), bezeichnet später international das Hauptkampfschiff eines Verbandes. Anders als häufig angenommen, hat die Bezeichnung ihren Ursprung nicht nur in der taktischen Formation, in der Schiffe in langer Reihe hintereinander fahren. Abgeleitet wurde er ursprünglich von den besonders scharfen Markierungs-Linien, die englische Schiffbauer mit ihren »racing knifes« auf dem Bauholz gezogen haben.

## EMPFEHLUNGEN

**Lesenswert:**

Günter Lanitzki: *Die Vasa*, Hamburg 1993

Hans Soop: *Kriegsschiff Vasa*, Oldenburg 1978

Hendrik Busmann: *Sovereign of the Seas*, Schriften des Deutschen Schifffahrtsmuseums, Bd. 54, Hamburg 2003

*Schifffahrt und Kunst aus Schweden*, Katalog, Hamburg 1998

Gabriele Hoffmann: *Schätze unter Wasser*, Hamburg 2001

Christoph Neidhart: *Ostsee. Das Meer in unserer Mitte*, Hamburg 2003

**Besuchenswert:**

Das Original im Vasa-Museum, Stockholm

Modell (1 : 25) im Deutschen Technikmuseum, Berlin

Das restaurierte Wrack der Mary Rose (1511–1545) im Mary Rose Museum, Portsmouth, England

**Anklickenswert:**

www.vasamuseet.se

## AUF DEN PUNKT GEBRACHT

Die Vasa hält einen traurigen Rekord: Kein Schiff der Zeit war so prunkvoll und mächtig, und keines ist so kurz nach dem Stapellauf gesunken – eine schwedische Titanic, ein Symbol für Größenwahn und Realitätsverlust.

# Batavia

## *Unheilvolle Fahrt eines Ostindienseglers*

In Walters Art Gallery in Baltimore steht ein großer Weinkrug, der im 7. Jahrhundert für den byzantinischen Kaiser aus einem einzigen, milchweiß-honigfarbenen Achatblock gefertigt wurde. Beunruhigend-rätselhaft das Grinsen der beiden in den Achat geschnittenen Dämonenköpfe, denen die effektvolle Beleuchtung ein eigenes Leben verleiht. Was wissen die beiden, was verbirgt sich hinter ihrem dämonischen Blick?

Der Weinkrug ist weit herumgekommen. 1628 befand er sich an Bord der Batavia. Der holländische Ostindien-Segler war das neueste, mit Abstand sicherste Fracht- und Passagierschiff, das Europa seinerzeit zu bieten hatte; stabil, schlank und schnell, von den besten Handwerkern aus abgelagertem Eichenholz gebaut, der Rumpf verstärkt und doppelt beplankt, etwa so groß wie die Vasa, aber anders als diese ein perfekt konstruiertes Schiff. Die äußerst seetüchtige Galeone wurde zum Vorbild für den Schiffbau der nächsten zweihundert Jahre.

Mit ihrer Bewaffnung und wegen der mitreisenden Soldaten galt die Batavia als sicheres Schiff. Wer kostbare Handelsware zu verschiffen hatte, konnte sie getrost an Bord des neuen Flaggschiffs der mächtig gewordenen Handelsnation bringen. Unter der hol-

■ Flotte der niederländischen Ostindischen Kompanie. Mit deren Gründung schlossen sich niederländische Kaufleute für einen äußerst risikoreichen, aber auch höchste Profite versprechenden Seehandel in Asien zusammen. Gemälde von Ludolf Backhuysen, 1675

ländischen Flagge segelte die damals weltgrößte Flotte. Nicht nur das Schiff, auch der Kapitän war zuverlässig: In einer Rekordzeit von nur sieben Monaten hatte er sein letztes Schiff von Indonesien nach Amsterdam geführt.

■ Nachbau der Batavia, der in der Bataviawerft, im niederländischen Lelystad gebaut wurde und 1995 vom Stapel lief

Als die Batavia im Oktober 1628 den Hafen von Amsterdam zu ihrer Jungfernfahrt nach Batavia verließ, betrug der Wert ihrer Ladung 300 000 Gulden (rund 40 Millionen Euro): zwölf Kisten mit Silbermünzen und Golddukaten, Wasserkrug und Schüssel aus gediegenen Gold sowie silberne Bettpfosten, die an einen indischen Herrscher verkauft werden sollten; in einer anderen Kiste verpackt eine Achatkamee, ebenfalls byzantinisch und noch wertvoller als der Weinkrug. Der geschnittene Edelstein zeigt das Kaiserpaar auf einem von Zentauren gezogenen, von Engeln begleiteten Triumphwagen – befindet sich heute im Königlichen Münzkabinett in Den Haag. Dazu der Weinkrug, den der Maler Peter Paul Rubens dem Schiff anvertraut hatte. Auch für ihn sollte der Kommandant der Batavia einen Sultan oder Mogul als Käufer finden. Schon in Amsterdam hatte das Sammlerstück einen Wert von 60 000 Gulden (nach heutiger Kaufkraft 9 Millionen Euro), aber auf dem asiatischen Markt versprach sich Rubens noch sechzig bis siebzig Prozent mehr.

Die Fahrt verlief planmäßig, doch es war eng an Bord. Immerhin sollten 332 Menschen fast ein dreiviertel Jahr lang auf engstem Raum miteinander auskommen: 138 Passagiere, dazu Soldaten, Offiziere, Besatzung. Standesunterschiede, Privilegien, ungleich

1568 hatten die Niederlande gegen die spanische Kolonialherrschaft aufbegehrt, bereits 1595 fuhren die ersten niederländischen Schiffe zu den Gewürzinseln. Unter Führung der finanzgewaltigen, 1602 gegründeten Vereinigten Ostindischen Kompanie drängten die Niederlande die alten Mächte Spanien und Portugal vollständig aus dem Ostindienhandel. Eine neue Kolonialmacht war geboren. Für die Einheimischen war dies kein Vorteil: Die neuen Herren regierten mit ähnlich brutaler Hand wie ihre Vorgänger. Von der heute sprichwörtlichen Toleranz der Holländer war um 1629 nichts zu spüren.

■ Werft der Ostindischen Kompanie in Amsterdam. Kupferstich, 1694

verteilter Reichtum konnten nicht verborgen bleiben. Die jüngeren Offiziere teilten sich zu dritt eine Koje, die sie in ihrem Logis wie eine Schublade unter einer Bank hervorzogen. Dafür aber waren Türen und Wände der Offiziersmesse bemalt und vergoldet; auf der schwarzen, mit ebenfalls vergoldeten Säulen geschmückten Anrichte stand eine Kristallkaraffe, feierlich und vornehm wie in Amsterdams Handelshäusern, und durch verglaste Panoramafenster flutete Licht herein. Unter Deck freilich, bei den Kabinenstewards und dreißig Schiffsjungen, war es duster; die Jungen zwischen acht und sechzehn, aus Amsterdamer Waisenhäusern rekrutiert, aßen zu sechst aus einer Holzschüssel. Nur sieben von ihnen sollten die Reise überleben.

Hinter dem Kap der Guten Hoffnung verlor die Batavia in einem Sturm die sieben anderen Schiffe ihres Konvois. Sie durchquerte allein den Indischen Ozean, in quälender Hitze. Die Soldaten soffen Wein; wer nicht zu den Privilegierten gehörte, konnte sich nicht einmal an Wasser satt trinken. Es gab Zwieback aus mit Gips verschlossenen Fässern. Wer den nicht zahlen konnte, musste mit dem einfachen vorlieb nehmen und erst minutenlang die Maden herausklopfen. Das minderwertige Pökelfleisch für die Schiffsjungen war so hart, dass sie daraus Figuren schnitzten.

Doch die Batavia pflügte unbeirrt die Wellen; ihr Ziel war die gleichnamige Stadt, das heutige Djakarta. Es blieb ungewöhnlich heiß. Die Atmosphäre zwischen Arian Jacobs, dem Kapitän der

Batavia, und Francisco Pelzert, dem Flotten-Kommandeur, war äußerst aufgeladen.

Auch die Vorgeschichte des späteren Geschehens ist in den Gerichtsprotokollen festgehalten und kann heute im Königlichen Reichsarchiv in Den Haag nachgelesen werden. Allerdings wurden viele Aussagen und Geständnisse unter schwerer Folter gemacht, was ihre Glaubwürdigkeit einschränkt. Es soll aber bereits vor dem Unglück eine Verschwörung an Bord gegeben haben: Eine kleine kriminelle Gruppe wollte sich in den Besitz des Schiffes und seiner Schätze zu bringen.

Sicher ist, dass die Batavia am 4. Juni 1629, zwei Stunden vor Tagesanbruch, auf ein Riff lief. Kapitän Jacobs sagte später aus, er sei an Deck gewesen und habe weiße Brandungsgischt gesehen, der Ausguck jedoch meldete nur Mondlicht auf dem Wasser. Die Wassertiefe war nicht kontrolliert worden, die Lotleine befand sich gar nicht an Deck, sondern in der Kabine des Obersteuermanns. Der Ort des Unglücks, 28°30' Süd, 113°47' Ost, lag nicht vor Indonesien, sondern rund 1000 Seemeilen weiter südlich: Die Batavia war vor der australischen Westküste auf ein Riff der Abrolhos-Inseln gelaufen. Die vor Gericht geäußerten Vermutungen, Kapitän Jacobs habe das Schiff absichtlich an einen einsamen Ort führen wollen, um dort mit den Verschwörern gemeinsame Sache zu machen und die Passagiere an der australischen Küste auszusetzen, zeugt nicht von praktischen Kenntnissen. Denn die holländischen Kapitäne hatten die grundsätzliche Anweisung, der günstigen Winde wegen den Indischen Ozean weit im Süden zu durchqueren und erst vor der australischen Küste hart nach Norden zu schwenken.

■ Galionsfigur der Batavia-Rekonstruktion

Vierzig Menschen ertranken, die 292 Überlebenden wurden auf zwei kleine Inseln gebracht. Ein Teil der Lebensmittel konnte geborgen werden. In einem zweimastigen Beiboot macht sich Kommandant Pelzert mit 46 Mann und dem verhafteten Kapitän auf den 1000 Seemeilen weiten Weg nach Indonesien, um Hilfe zu holen. Für die 244 Zurückgebliebenen beginnt ein Albtraum. Es mangelt an Wasser, und manche der Schiffbrüchigen

■ Die Geschichte um das Terrorregime der Batavia-Überlebenden auf einer Südseeinsel inspirierte William Golding zu seinem Roman *Der Herr der Fliegen*. Szenenphoto aus dem gleichnamigen Film von Harry Hooks, 1990

müssen ihren eigenen Urin trinken. Schlimmer ist, dass Nacht für Nacht Menschen verschwinden. Eine kleine Gruppe – ein Frachtmeister sowie einfache Soldaten und Matrosen, die sich »die Erwählten« nennen – bringt auf der Hauptinsel nach und nach alle »überflüssigen Esser« um: 124 Menschen, darunter fast alle Kinder und dreiundzwanzig Schiffsjungen. Die Gruppe der vierundzwanzig Erwählten inszeniert ihre Gewaltherrschaft: Sie setzen Verträge auf, lassen sich aus Seide, Spitze und Brokat, die die Batavia geladen hatte, königliche Gewänder schneidern; es kommt zu Vergewaltigungen, zuvor jedoch wird das Bordellzelt feierlich eingeweiht. Die Täter fühlen sich sicher; sie glauben nicht an Kommandant Pelzerts Rückkehr, andernfalls wollen sie ihn umbringen und sich des Schiffs bemächtigen. Doch Pelzert, der am 7. Juli auf dem Rettungsschiff Frederick Hendrick die Inseln erreicht, wird von Überlebenden gewarnt. Sieben der Erwählten werden gleich vor Ort gehenkt. Als Pelzert am 5. Dezember 1629 die Insel verlässt, nimmt er vierundsiebzig Überlebende, elf geborgene Geldkisten, die Achatkamee und Rubens' Weinkrug mit an Bord.

Brutalität, Vergewaltigung von Schiffsjungen, Peitschenhiebe und Meuterei, Piraterie und Kannibalismus – zur christlichen Seefahrt gehören Horrorgeschichten. Manchmal kam es noch schlimmer, so nach der Havarie der Batavia, aber auch 1816 nach dem Untergang der französischen Fregatte La Méduse. 150 Männer und Frauen trieben auf einem langsam sinkenden Floß (18 Meter mal 6,5 Meter groß) vor der afrikanischen Küste. Es kam zu Mordexzessen, in zwei Tagen starben fünfundsechzig Menschen. Verfeindete Lager belauerten sich wie Tiere, nach fünf Tagen lebten noch dreißig Schiffbrüchige. Nach fünfzehn Tagen Albtraum wurden fünfzehn Überlebende gerettet.

# BATAVIA

## DATEN UND FAKTEN

**Baujahr**: 1628
**Heimathafen**: Amsterdam
**Typ**: Galeone
**Ladefähigkeit**: 550 t
**Wasserverdrängung:** 1200 t
**Maße**: Länge: Wasserlinie 45 m, mit Bugspriet 56,60 m; Breite: 10,5 m; Tiefgang: 5,1 m; Höhe: vom Kiel zum Topp des Großmastes 55 m
**Beseglung:** 3 Masten, je drei Rahsegel an Fock- und Großmast, ein Rahsegel und ein Lateinersegel am Besanmast; am Bugspriet Blinde und kleines Rahsegel; Gesamtsegelfläche 1180 qm, Gesamtlänge der Takelage 21 km
**Besatzung**: 194 Seeleute, Personal (darunter dreißig Schiffsjungen), Soldaten. An Bord waren zwei Deutsche: der Soldat Hans Fredericks und der Lehrersohn Jan Hendrich. Monatssold: 10 Gulden
**Bewaffnung**: 21–24 gusseiserne, 8 bronzene Kanonen
**Ladung**: Kunstschätze im Wert von ca. 40 Millionen Euro. Stückgut: Material für die Reparaturwerft in Batavia, Eichenholz-Planken vom Rhein und Masten aus Norwegen. Als Ballast Sandsteinquader, die der holländische Gouverneur Coen für das neue Portal der Festung Batavia bestellt hatte. Luxusgüter: kostbare Wollstoffe, Spitzen, Seidenstrümpfe, Samt, Strumpfbänder, hohe spanische Hüte aus Flandern, goldene Litzen, Schuhe mit roten Absätzen aus Frankreich. Mit Zinndeckeln verschraubte Steingutkrüge mit Quecksilber, das man im Bergbau, für Vergoldungen und Spiegel und als Medizin gegen die Syphilis benutzte. Fässchen mit Cochenille, einem Farbstoff, gewonnen aus Abermillionen von Schildläusen, den Inder und Chinesen gerne verwendeten.
**Passagiere**: Insgesamt 138. 100 Männer: Kaufleute, Schlosser, Handwerker, Gärtner, Schneider und Prediger (wie Geisbert Bastians, der mit Frau und sieben Kindern reiste); 38 Frauen und Kinder, die ihre Männer/Väter begleiteten oder in einer Ferntrauung geheiratet hatten und zu ihren unbekannten Ehemännern in die Kolonien reisten.
**Neuerungen**: Die Batavia war eine ausgereifte Galeone, ein modern konstruiertes, doppelt beplanktes, stark bewaffnetes Handelsschiff – der Prototyp der Ostindiensegler, die bis ins 19. Jh. Dienst taten. Navigiert wurde mithilfe von Astrolabien, mechanischen Rechenmaschinen und, ab 1625, präzisen Logarithmentafeln.

## AUF DEN PUNKT GEBRACHT

Die Batavia repräsentiert den Höhepunkt des neuzeitlichen Segelschiffbaus, sie ist stolzer Ausdruck der Weltmacht Niederlande. Ihr Schicksal hat etwas apokalyptisches; auch sie zeigt die Grenzen von Eroberungswillen und Fortschritt.

## EMPFEHLUNGEN

**Lesenswert:**

Gabriele Hoffmann: *Die Schiffbrüchigen*, Hamburg 2001

Mike Dash: *Der Untergang der Batavia*, München 2003

Giles Milton: *Muskatnuss und Musketen*, Hamburg 2002

Robert Haasnoot: *Wahnsee*, Berlin 2001

William Golding: *Herr der Fliegen*, Frankfurt/M. 2000

**Sehenswert:**

*Herr der Fliegen (Lord of the Flies)*. Regie: Peter Brook; mit James Aubrey, Tom Chapin. GB 1963

*Herr der Fliegen (Lord of the Flies)*. Regie: Harry Hooks; mit Balthazar Getty, Chris Furth. USA 1990

**Besuchenswert:**

Der Originalnachbau der Batavia im Bataviawerf Nationaal Scheepshistorisch Centrum, Lelystad, Niederlande

Wrackteile der Batavia im Western Australian Maritime Museum, Fremantle, Australien

The Walters Art Gallery, Baltimore, USA (dort ist der Weinkrug von Rubens ausgestellt)

Königliches Münzkabinett, Den Haag (dort ist die byzantinische Kamee ausgestellt)

**Anklickenswert:**

www.Bataviawerf.nl
www.mm.wa.gov.au
www.thewalters.org

# Fliegender Holländer

## Geisterschiff auf unendlicher Fahrt

Im Zweiten Weltkrieg verschwindet ein australisches Kriegsschiff spurlos; sein letzter Funkspruch war: »Der Fliegende Holländer…«. Sucht man nach diesem legendären Geisterschiff, führen viele Spuren in den Pazifik. Man stößt zum Beispiel auf einen Bericht, notiert auf dem britischen Kriegsschiff HMS Inconstant am 11. Juni 1881: »Vier Uhr morgens, der Fliegende Holländer kreuzte uns achtern, ein merkwürdiges rotes Licht wie von einem Geisterschiff ließ alles hell leuchten … Drei Schiffe waren es, die den Fliegenden Holländer gesehen haben, die Kleopatra, die Termeline und die Inconstant.« Notiert hat dies Prinz George, der spätere König Georg V. Ein spleenig britischer Scherz? »Um viertel vor elf stürzte der Matrose, der den Fliegenden Holländer am Morgen als erster gesichtet hatte, vom Mast und wurde völlig zerschmettert, um vier Uhr am Nachmittag wurde er zur See bestattet.« Ein ähnlicher Bericht folgt exakt einen Monat später: Am 11. Juli 1881, wiederum um vier Uhr früh, sichtet ein Matrose des englischen Seglers Bachante in 200 Meter Entfernung plötzlich eine in rötliches Licht getauchte Brigg. Während seiner nächsten Wache stürzt dieser Matrose von der Vorbramstenge und ist sofort tot. Andere Schiffe, in diesen Wochen in den Gewässern vor Sydney unterwegs, melden ähnliche Begegnungen.

■ Unheimliche Erscheinung auf hoher See: Die Besatzung des amerikanischen Frachters Narragansett entdeckt vor Irland das seit Jahrzehnten vermisste französische Segelschiff Richelieu. Aus: *Le Petit Journal*, Paris, 5. März 1911

Die meisten Spuren aber führen nach Afrika, zum Kap der Guten Hoffnung. Vom Sturm getrieben und ohne es zu ahnen, findet Bartolomëu Dias 1488 den Weg vom Atlantik in den Indischen Ozean. Die meuternde Mannschaft, der die Reise ins Ungewisse unheimlich wird, zwingt den Kapitän zur Umkehr.

■ Am Kap der Guten Hoffnung lauerten vielerlei Gefahren auf die Seefahrer. Hier wurde der Fliegende Holländer immer wieder gesichtet. Radierung, 17. Jahrhundert

Auf dem Rückweg nennt er das auffällige Vorgebirge »Kap der Stürme«. Heinrich der Seefahrer, dem dies zu abschreckend erscheint, erfindet den heutigen Namen. In den *Lusiaden* (1572), dem portugiesischen Nationalepos, schildert Luís de Camões, wie Dias 1488 den hochaufragenden Tafelberg sichtet: »Ein Riesenleib erschien im Lüftereich von hässlicher, gigantischer Gestalt, das Antlitz finster und der Bart voll Schmutz, von furchtbarer Gewalt die Haltung, schrecklich die Stimme und sehr rauh.« Es ist die des Titanen Adamastor, der in Vorzeiten die griechischen Götter zum Kampf herausgefordert hatte und zur Strafe ans Ende der damals bekannten Welt geschleudert und in einen Stein verwandelt wurde – den Tafelberg. Der versteinerte Titan warnt Dias: »Ihr sucht, was keinem Sterblichen gebührt.« Dias schlägt die Warnung in den Wind.

Im Dezember 1689 wird ein unheilvoller Komet über der inzwischen holländischen Kolonie Kapstadt gesichtet, am 23. kommt dort ein Kalb mit zwei Köpfen zur Welt, und am 28. Januar 1690 segelt die Galeone de Noord in die Tafel-Bai, ankert – und ist plötzlich verschwunden. »Wir wissen nicht, was wir davon halten sollen, und dieser Vorgang erweckt Beklemmung und Angst«, so

In vielen Legenden ist der Fliegende Holländer ein Kapitän, der, weil er unbedingt ein stürmisches Kap umschiffen will, einen Pakt mit dem Teufel schließt. Dafür muss er bis zum jüngsten Tag über die Meere irren. Alle sieben Jahre darf er an Land gehen, und erst wenn er eine Frau findet, die ihn liebt und die ihm vor allem treu bleibt, ist er erlöst und darf sterben.

■ Der Mythos des Fliegenden Holländers inspirierte Richard Wagner zu seiner Oper von 1843. Szenenphoto aus dem 1. Akt des *Fliegenden Holländers*, aufgeführt in der Städtischen Oper Berlin, 1933

der Stadtarchivar am 29. Januar. Drei Monate später segelt Kapitän Albert Fokkers mit der Snooper in die gleiche Bucht. Albert ist der Sohn des berühmten Kapitäns Barend Fokkers, der, in sagenhaften neunzig Tagen von Batavia nach Amsterdam gelangt, wohl geflogen sein musste: mit einem Schiff, das ebenfalls Snooper hieß. So hatte man zwei Kapitäne, einander wie aus dem Gesicht geschnitten, der eine ist jung, der andere alt, beide führen ein Schiff mit gleichem Namen – Garn, aus dem sich Geschichten spinnen ließen. Anfang Mai 1690 also warf Albert, der Sohn, Anker in der Tafel-Bai, und ein zweites Schiff läuft ein. Er vermutet, es sei die Vergulde Vlamingh seines Kompagnon. Doch so plötzlich wie vor drei Monaten die de Noord verschwindet auch dieses Schiff. Das Garn gerät durcheinander, schnell wird aus der »Vergulde« die »Vliegende Vlamingh«, die »Flying Flemingh«, von englischen Seeleuten bald nur noch als »Flying Dutchman« be-

Die Geschichte der Seefahrt ist reich an realen Begebenheiten, die mysteriös und irritierend sind. An einem sonnigen Tag des Jahres 1750, bei wundervollem Segelwetter, verfolgt die Bevölkerung von Easton's Beach bei Rhode Island, wie ein Schiff unter Vollzeug schnurgerade auf ihr Dorf zusegelt und sich sacht auf den Strand setzt. Als die Zuschauer die Sea Bird erreichen, ist niemand an Bord. Das Schiff ist intakt, nichts fehlt, außer den zwölf Mann der Besatzung. Nur ein Hund bellt an Deck. Auf dem gedeckten Frühstückstisch dampft der Kaffee.

zeichnet. Die Holländer sind bei den Engländern höchst unbeliebt: als die härtesten Konkurrenten im Welthandel; wegen des Massakers, das holländische Behörden 1623 auf der Gewürzinsel Ambon unter englischen Kolonisten verübten; wegen der demütigenden Niederlage in der Seeschlacht von 1667. Das mag erklären, warum die Engländer dem unglückbringenden Spuk holländische Ursprünge verschafften.

Offenbar jedoch steckt mehr hinter dem Mythos als nationale Animositäten. Odysseus hat nach vielen Abenteuern schließlich doch die Heimat, seine wartende Penelope wiedergefunden. In den *Lusiaden* werden die Entdecker, die Warnungen missachten und Grenzen überschreiten, noch als Helden gefeiert. Und plötzlich, im 19. Jahrhundert, verbreitet die gleiche Figur als Geisterfahrer Schrecken, und in den beliebten Schauergeschichten wird die Irrfahrt zur unendlichen Reise. Erst um 1800 wird die Holländer-Sage schriftlich fixiert, in zahllosen Versionen: 1798 von Coleridge, 1813 von Walter Scott, 1821 im Edinburgh Magazine. Hier erhält der Unglückskapitän den Namen Vanderdecken; in anderen Versionen heißt er Barend Fokke. Washington Irving lässt den Holländer in *The Stormship* (1822) den Hudson River hinauffahren; Wilhelm Hauff verlegt seine *Geschichte vom Gespensterschiff* (1826) in den Indischen Ozean. 1839 erfahren die Leser von Frederick Marryats *The Phantom Ship or the Flying Dutchman* auch den Heimathafen des Geisterschiffs: das holländische Terneuzen, berühmt berüchtigt durch legendäre hugenottische Piratenkapitäne.

Zeitlich und geographisch vage – »seit undenklicher Zeit ... irgendein Vorgebirge« – bleibt dagegen die Erzählung vom unsteten Holländer, die Heinrich Heine in den *Reisebildern aus Norderney* wiedergibt und die auch in den *Memoiren des Herren von Schnabelewobski* (1832) auftaucht. »Zwischen Leben und Tod hin und her geschleudert ... sein Schmerz tief wie das Meer, sein Schiff ohne Anker und sein Herz ohne Hoffnung« – Heines Holländer wird zum Repräsentanten des irrenden Menschen. 1839 erlebt Richard Wagner, auf der Flucht vor Gläubigern, eine stürmische Überfahrt von Riga nach

■ Gruselige Bilder von Geisterschiffen gingen immer wieder durch die Presse: Englische Matrosen finden bei Punta Arenas in der Nähe von Kap Horn das seit 1890 vermisste Schiff Marlborough. Aus: *Le Petit Journal*, Paris, 19. Oktober 1913

London; 1841 beendet er die Oper *Der Fliegende Holländer*. Wagners trauriger Holländer kann sich seiner Taten und Eroberungen nicht mehr freuen, er ahnt, dass er das irdische Glück gerade damit verspielt hat. So sucht er »das Weib, das sich aus Liebe opfert« – nicht die am heimischen Herd wartende Penelope, sondern die Frau, die um der Liebe willen alle Tabus bricht. Weil Senta aus Liebe handelt, findet die unendliche Fahrt ihr Ende. Keine Erlösung jedoch, nur den Tod finden in Herman Melvilles Roman *Moby Dick* (1851) die einsamen Gegenspieler Ahab und der weiße Wal (s. S. 158).

Und er fährt weiter, der Fliegende Holländer, nicht nur in alten Geschichten. Selbst im Zweiten Weltkrieg taucht er auf, wie Admiral Dönitz berichtet: »Eine meiner U-Bootbesatzungen behauptete, dass sie den Fliegenden Holländer oder ein anderes so genanntes Geisterschiff auf einer ihrer Patrouillenfahrten östlich von Suez gesehen hätte. Als sie zu ihrem Stützpunkt zurückkehrten, sagten die Männer, dass sie sich lieber den alliierten Kriegsschiffen im Nordatlantik stellen wollten, als diesem unheimlichen Geisterschiff ein zweites Mal zu begegnen.« Nirgendwo wird der Unheimliche so häufig gesichtet wie in der False Bay beim Kap der Guten Hoffnung. Dort treffen zwei große Meeresströmungen zusammen, der äquatorwarme Agulhas-Strom aus dem Indischen Ozean und der kalte Benguela-Strom aus dem antarktischen Atlantik. An manchen Tagen schichtet sich die Luft, unten kalt und oben warm – die physikalische Voraussetzung für die Lichtbrechung, die man Fata Morgana nennt. Doch derlei Rationalisierungen erklären nicht, warum das Holländer-Motiv, die Fahrt ohne Wiederkehr, sich längst von seinem – möglichen – geographischen Ursprung gelöst hat und Menschen in aller Welt noch immer in Bann schlägt.

■ *Aber Entsetzen, welches Schauspiel stellte sich meinen Augen dar!* Geisterschiff in einem Holzstich aus Wilhelm Hauffs *Märchen* von 1871

# FLIEGENDER HOLLÄNDER

## WISSENSWERTES

**Übernatürlich-natürliche Phänomene:** Die »fliegende« Rekordfahrt von Barend Fokkers – in 90 statt den sonst üblichen 238 Tagen von Batavia nach Amsterdam – war möglich: Der erfahrene Kapitän nutzte den Monsun; er segelte, damals unüblich, auch bei Nacht; und er fuhr auf Biegen und Brechen selbst bei Sturm Vollzeug. Auch andere geheimnisvolle Phänomene, die dem Fliegenden Holländer zugesprochen werden, lassen sich erklären. Das Leuchten eines Schiffes können so genannte Elmsfeuer bewirken – statische Entladungen bei gewittriger Luft, blaue Flämmchen, die auf den Mastspitzen und Rahen sitzen und die auch Menschen vollkommen einhüllen können. Eine andere Ursache für illuminierte Schiffsrümpfe können Bohrwürmer sein, die einen leuchtenden Schleim absondern.

**Geisterschiffe:** Die Liste durch Quellen belegter »Geisterschiffe« ist lang; immer wieder wurden Schiffe mit Toten und Skeletten an Bord gesichtet. Wie sich später herausstellte, waren die Mannschaften erfroren, verhungert oder an Seuchen gestorben. Anfang des 19. Jhs. sichtete eine amerikanische Fregatte auf dem Atlantik ein Sklavenschiff, das groteske Kurse steuerte. Eine afrikanische Augenkrankheit war ausgebrochen, alle an Bord waren blind. Am 5. Dezember 1872 wurde die Mary Celeste verlassen im Atlantik entdeckt. Monatelang spekulierten die Zeitungen über das wohl berühmteste Geisterschiff. Eine mögliche Erklärung: Nach der Verpuffung der Alkoholladung war die Mannschaft in die Beiboote gestiegen und abgetrieben worden. Aufgegebene Schiffe können enorme Strecken zurücklegen. 1888 verließ die Mannschaft der William L. White ihr Schiff, das noch über 5000 Seemeilen weiterfuhr. Sechsundvierzig Mal wurde das Wrack der Fanny E. Welston 1891 gesichtet. Am 26. März 1933 traf der amerikanische Frachter Sickby vor Neufundland die vier Jahre zuvor aufgegebene Wyer Sargent. Merkwürdige Fügung: 1934, in der 970 Seemeilen entfernten Cheasapeake-Bay kollidierten beide Schiffe tatsächlich. 1968 rief die Londoner Sunday Times zum ersten Non-Stop-Wettrennen um die Welt für Einhandsegler auf. Donald Crowhurst, ein erfolgloser Erfinder und heillos verschuldeter Geschäftsmann, beteiligte sich, obwohl er nicht wirklich segeln konnte. Während sich die anderen Schiffe um den Globus kämpften, machte Crowhurst seinen Trimaran Teignmouth Electron zum Geisterschiff. Er gab fingierte Positionsmeldungen ab, während er sich in Wirklichkeit monatelang im Atlantik versteckte. Anfang Juli 1969 sprang Crowhurst über Bord.

## AUF DEN PUNKT GEBRACHT

Bei Pharaonen und Wikingern stellten Schiffe die Verbindung zum Totenreich her. Auch der Fliegende Holländer steht für die spirituelle Welt des Meeres und für all die unglaublichen Schiffsschicksale. Der ewig Reisende steht aber auch für die Sehnsucht nach Liebe.

## EMPFEHLUNGEN

**Lesenswert:**

Eigel Wiese: *Das Geisterschiff. Die wahre Geschichte der Mary Celeste*, Hamburg–Wien 2001

Saint-Loup: *Die Geisterschiffe Hitlers*, München 2003

Robert Pontrait: *Phantoms of the seven Seas*, London 1953

Wolfgang Golther: »Der Fliegende Holländer in Sage und Dichtung«, in: ders., *Zur deutschen Sage und Dichtung. Gesammelte Aufsätze*, Leipzig 1911

Manfred Frank: *Die unendliche Fahrt. Ein Motiv und sein Text*, Frankfurt/M. 1979

Peter Nichols: *Allein auf hoher See*, Hamburg–Wien 2002

**Sehenswert:**

*Pandora und der fliegende Holländer (Pandora and the Flying Dutchman)*. Regie: Albert Lewin; mit James Mason, Ava Gardner. USA 1951

*Phantom Ship*. Regie: Jack King. GB 1935

*The Extraordinary Seaman*. Regie: John Fankenheimer; mit David Niven. USA 1969

**Besuchenswert:**

Die Kneipe zum Vliegende Hollander mit Vliegende-Hollander-Bier, in Terneuzen, Niederlande

**Anklickenswert:**

Eine Übersicht der klassischen literarischen Bearbeitungen des Holländer-Motivs: www.lese-kost.de/HHL07FH.htm

# Zeehaen und Heemskerk

## *Abel Tasmans Suche nach einem neuen Kontinent*

Um 1600 glaubten die Seefahrer, man kenne nun alle sieben Meere und damit den gesamten Globus. Nur im Süden, so dachte man, müsse noch ein riesiger Kontinent liegen: die »terra australis incognita«, das unbekannte Südland. Einer, der Spanier Pedro Fernández de Quirós, hat im Jahr 1610 sogar behauptet, er habe es gesehen – dies Paradies voller Gold und Perlen, in dem sechserlei Bananenarten wüchsen. Dass es am Südpol kalt sein könne, mochte sich niemand vorstellen. Um dies sagenhafte Südland zu finden, verließen am 4. August 1642 zwei holländische Schiffe den Hafen von Batavia (heute Djakarta): Heemskerk und Zeehaen.

Beide waren nicht größer als die Koggen des 14. Jahrhunderts, sahen aber völlig anders aus: drei hohe Masten, keine auffälligen Aufbauten, ein rundlich-bauchiger Rumpf. Die unbewaffnete Fleute und das bewaffnete, etwas schlankere Pinassschiff mit Spiegelheck – das waren die Schiffstypen, auf denen Hollands Seemacht gründete. Mit ihrem geringen Tiefgang waren sie den seichten Küsten Hollands perfekt angepasst, eigneten sich aber ebenfalls für Entdeckungsfahrten in unbekannten Gewässern. Außerdem ließen sich diese, wenn man so will, holländischen Galeonen, ausgezeichnet segeln.

Abel Janszoon Tasman, seit 1632/33 im Dienst der Holländischen Ostindien Gesellschaft, war bekannt als erfahrener Navigator und Seemann. Er sollte, von Generalgouverneur Anthony van Diemen beauftragt, herausfinden, ob die von den Holländern bis 1642 diskontinuierlich entdeckten Küstenstreifen Australiens zu einem einzigen Kontinent gehörten und ob dieser Kontinent mit dem sagenhaften Südland zusammenhing; zudem sollte er erkunden, ob man von Batavia aus auch ostwärts segelnd in den Pazifik gelangen könne. Dieser Plan ging auf Frans Jacobszoon Visscher zurück, der »größeres Geschick in der Aufnahme von Küsten und der Kartierung von Ländern als jeder andere Steuermann in diesem Teil der Welt« besaß und der als Navigator an der Expedition teilnahm.

■ Abel Janszoon Tasman, Entdecker der nach ihm benannten Insel Tasmanien. Gemälde, 17. Jahrhundert

Die Schiffe wurden für zwölf Monate verproviantiert, es war ein großes Vorhaben: Man wollte von Batavia aus mit dem Südost-Passat südwärts durch den Indischen Ozean nach Mauritius segeln und erst südlich des 30. Breitengrades, die dortigen Westwinde nutzend, mit der Suche beginnen. In nur 22 Tagen erreichten beide Schiffe Mauritius, doch hatte sich unterwegs herausgestellt, dass die Zeehaen stark überholungsbedürftig war. Nachdem Masten und Teile des Rumpfs erneuert waren, ließ Tasman am 8. Oktober 1642 erneut die Anker lichten: mit Kurs nach Süden.

■ Weltkarte, auf der Australien als Terra australis incognita dargestellt ist, als unbekanntes Südland. Kupferstich aus Athanasius Kirchers *Mundus Subterraneus* von 1668

Die Mannschaft hielt angestrengt Ausschau. Dem, der das Südland als Erster sichtete, waren drei große Silberstücke und ein Viertelliter Genever versprochen. Schnaps würden die Männer auf Heemskerk und Zeehaen tatsächlich brauchen, denn die Schiffe steuerten geradewegs auf die Antarktis zu. Und dort lag nicht das erwartete Bananenland, sondern die endlose See mit Nebel, Schnee und Hagel. Dennoch, Visscher wollte bis zum 52. Breitengrad nach Süden vorstoßen. Dort vermutete er den unbekannten Kontinent.

Die Überlegung, die ihn dazu brachte, zeigt, wie fest man von der Existenz des Südlands überzeugt war und welch ungeheure Ausmaße es in der Phantasie der Weltensegler angenommen hatte. Ausgangspunkt für Visscher war eine Entdeckung auf der anderen Seite des Globus. 1616 war der Holländische Kaufmann Jacob Le Maire, als er die Südspitze Südamerikas zum ersten Mal umrundete, auf eine dem Kap Horn vorgelagerte Insel gestoßen: Staten Landt (Isla Estados), die er für den ersten Zipfel des Süd-

■ Modell der Heemskerk

■ Mondscheintanz der Ureinwohner von Van-Diemen-Land, Tasmanien. Gemälde von John Glover, 1840

landes hielt. Visscher teilte diese Meinung: Seiner Vorstellung nach zog sich der legendäre Kontinent südlich des 50. Breitengrades als zusammenhängende Landmasse rund um den Globus. Heemskerk und Zeehaen mussten also auch, wenn sie im Indischen Ozean nach Süden segelten, unbedingt an die sagenhafte Küste stoßen.

So fuhr man nach Süden, bis Taue und Segel vereisten. Bei 49°4' südlicher Breite, gab Visscher auf. Fleute und Pinassschiff segelten nun auf 44° südlicher Breite nach Osten. Das Wetter war angenehm, die Schiffe machten vor dem Wind stetig rund 100 Seemeilen pro Tag, und am 24. November 1642 ertönte der Ruf »Land in Sicht«: 4300 Seemeilen von Mauritius entfernt. Man nannte es Van Diemens Land: das heutige Tasmanien. Die beiden Entdecker glaubten, nun doch das Südland gefunden zu haben. Aber die zehn Matrosen, die am 28. November an Land gingen, fanden weder Gold noch Bananen, hörten allerdings weit entfernt menschliche Stimmen. Doch die Aborigines zeigten sich nicht. Und spätere Besucher Tasmaniens wie Australiens machten eine für sie kaum fassbare Entdeckung: Die Aborigines waren das einzige Volk der Welt, das die Geschenke der Europäer – Glasperlen, Spiegel, Glöckchen, sogar Messer – kopfschüttelnd ablehnte.

Am 13. Dezember 1642 sichtete man die Südinsel Neuseelands. Rasch waren die Schiffe umringt von den Kriegskanus der Maoris, die ein Beiboot rammten und vier Matrosen töteten. So segelte man weiter, ohne die Insel zu betreten, entdeckte Tonga und die Fidschi-Inseln, wendete sich nach Westen und umrundete so, ohne es zu sehen, Australien. Am 14. Juni 1643 liefen Heemskerk und Zeehaen wohlbehalten in den Hafen von Batavia ein.

Noch hundert Jahre hielt sich der Traum vom Südland: Erst James Cook hat mit seinen Fahrten zwischen 1772 und 1775 endgültig nachgewiesen, dass es im Süden kein warmes Land, sondern nur vereiste Küsten gibt.

Zufrieden war die Handelskompanie nicht; Tasman hatte weder Reichtümer mitgebracht, noch die neu entdeckten Inseln erkundet, vom sagenhaften Südland zu schweigen. Also wurde Tasman 1644 erneut auf die Reise geschickt. Er musste seine Auftraggeber abermals enttäuschen: Ungeheure Reichtümer hatte auch Australien nicht zu bieten.

# ZEEHAEN UND HEEMSKERK

## DATEN UND FAKTEN

**Die Zeehaen**
**Typ**: Fleute
**Ladefähigkeit**: 180 t
**Maße**: Länge: ca. 25 m; Breite: 6 m; Tiefgang: 1,8 m
**Beseglung**: 3 Masten, zwei Rahsegel an Fock- und Großmast, ein Rah- und Lateinersegel am Kreuzmast, dazu zwei Blinden
**Besatzung**: 50 Mann

**Die Heemskerk**
**Typ**: Pinassschiff
**Ladekapazität**: 108 t
**Maße**: Länge: ca. 22 m; Breite: 4,7 m; Tiefgang: 1,5 m
**Beseglung**: 3 Masten, an Fock- und Großmast drei Rahsegel, Lateinersegel am Besanmast, Blinden
**Besatzung**: 60 Mann

Beide nach holländischen Hafenstädten benannten Schiffe waren in Batavia (heute Djakarta), dem Zentrum des holländischen Kolonialreichs, stationiert.

## WISSENSWERTES

**Die holländische Fleute: ein »modernes« Frachtschiff:** Die Bezeichnung (auch: Fluite, Fliete, Vliete) bezieht sich auf die fließende, strömungsgünstige Form des Schiffs. Der Typus dieses bedeutendsten holländischen Frachtschiffs wurde 1595 in der Stadt Hoorn entwickelt und wurde bis ins 18. Jh. hinein zum führenden Frachtschifftyp in Europa. Verglichen mit damals gängigen Schiffen verfügte die Fleute, dreimastig von Anfang an, über ein neues, äußerst günstiges Verhältnis von Linienführung, Länge und Breite (4,5 bis 6:1 gegenüber dem üblichen Verhältnis 3:1). Das Unterwasserschiff war extrem bauchig und flach, mit geringem Tiefgang ideal für die Küstengewässer der Niederlande. Über der Wasserlinie, zum Deck hin, wölbte sich der Rumpf wieder stark nach innen und auch das Heck war rund. Mit dieser »Teekannenform« konnte die Tragfähigkeit erheblich gesteigert werden, sie übertraf die aller damals bekannten Schiffstypen. Der runde Rumpf und die niedrigen, in den Decksverlauf einbezogenen Aufbauten boten bei schwerer See wenig Angriffsfläche; die Rundformen sind zudem stabiler. Zeehaen und Heemskerk waren vergleichsweise klein; die Standardfleuten im 18. Jh. waren größer: 44 m lang, 10 m breit, hatten sie bei 4 m Tiefgang eine Ladekapazität von 292 Tonnen. Eine weitere wegbereitende Neuerung waren die viel höheren Masten; sie wurden nicht aus einem Stamm (Pfahlmast) gefertigt, man setzte vielmehr zwei oder drei Teile, Stengen genannt, aufeinander: ebenfalls eine holländische Erfindung. Die höheren Masten trugen Segel, die nicht mehr quadratisch oder rechteckig waren, sondern schmalhoch trapezförmig. Damit wurden die Rahen schmaler, das Schiff insgesamt stabiler. Zugleich konnten die Segelfläche bei gleicher Besatzung vergrößert und die Segeleigenschaften verbessert werden. Später fuhr man bei größeren Schiffen ein drittes Rahsegel an Fock- und Großmast. Über dem Lateinersegel des Besanmasts konnte das sog. Kreuzsegel, ein Rahsegel, gesetzt werden.

## AUF DEN PUNKT GEBRACHT

Selten finden die Zeehaen und die Heemskerk in Schiffsanthologien besondere Erwähnung. Dabei wären die Seemacht der Niederlande, der Reichtum holländischer Kaufleute ohne diese unauffälligen, doch äußerst seetüchtigen Arbeitsschiffe gar nicht möglich gewesen.

## EMPFEHLUNGEN

**Lesenswert:**

Willem Ysbrantsz Bontekoe van Hoorn: *Die gefahrvolle Reise des Kapitäns Bontekoe und andere Logbücher und Schiffsjournale holländischer Seefahrer des 17. Jahrhunderts*, Stuttgart 1976

Andrew Sharp: *The Voyages of Abel Janszoon Tasman*, Oxford 1968

Wolfgang Ebert, Georg Graffe, Günther Klein: *Unterem Kreuz des Südens*, Hamburg 2000

Matthew Flinders: *Die erste Umseglung Australiens*, Stuttgart 1984

**Besuchenswert:**

Scheepvaartmuseum, Amsterdam

Bataviawerf Nationaal Scheepshistorisch Centrum, Lelystad, Niederlande

Maritiem Museum Prins Hendrik, Rotterdam

Schiffsmodellkammer des Rijksmuseum, Amsterdam

# Whydah

## Der kurze Traum des Piraten Sam Bellamy

Februar 1717, Black Sam Bellamys kleine Piratenflotte kreuzt in der Windward Passage zwischen Kuba und Haiti, der Ausguck sichtet Segel, und eine verbissene Verfolgungsjagd beginnt.

Die Segel gehörten der Whydah, einem schnellen Dreimaster von 300 Tonnen: dem Standardschiff der Sklavenhändler, das 600 Sklaven transportieren konnte (s. S. 164). Doch die Whydah segelte nach Norden, und das verriet Bellamy, dass keine Sklaven mehr an Bord waren. Die menschliche »Fracht« wurde grundsätzlich in der Karibik verkauft. Und von dort segelten die Sklavenschiffe zunächst die amerikanische Ostküste hinauf. Ihre Ladung – Rum, Rohrzucker, Melasse, Gold und Luxusgüter – waren fette Beute für Piraten. Drei Tage lang kam Bellamy, dessen Schiffe bereits überladen waren mit den Prisen einer achtzehnmonatigen Kaperfahrt, der Whydah nicht näher; schließlich gelang es dem geschickten Kapitän doch, ihr den Weg abzuschneiden.

Bellamy war einer der erfolgreichsten Karibikpiraten. Sein Markenzeichen waren weder besondere Brutalität noch ein groteskgruseliger Auftritt – wie ihn etwa Edward »Blackbeard« Teach liebte, der eine Art Rasta-Perücke mit Dreadlocks aus Zündschnüren trug, die er anzündete, wenn er ein Schiff enterte. Bellamy bestach durch seemännische Professionalität. Als er die Whydah in Schussweite hatte, ließ er den »Jolly Roger« hissen, die schwarze Piratenflagge, die bis 1700 *joli rouge,* hübsch rot, gewesen war. Zwei kurz gezielte Salven brachten das Wasser vor dem Bug der Whydah zum Kochen.

Deren Kapitän Lawrence Prince verfügte über 18 Kanonen und 50 Mann und hätte vielleicht eine Chance gehabt. Doch er hätte den Kampf tatsächlich gewinnen müssen. Denn wer einem Piratenschiff Widerstand leistete, war des Todes; wer dagegen ohne einen Schuss aufgab, blieb am Leben und körperlich unversehrt. Also strich Prince die Flagge. Man mag sich das Freudengeheul des Enterkommandos vorstellen, als es einen Blick in den Laderaum der Whydah warf. Hunderte von Elefantenzähnen stapelten sich unter Deck; Säcke voller Indigo, dem begehrten

■ Mit dem Untergang der Whydah ging ein kostbarer Piratenschatz verloren. Die seit den 1980er Jahren geborgenen Artefakte sind heute im Whydah Museum in Provincetown, Massachusetts, ausgestellt.

■ *Das Wrack der Whydah.* Gemälde von John Barky

azurblauen Farbstoff; große Bündel getrockneter China-Rinde, dem Rohstoff für ein Mittel gegen Malaria; Zuckersäcke und Melassefässer – und Kisten mit Gold- und Silbermünzen im Wert von 20 000 bis 30 000 Pfund Sterling, für jeden Piraten 25 Kilogramm! Und noch eine kleine Kiste mit Edelsteinen, darunter soll ein Rubin von der Größe eines Hühnereis gewesen sein.

Kaperer wie Francis Drake, der Pirat der Queen (s. S. 84), oder Robert Surcouf, der Pirat Napoleons (s. S. 154), mochten größere Prisen gemacht haben. Doch sie fuhren, enterten und plünderten nicht als freie Piraten, sondern mit »Kaperbriefen«. Mit der Lizenz ihrer Herrscher führten sie einen nicht erklärten Krieg gegen deren Feinde, wenn man so will, eine Art Guerillakrieg zur See. So gehörte ein Teil ihrer Beute der Krone. Bellamy hingegen war einer jener vogelfreien Piraten, die man Flibustier oder Bucaniere nannte – abgeleitet von »Flieboot«, der holländischen Bezeichnung für eine schnelle Kuttersegeljacht, beziehungsweise vom französischen Wort »boucan«, Fleischräucherer. Das Piratenwesen blühte in der ersten Hälfte des 18. Jahrhunderts aus zwei Gründen: Von 1689 bis 1697 führten England und Frankreich Krieg, von 1701 bis 1713/14 tobte der Spanische Erbfolgekrieg. Also

»Ich bin ein freier Fürst und habe Macht, der ganzen Welt den Krieg zu erklären.«
Black Sam Bellamy, 1717

hatten die Kriegsflotten anderes zu tun, als Piraten zu jagen; und als diese Kriege vorbei waren, wurden die Flotten abgerüstet und damit Tausende von Seeleuten arbeitslos. So wie auch Sam Bellamy, der sich den Piraten anschloss.

Die Whydah war 1716 vom Stapel gelaufen und in bestem Zustand, der Traum eines jeden Piraten: Kein Wunder, dass Bellamy sie zu seinem Flaggschiff machen wollte. Mit Beutegeschützen von anderen Schiffen, die man zusätzlich an Deck installierte, erhielt die Whydah die Feuerkraft einer Kriegsfregatte. Nun war sie schneller als jeder stärker bewaffnete Gegner, und sie war stärker als alle schnelleren Schiffe. Dem ehemaligen Kapitän der Whydah bot man ein kleines wertloses Beuteschiff der Flotte an, dazu zwanzig englische Pfund als persönliches Geschenk; sein hilfloses Toben war genau das, was Piraten liebten.

Sieben aus Prince' Mannschaft schlossen sich der Piratencrew an, die sich »Robin Hoods Männer« nannte. Damit zählte die Besatzung der Whydah 150 Mann; Matrosen aus aller Herren Länder, dreißig davon geflohene Sklaven. Generell waren etwa ein Drittel der Seeleute auf Piratenschiffen Afrikaner, manchmal sogar die ganze Mannschaft.

Die Männer der Whydah stimmten ab: Die Mehrheit war für einen weiteren Beutezug mit dem neuen unschlagbaren Schiff. Es ging grundsätzlich demokratisch zu auf Piratenschiffen: verbindlich festgelegt in der Piratenverfassung, die 1697 während eines Piratenkongresses auf Jamaica verabschiedet worden war. Damit waren die Anteile an der Beute und Pensionszahlungen bei Invalidität geregelt. Es herrschte Demokratie an Bord. Der Kapitän

■ Nicht nur Männer gingen auf Kaperfahrt: Die Piratin Mary Read

Die bekanntesten Piratinnen aus der goldenen Zeit der Piraterie Anfang des 18. Jahrhunderts waren Anne Bonny und Mary Read. Sie waren nicht die ersten. Die »Admirals-Königin« Artemisia I. nahm 480 v. Chr. mit fünf Schiffen an der Schlacht von Salamis teil; im 3. Jahrhundert n. Chr. befehligte die illyrische Königin Teuta eine starke Piratenflotte. Wikingerfrauen, so die gotische Prinzessin Altilda oder die norwegischen Prinzessinnen Sela und Rusla, waren gefürchtet. Die Bretonin Dame de Clisson machte im 14. Jahrhundert Beute im Ärmelkanal. Als neuzeitliche Piratinnen traten ab 1930 die Chinesinnen Lai Choi-san und Tang Chen-chiao mit ihren Flotten in Erscheinung.

wurde von der Mannschaft gewählt und konnte jederzeit abgewählt werden; allerdings nicht während einer Jagd auf ein anderes Schiff oder während eines Gefechtes. Die »Robin Hoods« von der Whydah hatten Glück und kaperten die Tanner, eine jamaikanische Handelsfregatte, die Zucker, Indigo und französisches Silbergeld im Wert von 5000 Livres geladen hatte. Damit befand sich der größte Piratenschatz, von dem die Annalen wissen, an Bord der Whydah.

Es sei genug, erklärte Bellamy, und seine Mannschaft stimmte zu. Man segelte also nach Hause, in Richtung Norden, vorbei an den englischen Kolonien, hinauf nach Cape Cod bei Boston.

Manche Piratengemeinschaften kontrollierten ganze Inseln in der Karibik: So gab es freie, exterritoriale Republiken auf Tortuga, Jamaica und der Bahama-Insel New Providence. Andere Piratenkapitäne hatten ihr Hauptquartier an der amerikanischen Ostküste, in den »Piratennestern« rund um New York und Boston. Das Verhältnis zwischen dem Mutterland England und den Kolonien hatte sich abgekühlt, viele Amerikaner verspürten ein Vorgefühl von Unabhängigkeit; Gouverneure und Geschäftsleute

■ Abenteuerliche Geschichten um Piraten wurden in vielen Büchern und Filmen verarbeitet. Szenenphoto aus dem Film *Unter Piratenflagge*, 1935, mit Errol Flynn, der ein Kriegsschiff kapert und als Captain Blood zum Schrecken des Karibischen Meeres wird.

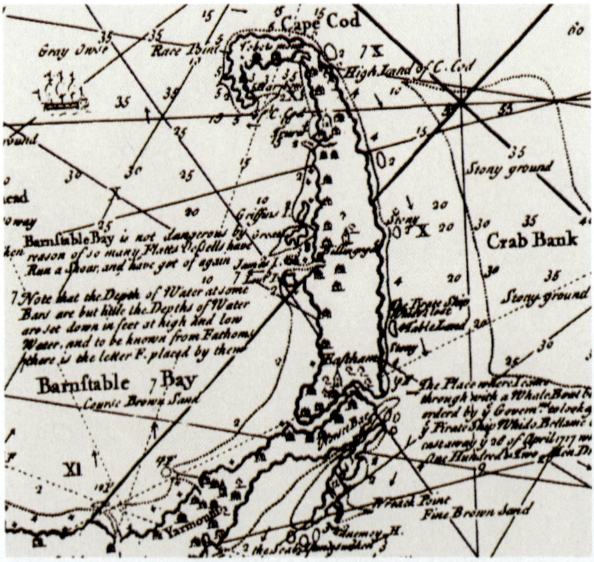


■ Mithilfe dieser Seekarte entdeckte Barry Clifford das Wrack der Whydah und den kostbaren Piratenschatz.

finanzierten sich durch einen heimlichen Kaperkrieg gegen England. Dass Bellamy dort in Maine ein »privates Königreich« gründen wollte, wie Daniel Defoe behauptet, ist zweifelhaft, denn er wurde erwartet: von seiner Geliebten Maria Hallett. Doch in der Nacht vom 26. zum 27. April 1717 gerät die Whydah in einen schweren Hurrikan. Nur 150 Meter vom Strand von Cape Cod und 250 Meter von Marias Haus entfernt, die Bellamy nach dieser Fahrt heiraten wollte, wird der Dreimaster auf eine Sandbank geworfen und sinkt. Nur neun Männer überleben.

Szenenwechsel: Am 20. Juli 1984 entdeckte die Crew von Barry Clifford die erste Goldmünze aus dem Schatz der Whydah. Clifford, in Cape Cod mit den Geschichten aufgewachsen, die sein Großvater über die Whydah erzählte, hatte über zehn Jahre lang nach dem Wrack gesucht und sich damit fast ruiniert. Bis heute ist etwa ein Sechstel des größten bekannten Piratenschatzes geborgen worden; Clifford hat seine Ausbeute dem von ihm gegründeten Whydah-Museum anvertraut: 200 000 Artfakte mit einem geschätzten Wert zwischen 20 und 40 Millionen Dollar. Am 19. Juli 1998 schließlich wurde auch der Rumpf der Whydah entdeckt – das einzige Wrack, von dem sicher ist, dass es ein Piratenschiff war.

Das einzige je am Reißbrett entworfene Freibeuterschiff war die 1695 gebaute Adventure Galley. Im Auftrag von New Yorker Geschäftsleuten sollte sie unter der Führung von William Kidd, einem ehemaligen Kaperer, der als wohlhabender Geschäftsmann in Manhattan lebte, im Roten Meer und im Indischen Ozean französische Schiffe aufbringen. Das Unternehmen wurde zu einer nicht enden wollenden Serie von Pannen; 1701 wurde Kidd in London in einem Schauprozess zum Tod am Galgen verurteilt.

# WHYDAH

## DATEN UND FAKTEN

**Name:** Benannt nach Ouidah, einem Hauptumschlagplatz für Sklaven an der afrikanischen Küste, im heutigen Benin. »Whydah« (gesprochen »widda«) heißt dort Paradiesvogel.
**Baujahr**: 1716 in England, als Sklaventransporter
**Typ**: Handelsfregatte
**Ladefähigkeit**: 300 t, eingerichtet für 600 Sklaven
**Maße**: Länge: Wasserlinie 33 m, mit Bugspriet ca. 42 m; Breite: 9,9–10,5 m; Tiefgang: 3,9–4,8 m
**Besatzung**: als Handelsschiff 50 Mann; als Piratenschiff 150–180 Mann
**Beseglung**: 3 Masten, Segel wie Pinassschiff
**Bewaffnung**: als Sklavenschiff 18, als Piratenschiff 28 Kanonen. Die aufgerüstete Whydah war bewaffnet wie eine Kriegsfregatte, die im 18. Jh. offiziell »Kriegsschiff fünfter Klasse« genannt wurde.

## WISSENSWERTES

**Fregatte:** Die Bezeichnung »Fregatte« taucht zum ersten Mal im 8. Jh. im Mittelmeerraum auf: »Fragatta« bezeichnete damals eine schnelle Dhau, wobei sich das arabisch-romanische Mischwort Fregatte möglicherweise auch von einem spanischen Fischerboottyp ableitet. In den folgenden Jahrhunderten wurden die Mittelmeer-Dhaus meist Schebeken genannt; erst im 18. Jh. taucht die Bezeichnung Fregatte wieder auf. Man muss jedoch beachten, dass die Typisierung von Schiffen bis ins 18. Jh. nicht standardisiert war, sondern häufig regional unterschiedlich, zum Teil auch widersprüchlich gehandhabt wurde. Es gibt also keine historisch-logische Entwicklungsordnung. Die englische Galeone ist eine Weiterentwicklung des holländischen Pinassschiffs.

## BIOGRAPHIE

**Sam Bellamy** wurde 1690 im englischen Plymouth geboren; seine Mutter starb bei der Geburt. Er ging zur See, bis die britische Flotte nach dem Ende des Spanischen Erbfolgekrieges 40 000 Matrosen entließ. Arbeitslos geworden, übersiedelte er 1715 nach Cape Cod (bei Boston, Massachusetts) zu Verwandten. Einer von ihnen, der Juwelier Paulsgrave Williams, lieh Bellamy Geld für den Kauf eines Schiffes, mit dem er die Schätze einer vor Florida gesunkenen spanischen Flotte heben wollte. Als er dort mit 30 Mann eintraf, waren ihm andere Schatzsucher zuvorgekommen. Bellamy schloss sich zunächst Benjamin Hornigold an, dem Doyen der Karibikpiraten. Schon nach kurzer Zeit wählte Hornigolds Flotte Bellamy zu ihrem Kapitän. Nach einem beispiellosen Beutezug, bereits auf dem Rückweg nach Cape Cod, enterte Bellamy im Februar 1717 die Whydah, machte sie zu seinem Flaggschiff, unternahm noch einen Beutezug, geriet in Sichtweite des Heimathafens in einen Hurrikan und ertrank mit dem sinkenden Schiff.

## EMPFEHLUNGEN

**Lesenswert:**
Barry Clifford, Paul Perry: *Das Piratenschiff. Die Geschichte der Whydah und die Hebung ihres Schatzes*, München 2000

Daniel Defoe (Captain Charles Johnson): *Umfassende Geschichte der Räubereien und Mordtaten der berüchtigten Piraten*, Frankfurt/M. 1982

Helga Helsper: *Das Meer gehört uns. Piratinnen und andere Seefrauen*, Zürich 1979

Kenneth Kinkor: *Black Men under the black Flagg*, New York 2001

Douglas Stewart: *Piraten. Das organisierte Verbrechen auf See*, Hamburg 2002

**Sehenswert:**
*Piraten* (*Pirates*). Regie: Roman Polanski. F 1986

*Unter Piratenflagge* (*Captain Blood*). Regie: Michael Curtiz; mit Errol Flynn. USA 1945

**Besuchenswert:**
Expedition Whydah Sea-Lab & Learning Center, Cape Cod, USA

## AUF DEN PUNKT GEBRACHT

Die Whydah ist auf eigene Faust unter schwarzer Flagge gesegelt. Und sie ist das einzige Wrack eines Piratenschiffs, das je gefunden wurde. Die Geschichte von Schiff und Mannschaft zeigt, wie demokratisch es an Bord von Piratenschiffen zuging.

# Boudeuse

## Die Entdeckung des edlen Wilden

Am 20. Februar 1769 überholt mitten auf dem Atlantik eine elegante schnittige Fregatte mit auffällig rot-gelbem Anstrich ein britisches Schiff, das gerade von einer Weltumseglung zurückkehrt. Die Fregatte setzt das französische Lilienbanner und dreht bei. Über das Wasser rufend berichtet ihr Kommandant, auch er habe die Welt umrundet und befinde sich auf dem Rückweg. Kapitän Cateret kann sein ungläubiges Erstaunen kaum verbergen: eine Weltumseglung auf einer derart eleganten Fregatte? Die zudem auf den kapriziösen Namen La Boudeuse, die Schmollende, hört?

Das grazile französische Schiff und seine Besatzung hatte tatsächlich die Welt umrundet. Und sie brachten auch eine erregende Entdeckung mit nach Europa: keine neuen Kontinente oder Kolonien, sondern den Beweis für die revolutionäre These des Philosophen, Pädagogen und Gesellschaftskritikers Jean-Jacques Rousseau. Er hatte in einer Preisschrift behauptet, die ursprünglich in einem glücklichen Naturzustand lebende Menschheit sei durch den Einfluss von Zivilisation, Wissenschaft und Gesellschaft verdorben worden. Die edlen Wilden im unschuldigen Na-

■ Die Boudeuse bei der Ankunft in Tahiti 1768. Gemälde von Albert Brenet, 1960

turzustand glaubte Louis-Antoine de Bougainville, der Kommandant der französischen Fregatte La Boudeuse, auf der Insel Tahiti gefunden zu haben.

■ Louis-Antoine de Bougainville. Kupferstich

Die Boudeuse, auf ihrer Fahrt um die Welt, war dort am 2. April 1768 gelandet. Allerdings nicht als erstes europäisches Schiff. Ein Jahr zuvor, am 18. Juni 1767, hatten der Brite Wallis und seine Mannschaft die Insel bereits betreten. Kapitän Wallis vermerkte in seinem Logbuch nicht nur die Aufnahme von Proviant und Frischwasser, sondern auch die Sorgen, die er sich um den technischen Zustand und die Ausrüstung seines Schiffes machte: Die Frauen der Insel seien äußerst freizügig, schon für einen Schiffsnagel gäben sie sich seinen Männern hin. Derart kleinkarierte Sorgen waren dem französischen Kommandanten der Boudeuse fremd. Louis-Antoine de Bougainville war auch kein Kapitän wie viele andere, sondern eine der schillerndsten Persönlichkeiten Frankreichs, bekannt als brillanter Offizier und gleichzeitig als Feingeist und Humanist; er war großbürgerlicher Herkunft und finanziell unabhängig. Mit der Weltumsegelung erfüllte er sich auch einen persönlichen Traum. Bougainville nannte Tahiti Neu-Kythera – nach jener griechischen Insel, an deren Küste Aphrodite, die Göttin der Liebe und der Schönheit, dem Meer entstieg – und mit seinem Reisebericht sorgte er dafür, dass die Südseeinsel in Europa zu einem Symbol für Gleichheit und freie Liebe wurde.

Doch auch abgesehen von dieser politisch-philosophischen Sensation war die seemännische Meisterleistung seiner Weltumsegelung bemerkenswert; sie zeigt, wie solide sein graziles Schiff tatsächlich war. Gleichwohl findet man dessen Namen fast nie in Nachschlagewerken; selbst der von der Seefahrt begeisterte, sonst so akribische Autor Jules Verne erwähnt in seiner patriotischen Anthologie *Die großen Seefahrer des 18. Jahrhunderts* Bougainvilles Fahrt auf der Boudeuse mit keinem Wort. Bis heute fällt es der Geschichtsschreibung schwer, das Multitalent Bougainville einzuordnen; er war einfach zu glücklich, zu erfolgreich, zu bescheiden und zu integer. So waren es die Botaniker, die seinen Namen unsterblich machten.

Als er sich 1766, die Weltumseglung vorbereitend, für den schlanken Neubau der Kriegsfregatte La Boudeuse entschied und nicht für ein robustes Frachtschiff, erntete er Kopfschütteln. An-

Auf der Étoile, dem Begleitschiff der Boudeuse, fuhr der berühmte Botaniker Philibert Commerson, der Bougainville unsterblich machen sollte, indem er einen brasilianischen Kletterstrauch nach ihm benannte. Als die Tahitianer Commersons Kammerdiener sahen, riefen sie spontan »Aiene!« – Mädchen. Tatsächlich steckte eine Frau in den Männerkleidern: Die 25-jährige Jeanne Baret ist die erste namentlich bekannte Frau, die die Welt umsegelt hat.

■ Glückliche Menschen im unschuldigen Naturzustand – Bougainville meinte, die edlen Wilden auf Tahiti gefunden zu haben. Szenenphoto aus dem Film *Tabu* von Friedrich Wilhelm Murnau, 1931

gesichts ihrer sehr großen Besatzung hatte die Boudeuse weniger Laderaum für Proviant als ein Frachtschiff, das zudem mit einer kleineren Mannschaft ausgekommen wäre. Doch Bougainville hatte Schiffbau studiert und erkannte die ausgezeichneten Eigenschaften des gerade vom Stapel gelaufenen Schiffs. Und für ihn war Schnelligkeit wichtiger als die Ladekapazität. Der Verlauf der Reise bestätigte ihn.

Wie schnell ein Schiff ist, hängt ab von seinem »Trimm«: davon, wie Masten, Rahen, Rumpf und Ladung aufeinander abgestimmt sind. Am 15. November 1766 verließ die Boudeuse den Hafen von Nantes, geriet drei Tage später allerdings in einen Orkan, der die Masten brechen ließ. Der studierte Mathematiker Bougainville analysierte die statischen Fehler des Trimms sehr präzise: »Unsere Masten sind viel zu hoch. Die Form des Schiffs selbst lässt zu wenig Weite für den Winkel zu, den die Wanten mit den Masten bilden. Dieser Mangel wird durch unsere Ladung (Lebensmittel) erschwert, die tief unter dem Schwerpunkt des Schiffes liegt, wodurch das Mastwerk auch beim geringsten Schlingern in Gefahr ist.« So ließ er in Brest die Masten verkürzen, die Takelage verstärken und die 12-Pfünder gegen 8-Pfünder austauschen, was die Boudeuse weniger kopflastig machte.

Im März 1769, nach zwei Jahren und vier Monaten, lief die Boudeuse mit nur sieben Mann Verlust wieder in den Hafen von Saint-Malo ein. Sie brachte die Briefe des britischen Schiffes mit, das man im Atlantik überholt hatte. Dessen Kapitän Cateret notierte in sein Logbuch, er sei sich nicht sicher gewesen, ob der Franzose ihn aushorchen wollte oder einfach nur Spaß hatte an der Konversation. Aus militärischen Gründen blieb Cateret sehr zurückhaltend mit seinen Äußerungen. Doch wollte er nicht unhöflich erscheinen, darum überreichte er dem Franzosen ein Geschenk, einen polynesischen Pfeil, »im übrigen, so fügte ich hinzu, sei meine Zeit kostbar«. So habe die schnittige französische Fregatte wieder Segel gesetzt und sei vorbeigezogen, »als ob wir vor Anker lägen«, und hinter dem Horizont verschwunden.

Von Tahiti brachte Bougainville den jungen Häuptling Aoturu mit nach Paris. Als ihn das Pariser Publikum häufiger in der Oper sitzen sah, schien Rousseaus Theorie des edlen Wilden bestätigt. Nach elf Monaten bekam Aoturu Heimweh, Bougainville rüstete ein Schiff für seine Rückkehr – was ihn ein Drittel seines Vermögens kostete. Unglücklicherweise starb Aoturu auf der Fahrt an den Pocken.

# BOUDEUSE

## DATEN UND FAKTEN

**Baujahr**: 1766
**Typ**: Fregatte
**Wasserverdrängung**: max. 550 t (Bei Kriegsschiffen wird meist die max. Wasserverdrängung und nicht die Ladekapazität angegeben.)
**Maße**: Länge: 40 m; Breite: 10,5 m; Tiefgang: ca. 4,5–5 m
**Beseglung**: 3 Masten, vorne je 3 Rahsegel, Rah- und Gaffelsegel am Kreuzmast
**Besatzung**: 11 Offiziere, der Historiker Louis-Antoine Starot de Saint-Germain sowie 203 Mann
**Bewaffnung:** 26 Kanonen (8-Pfünder)
**Neuerung**: Der Rumpf der Boudeuse war von außen mit Millionen kleiner Kupfernägel benagelt, um die gefährlichen Bohrwürmer abzuhalten und um den Algenbewuchs zu verhindern, der zu 20–30 Meter langen Schleppen heranwuchs und die Geschwindigkeit bis zur Hälfte verringerte. Der Kupferschutz funktionierte. Ab Ende des 18. Jhs. werden auch die Kriegsschiffe der britischen Flotte mit Kupferplatten verkleidet.

## WISSENSWERTES

**Reiseweg der Boudeuse:** 1766 von Nantes, durch die Magellanstraße in den Pazifik, nordwestlich bis nach Tahiti, weiter westlich nach Samoa, zu den Neuen Hebriden, zum Großen Barrier-Riff, von dort nördlich zu den Salomon Inseln und Neubritannien, weiter zu den Molukken (September 1768) und nach Batavia, wo das Schiff überholt wird und die Mannschaft ihren Skorbut auskuriert. Im März 1769 erreicht es Saint-Malo in der Bretagne.

## BIOGRAPHIE

**Louis-Antoine de Bougainville** wird am 11. November 1729 in Paris geboren. Wächst bei einer Tante auf, in deren Haus der Mathematiker d'Alembert und andere Naturwissenschaftler verkehren. Er studiert Jura und Mathematik; 1756 wird er in die Londoner Royal Society berufen. Karriere macht er als Offizier und Kapitän. In Kanada kämpft er gegen die Engländer, quittiert 1763 den Dienst, segelt zur Südspitze Amerikas und gründet eine französische Kolonie auf den Falkland Inseln. 1766 bis 1769 leitet er im Auftrag der Regierung die erste französische Weltumsegelung. 1772 wird er Sekretär von Ludwig XV.; 1779 bis 1782 führt er die französische Flotte, die die Amerikaner im Unabhängigkeitskrieg unterstützt. Daraufhin wird er zum Chevalier geadelt, entkommt dennoch 1792 dem Terror der Revolution. Napoleon I. ernennt ihn zum Senator, zum Grafen und zum Mitglied der Ehrenlegion. Bougainville stirbt 1881 in Paris.

## EMPFEHLUNGEN

**Lesenswert:**
Louis-Antoine de Bougainville: *Voyage autour du monde*, 2 Bände, 1771/72. Dt. Ausgabe: *Reise um die Welt*. 1766–69, hg. von Detlef Brennecke, Stuttgart 2002

Denis Diderot: *Nachtrag zu »Bougainvilles Reise« oder Gespräch zwischen A. und B. über die Unsitte, moralische Ideen an gewisse physische Handlungen zu knüpfen, zu denen sie nicht passen*, Frankfurt/M. 1965

Mary Kimbrough: *Louis-Antoine de Bougainville* 1729–1811, Lewiston NY 1990

Jean-Jacques Rousseau: *Schriften zur Kulturkritik*, Hamburg 1995

Jutta Held: *Antoine Watteau – Einschiffung nach Kythera. Versöhnung von Leidenschaft und Vernunft*, Frankfurt/M. 1994

**Besuchenswert:**
Die Grabstätten Bougainvilles in Paris: Der Leichnam wurde im Panthéon, das Herz auf dem Friedhof der Gemeinde Saint-Pierre beigesetzt.

**Sehenswert:**
*Tabu*. Regie: Friedrich Wilhelm Murnau. USA 1931

**Anklickenswert:**
www.jakudis.de/personen/pers/bougainville.html

## AUF DEN PUNKT GEBRACHT

In fast allen Geschichten der Seefahrt wird die Boudeuse stiefmütterlich oder gar nicht behandelt – zufällig heißt Boudeuse »die Schmollende«. Dabei ist die elegante Fregatte Ausdruck von Schiffbaukunst und Seemannsgeschick in Frankreich.

# Endeavour

## *Captain Cook – im Kohlefrachter um die Welt*

Möglicherweise war es britisches Understatement, das die Admiralität in London veranlasste, dem Schiff jenen schlichten Namen zu geben, unter dem es berühmt wurde: Endeavour, das heißt Bemühen, Bestreben. Sie sollte James Cook auf der ersten seiner drei Reisen um den Globus tragen. Keine der bisherigen Expeditionen in den Pazifik wurden so generalstabsmäßig vorbereitet wie diese. Wissenschaftliche Präzision und systematische Planung waren die Tugenden, auf die die Engländer ihre Seeherrschaft bauten. Kein Zufall also, dass die Endeavour das erste der Entdeckerschiffe seit Kolumbus ist, von dem Bau- und Umbaupläne sowie exakte Daten überliefert sind. Zunächst jedoch wunderten sich die Mannschaften der mächtigen Linienschiffe und eleganten Fregatten, die in der Marinewerft von Deptford lagen, als am 3. April 1768 ein ganz normaler Nordsee-Kohlefrachter an einem der besten Liegeplätze vertäut wurde. Am Bug breit wie ein Karpfenkopf und zum Heck hin schlank, so ähnelten diese Lastsegler holländischen Pinassschiffen. Aber auf den bauchigen flachen Rumpf kam es gerade an: Cook sollte den Pazifik nicht nur durchqueren, sondern ihn auch exakt kartographieren. Dazu musste er in sehr flache Gewässer eindringen und das Schiff im Notfall auf Grund setzen können, ohne dass es kenterte; Bougainvilles elegante Boudeuse (s. S. 122) mit ihrem spitz zulaufenden Unterwasserschiff wäre bei derartigen Unternehmungen einfach umgekippt.

■ James Cook, undatierter Stich

Am 5. April wurde der Kohlefrachter Earl of Pembroke von der Admiralität auf den Namen HMS Endeavour umgetauft. Bis dahin hatte das Schiff vier Jahre an der englischen Ostküste Steinkohle transportiert – in einem der härtesten Segelreviere der Welt, dort wo 1878 auch Joseph Conrad, der spätere Kapitän und Schriftsteller, auf einem Kohle-Segler seine Lehrzeit absolvierte: »Wer die Nordsee erlebt hat, vergisst sie nicht, es ist mehr als ein Wort. Sie war meine Schulbank. Ein wilder und stürmischer Platz, manchmal wie Strafe, der Rohrstock einer Sturz-See-Akademie, die mir die Weite des Ozeans einbläute.« Dort hatte die Endeavour bewiesen, dass sie mit ihren dicken Bordwänden und kurzen Masten solide war wie eine Burg, dabei aber alles andere als schwerfällig. Ihre Höchstgeschwindigkeit betrug zwar nur 8 Knoten, aber sie ließ sich sensibel und sicher segeln. Einer der Offiziere hat als Bemerkung der Rudergänger notiert, sie hätten noch kein Schiff gesteuert, das so gut am Ruder liege, so lebhaft und zugleich so leicht. Damit stellte die Endeavour allerdings keine Ausnahme dar – alle englischen Kohlefrachter waren nicht nur auf Stabilität, sondern auch auf hervorragende Segeleigenschaften hin konstruiert. Darum hießen sie in England auch Kat-Ships, wobei »kat«, ein alter nautischer Begriff, leichte Brise bedeutet.

■ Nachbau der Endeavour, 1997

Bevor die Endeavour aber zu ihrer Weltumseglung aufbrach, wurde das Innere des Kohlefrachters komplett umgebaut und dem einer Fregatte angeglichen: mit Vorratsräumen und Kabinen für die Schiffsoffiziere und die mitreisenden Wissenschaftler. Zu diesen gehörten der Biologe Joseph Banks, ein Liebling der Londoner Gesellschaft und angesehenes Mitglied der einflussreichen Royal Geographical Society, die die Reise mitfinanzierte; der schwedische Botaniker Daniel Solander, ein Schüler Carl von Linnés, mit zwei Sekretären, zwei Zeichnern

Eine der größten Revolutionen in der Seefahrt waren Chronometer an Bord, die die Uhrzeit des Heimathafens auf die Sekunde genau anzeigten. Verglich man die Mittagszeit der aktuellen Position mit der auf dem Chronometer, konnte man errechnen, wie weit man um den Globus herumgefahren war. Die Bestimmung des Längengrads war seit Mitte des 18. Jahrhunderts auch mit mathematischen Mondtafeln möglich, doch brauchte man für diese astronomischen Berechnungen, wie sie Bougainville und auch Cook auf seiner ersten Reise anstellten, mindestens vier Stunden; außerdem musste der Himmel wolkenlos sein. Nach 45 Jahren Tüftelei präsentierte der britische Uhrmacher John Harrison 1759 die erste sekundengenaue Uhr, 1764 wurde sie getestet, 1772 nahm James Cook als Erster einen Nachbau mit in den Pazifik.

und vier Dienern, die er alle selbst bezahlte; und als dritter Charles Green vom Königlichen Observatorium, der 1769 im Pazifik eine seltene Himmelserscheinung, den Durchgang der Venus vor der Sonne, beobachten sollte, von der man sich eine genauere, für die Navigation wichtige Bestimmung der Sonnenparallaxe erhoffte.

So war die Expedition zu einem allgemein beachteten Prestige-Unternehmen geworden. Und alle wunderten sich, dass kein adliger Kapitän das Kommando über die Endeavour erhielt, so wie 1764 John Byron, der Großvater des Dichters, oder 1766 Samuel Wallis. Dieser war kurz zuvor zurückgekehrt und hatte die »terra australis« nicht gefunden. Die geheime Mission der Endeavour war, die Suche fortzusetzen und bis zum 40. Grad südlicher Breite vorzudringen: ein Abenteuer, das höchstes seemännisches Geschick erforderte. Und deswegen hatte sich die Admiralität für James Cook entschieden, der sein Handwerk auf den Kohleschiffen der Nordsee gelernt hatte. Kurzerhand wurde der 39-Jährige, der noch kein Offizierspatent hatte, zum Leutnant und Kommandanten der Endeavour ernannt. Er erkannte die Chance und nutzte sie. Ohne einen Schuss abzufeuern, eröffnete Cook König Georg III. mehr kolonialen Raum, als es die Royal Navy je in einer Seeschlacht vermochte, und dies mit einem umgebauten Kohlenschiff und allein durch geographische, naturkundliche und ethnographische Beobachtungen.

■ Das Leben des Captain Cook verfilmte Lawrence Gordon Clark 1987 in dem vierteiligen Film *Wind und Sterne*. Szenenphoto mit Keith Mitchell als James Cook

Mit der Erfahrung eines auf der Nordsee geschulten Matrosen und getrieben von Perfektionismus rüstete Cook das Schiff aus. Als Schutz gegen Bohrwürmer ließ er den Rumpf mit einer Schicht aus Werg, Filz, Rosshaar, Kalk, Leinöl und Teer verkleiden, eine zweite Beplankung aus halbzölligen Tannenholzbrettern darüber legen und diese – ähnlich wie bei Bougainvilles Boudeuse – mit unzähligen Kupfernägeln versiegeln. Ganz besonderes Augenmerk richtete er auf die Gesundheitsvorsorge für die Mannschaft: warme Kleidung für Kap Horn wurde verstaut und, vor allem, rund 7000 Pfund Sauerkraut geladen, um dem gefürchteten Skorbut vorzubeugen.

»Nie schätzte ein Entdecker seine Verdienste bescheidener ein.« Sir Winston Churchill

Skorbut, Vitamin-C-Mangel, war die große Geißel der Seefahrer. James Cook experimentierte auf der Endeavour mit Sauerkraut. Die Matrosen weigerten sich, das »eklige Zeug« zu essen, lieber wollten sie sich auspeitschen lassen. Doch Cook war Psychologe und verstand Menschen zu nehmen – ein wesentlicher Aspekt seiner Erfolge. Er schloss die einfachen Seeleute von der Sauerkraut-Zuteilung aus und befahl den Offizieren, die das Kraut ebenfalls hassten, es vor den Augen der Mannschaft genussvoll und gierig herunterzuschlingen. Sofort beschwerten sich einige Matrosen über die Bevorzugung der Offiziere – und verlangten Sauerkraut.

Am 26. August 1768 verließ die Endeavour Plymouth, umschiffte am 27. Januar 1769 Kap Horn, »ohne kaum einmal«, wie der Botaniker Banks schrieb, »Wasser überzunehmen«. Ein Nachbau der Endeavour nach Originalplänen, 1988 in Dienst gestellt, hat sich auf seinen kontinuierlichen Weltumsegelungen – verglichen mit allen rekonstruierten Entdeckerschiffen – als der beste Segler erwiesen.

Am 13. April wurde Tahiti gesichtet. Die Mannschaft war ausnahmslos gesund; zwei Jahre zuvor hatte Kapitän Wallis die Insel mit 100 Skorbutkranken erreicht. Planmäßig fand am 3. Juni die Vermessung des Venusdurchgangs statt. Anschließend richtete Cook den Kurs nach Süden, um das geheimnisvolle Südland zu entdecken, nach dem schon Abel Tasman gesucht hatte. In Cooks Besitz war allerdings die Kopie einer Karte chinesischen Ursprungs, die Teile Australiens zeigte. Dennoch fand Cook das Südland nicht, entdeckte aber, dass Neuseeland aus zwei Inseln besteht. Beim Kartographieren der australischen Küste lief die Endeavour auf eine Korallenbank des Großen Barrier-Riffs, doch der bauchige Rumpf des Kohlenschiffes bewahrte die Endeavour vorm Kentern. Am 10. April 1770 erreichte die Mannschaft bei bester Stimmung den holländischen Hafen Batavia. Am Ende der Reise hatte die Endeavour schließlich doch 32 Tote zu beklagen, doch war dies nicht auf

■ Schnitt durch den Schiffsrumpf der Discovery, das Begleitschiff der Resolution, mit der Cook 1778 auf Hawaii landete. Kolorierter Kupferstich

■ James Cook wird am 13. Februar 1779 von Eingeborenen auf Hawaii getötet. Kolorierte Lithographie, 1832

»Seine Disciplin war musterhaft, und dies vielleicht um so mehr, da diejenigen Officiere, die aus anderen Kriegsschiffen unter Cooks Commando versetzt wurden, sie gemeiniglich nicht strenge genug fanden ... Wie schön ist nicht dieser Contrast eines großen Mannes, der auch im Matrosen die Menschheit ehrt, gegen jene Seedespoten, in deren Schule jene Tadler gelernt hatten, ihre Willkür für ihr höchstes Gesetz zu halten?«

Georg Forster, über James Cook

Versäumnisse Cooks, sondern auf Batavias Sumpfklima zurückzuführen: Sieben Männer starben an Malaria, dreiundzwanzig an der Ruhr, einer an Tuberkulose. Überlebt hatte – als die Endeavour am 10. Juli 1771 nach fast drei Jahren vor der Themsemündung Anker warf – die Schiffsziege, die Milch für den Kaffee der Offiziere liefern musste. Ihre Tropentauglichkeit hatte sie bereits bei Kapitän Wallis' Weltumsegelung unter Beweis gestellt.

Nachdem James Cook auf seiner dritten Reise bei einer Auseinandersetzung mit Hawaiianern am 13. Februar 1779 gestorben war, verlieh ihm König Georg posthum ein Adelswappen, das in seinem Understatement zum schlichten Namen seines ersten Schiffes Endeavour passte: »Er ließ nichts unversucht.«

# ENDEAVOUR

## DATEN UND FAKTEN

**Baujahr:** 1764 in Whitby als Earl of Pembroke; Kaufpreis 1768: 2800 Pfund.
**Typ:** Bark, Kat-Ship, engl. Bezeichnung für einen Nordsee-Kohlefrachter mit dem Rumpf eines Pinassschiffs
**Ladefähigkeit:** 368 t
**Maße:** Länge: Kiel 24,8 m, unteres Deck 29,7 m, über alles 39,7 m; Breite: 8,9 m; Tiefgang: 3,4 m
**Beseglung:** 3 Masten, zunächst als Bark: Rahsegel an Fock- und Großmast, Gaffelsegel am Besanmast; dann als Vollschiff: ausschließlich Rahsegel
**Besatzung:** 70 Matrosen, 24 Offiziere und Gäste (gewöhnliche Kat-Ship-Besatzung: 15 Mann)
**Bewaffnung:** 6 Schrot-Drehbassen (die 10 Deckkanonen dienten nur als Ballast)
**Verbleib:** Nach der Weltumseglung noch drei Reisen zu den Falkland-Inseln, fährt ab 1775 wieder als Kohlefrachter; wird ab 1790 von einem französischen Reeder unter dem Namen Liberté als Walfangschiff eingesetzt. 1793 vor Rhode Island auf Grund gelaufen.
**Neuerungen:**
· erfolgreiche Bekämpfung des Skorbut (Vitamin-C-Mangelkrankheit) durch Ernährung mit Sauerkraut
· exakte Navigation durch sekundengenaue Chronometer

## BIOGRAPHIE

**James Cook** wird am 27. Oktober 1728 als Sohn eines armen Landarbeiters geboren, ergreift zunächst den Beruf des Vaters, wird Ladengehilfe, beginnt dann eine Lehre auf einem der Küstenschiffe, die Kohle von Northumberland nach Londen transportierten. Er erkennt den Nutzen der Mathematik, verwendet freie Zeit und jeden Schilling auf Unterricht und Bücher. Er bringt es zum »Master« eines Handelsschiffs und tritt 1755 dennoch als Matrose in die Marine ein. Dort macht er während des siebenjährigen Kriegs noch einmal Karriere: Seine Kartographie ermöglicht die Eroberung von Quebec. 1768 wird der Unbekannte, der gleichwohl als bester Astronom Englands gilt, zum Leiter einer wissenschaftlichen Südseeexpedition berufen. Bis 1779 unternimmt er drei solcher Expeditionen in den Pazifik; an der zweiten nehmen Reinhold und Georg Forster teil. Cook umsegelt Neuseeland, erforscht die unbekannte Ostküste Australiens, widerlegt durch eine Umrundung der Antarktis die Existenz des Südlands und besucht die meisten Inselgruppen des Stillen Ozeans. Auf der dritten Reise, deren Ziel die Suche nach einer Nordwestpassage zwischen Pazifik und Atlantik ist, wird er 1779 auf Hawaii (1778 von ihm entdeckt) von Polynesiern erschlagen, nachdem seine Mannschaft einen Tabubruch begangen hat. Die letzte Ehre wird ihm nach Brauch des Inselvolks erwiesen: Der Körper des Gegners wird verzehrt.

## EMPFEHLUNGEN

**Lesenswert:**
Captain James Cook: *Entdeckungsfahrten im Pazific. Logbücher der Reisen von 1768 bis 1779*, Hg.: A. Grenfell Price, Stuttgart 1995

Georg Forster: *Entdeckungsreise nach Tahiti und in die Südsee. 1772–1775*, Hg.: Herman Homann, Stuttgart 1995

Alan Villiers: *Captain Cook, The Seaman's Seaman*, London 2001

Christian von Krockow: *Der große Traum von Bildung. Auf den Spuren der Entdeckungsreisenden James Cook und Georg Forster*, München 2003

Andreas Kollender: *Teori*, Roman, München 2000

Lorenz Schröter: *Venus-Passage*, Roman, Hamburg 2001

Dava Sobel: *Längengrad*, Roman, Berlin 1996

**Besuchenswert:**
Modell der Endeavour (1:50) im Deutschen Technikmuseum, Berlin

Der Nachbau HM Bark Endeavour, Heimathafen Sydney.

National Maritime Museum, Greenwich, London

**Anklickenswert:**
www.barkendeavour.com
www.nmm.ac.uk

**Riechenswert:**
Lavender von Floris, der Lieblingsduft von James Cook:
www.english-scent.com

## AUF DEN PUNKT GEBRACHT

Made in England – keinem anderen Schiff steht dieses Markenzeichen so deutlich auf den Leib geschrieben wie der Endeavour. Sie war ein Arbeitsschiff, gebaut für die Nordsee, für eines der härtesten Segelreviere der Welt. Dann entdeckte sie den Pazifik.

# Bounty
## *Meuterei im Paradies*

■ Die Geschichte der Bounty wurde mehrfach verfilmt. Szenenphoto aus *Meuterei auf der Bounty* von Lewis Milestone

»… sie glaubten unter den Otaheitianern ein glücklicheres Leben führen zu können als in England. Das, und einige Frauengeschichten waren wohl die wesentlichen Gründe der ganzen Affäre.«
William Bligh im Prozess

Wissenschaftlich heißt der Brotfruchtbaum Artocarpus altilis; »altilis« ist die latinisierte Form von Tahiti oder O-Taheite, wie die Polynesier ihre Insel nennen. Dort hatten die Expeditionen von Wallis und Cook den – seit dem 17. Jahrhundert bekannten – Brotfruchtbaum entdeckt. Man kam auf die Idee, Setzlinge von Tahiti in die Karibik zu transportieren und dort anzupflanzen, um mit dem billigen Grundnahrungsmittel die zunehmenden Massen afrikanischer Plantagensklaven kostengünstiger zu ernähren – ein Vorhaben, das Millionen einbringen konnte.

Um diesen Plan zu realisieren, kaufte die Admiralität der Royal Navy 1787 für 1950 Pfund Sterling das drei Jahre alte Vollschiff Bethia und taufte es auf den Namen »Seiner Majestät bewaffnetes Handelsschiff Bounty«; Bounty bedeutet Wohltat. Das Schiff war eine schnittig gebaute Handelsfregatte, um ein Drittel kleiner als Cooks Endeavour. Auf diesem Schiff sollten 774 Blumentöpfe Platz finden und sturmsicher verankert werden. Den Umbau, für den noch einmal 2506 Pfund investiert wurden, leitete der Biologe Sir Joseph Banks, der Cook auf seiner ersten Expedition begleitet hatte und mittlerweile Präsident der Royal Geographical Society geworden war. Die Kapitänskabine wurde in ein Gewächshaus verwandelt, man zog Regale mit Löchern für die Tontöpfe ein und installierte ein recycelndes Bewässerungssystem. Der Kapitän musste in einen der winzigen Verschläge umziehen, die vollmundig Offizierskabinen genannt wurden.

Das Kommando über die Bounty führte Lieutenant Commander William Bligh; ein Mann mit bester Reputation, den sich kein geringerer als James Cook für seine letzte Reise als Ersten Offizier und rechte Hand ausgesucht hatte. Bligh war ein brillanter Seemann und verstand sein Handwerk; durchaus selbstbewusst in seinen Entscheidungen, ließ er von den 45 Tonnen Eisenballast, auf denen die Admiralität bestand, 26 Tonnen gar nicht erst an Bord kommen. Über die 44-köpfige Mannschaft machte er sich keine Gedanken – wie immer waren es meist brave Kerle und die üblichen paar Totschläger. Besonderes Vertrauen setzte Bligh in seinen Decksoffizier Fletcher Christian – einen romantischen Ausreißer aus gutem Hause –, dem sich der Kapitän freundschaftlich verbunden fühlte.

Von Anfang an schien die Bounty kein »lucky ship« (s. S. 84) zu sein. Am 15. Oktober 1787 verließ sie den Hafen, brauchte wegen widrigem Wind jedoch bis zum 23. Dezember, nur um den Ärmelkanal hinter sich zu lassen. Ende März 1788 erreichte sie Kap Horn, drei Wochen lang kreuzte sie vergeblich gegen Monsterstürme an, die das Schiff zu zerschlagen drohten. »Das Schiff beginnt, sich zu beklagen«, notierte Bligh; am 22. April befahl er, die Umschiffung von Kap Horn aufzugeben. Er wollte sein Ziel in entgegengesetzter Richtung erreichen, um das Kap der Guten Hoffnung herum und quer durch den Indischen Ozean. Auf dieser langen Reise erwies sich Bligh als überaus verständnisvoller Kapitän; geradezu revolutionär war sein Befehl, einen Dienstplan einzuführen, der die Mannschaft acht statt der sonst üblichen vier Stunden schlafen ließ. Er wird als temperamentvoll beschrieben, als ein Mann, der mit den Händen fuchtele und schlimmer fluchen könne als eine Londoner Hafenhure. Blighs Lehrmeister – der meist als friedfertiger Über-Vater beschriebene James Cook – regierte durchaus mit härterer Hand. Nur wenige Tage, nachdem 1768 die Endeavour (s. S. 126) den Hafen verlassen hatte, ließ er zwei Matrosen, die sich weigerten, ihre Rindfleisch-Ration aufzuessen, auspeitschen.

Nach einem Jahr auf See, am 26. Oktober 1788, warf die Bounty vor Tahiti, in der Matavi-Bucht Anker. Bis die Brotfruchtsetzlinge herangezogen waren, lebte die Mannschaft 161 Tage wie im Paradies. Bereits jetzt desertierten zwei Matrosen, wurden aber wieder aufgegriffen. Eines Morgens entdeckte die Wache einen Sabo-

Die Meuterei auf der Bounty war kein Einzelfall, auch Desertion gehörte zum Alltag der britischen Royal Navy. 1797, mitten im Krieg gegen Napoleon, meuterte fast die gesamte Navy, vor allem gegen despotische Offiziere. Von 1774 bis 1780 wurden 175 990 Briten zum Kriegsdienst an Bord gepresst, davon starben im Kampf 1243, durch Krankheit und Unfall 18 541, während 42 069 Männer desertierten und sich auf die Seite der jungen amerikanischen Demokratie schlugen.

■ Szenenphoto aus dem Milestone-Film *Meuterei auf der Bounty* von 1962 mit Trevor Howard als Kapitän Bligh und Marlon Brando als Fletcher Christian

tageakt, die Hanftrosse des Ankers war durchgeschnitten, leicht hätte die Bounty unwiderruflich stranden können.

Am 4. April 1789 ließ Bligh den Anker lichten, um die Pflanzen in die Karibik zu transportieren. Auf der Höhe der Freundschaftsinseln, noch bevor am 28. April die Sonne aufgeht, dringen Meuterer in Blighs Kabine ein, angeführt von Fletcher Christian. »Ihr habt meine Kinder auf euren Knien geschaukelt ... Ist dies der Dank für meine Freundschaft?« fragt Bligh, und Christian habe, wie Bligh später notiert, geantwortet: »Das, Kapitän Bligh, das ist es eben! Ich leide wie in der Hölle!« Die Meuterer bemächtigen sich der Bounty und setzen Bligh und achtzehn Getreue in einem offenen Beiboot aus. Bis auf einen haben sie die 3800 Seemeilen lange Fahrt zur holländischen Kolonie Timor überlebt.

■ Die Meuterer haben sich der Bounty bemächtigt und Kapitän Bligh und seine Getreuen in einem Beiboot ausgesetzt. Aquatinta, 1790

Kapitän Blighs Fahrt im offenen, nur 7,5 Meter langen und 2 Meter breiten Beiboot der Bounty gehört zu den Meisterleistungen der Seefahrt. Bligh hatte Sextant und Kompass; für die 19 Männer gab es 150 Pfund Zwieback, 40 Pfund Schweinefleisch, 3 Flaschen Wein, 127 Liter Wasser, 1 Liter Rum und einige Kokosnüsse. Bligh verlor nur einen Mann und erreichte die holländische Insel Timor in 47 Tagen.

Die Meuterer segelten zurück nach Tahiti. Fünfzehn bleiben auf der Insel, Christian fährt mit acht Gefährten und dreißig Tahitianern – darunter zwölf Frauen, auch die schwangere Mauatua, die Christian heiraten will – weiter zur einsamen Pitcairn-Insel. Bis 1808 hörte die Welt nichts von ihnen. Der Matrose Smith, der sich fortan John Adams nennt, erzählt, dass man das Schiff ausgeschlachtet und in Brand gesetzt habe. Später hätten Alkohol und Gewalt regiert, Weiße und Tahitianer seien übereinander hergefallen. Von den Weißen habe nur er überlebt. Als 1825 ein Walfangschiff die Insel anläuft, lebt Adams noch, als Herr über 66 Nachkommen der Meuterer: Er hatte, nach den ersten Erfahrungen, ein striktes Alkoholverbot durchgesetzt.

1791 bricht Bligh ein zweites Mal auf, um Brotfruchtpflanzen von Tahiti zu holen. Die Expedition ist seemännisch ein Erfolg, die Plantagensklaven in der Karibik jedoch weigern sich strikt, die Brotfrucht zu essen, trotz aller Drohungen mit Peitsche und Galgen.

# BOUNTY

## DATEN UND FAKTEN

**Baujahr**: 1784 in Hull als Bethia
**Typ**: Handelsfregatte, schlanke Pinassenform mit spitzem Kiel
**Ladefähigkeit**: 215 t
**Maße**: Länge: Oberdeck 27,7 m, über alles ca. 39 m; Breite: 7,3 m; Tiefgang: 3,5 m
**Besatzung**: 44 Mann, 23 einfache Matrosen, 21 Fachkräfte wie Obersteuermann, Zimmermann, Wundarzt, Zimmermann, Segelmacher, Schiffsschreiber
**Beseglung**: 3 Masten, Vollschiff, 3 Rahsegel an Fock- und Großmast, 2 am Kreuzmast
**Bewaffnung**: 14 Kanonen, vier 6-Pfünder und zehn Halb-Pfünder (Drehbassen)
**Verbleib**: 1790 von den Meuterern vor Pitcairn, 23°04' Süd, 130°06' West, ausgeschlachtet und angezündet. Das Ruder befindet sich heute im Museum der Fidschi-Insel Suva, der Kupferkessel der Kombüse auf der Insel Norfolk.

## BIOGRAPHIEN

**William Bligh** wird am 9. September 1754 als erstes Kind eines Offiziers in St. Tudy geboren. Mit sieben Jahren wird er Kabinenjunge des Kapitäns der HMS Monmouth, mit 16 tritt er in die Royal Navy ein, mit 22 ist er Leutnant und von 1776 bis 1779 Navigator auf Cooks letzter Fahrt. Über die Gründe der Meuterei von 1789 wurde viel diskutiert. Seine Gegner warfen Bligh Willkür vor; es ist bekannt, dass er seine Offiziere oft beleidigt hat. Seiner Karriere schadet der Vorfall nicht. 1792 holt er ein zweites Mal Brotfruchtsetzlinge von Tahiti; 1801, nach der Schlacht von Kopenhagen, wird er von Nelson für seine Tapferkeit ausgezeichnet, 1805 als Gouverneur nach Neu-Südwales geschickt. Als er dort den illegalen Rumhandel der Offiziere bekämpft, meutern diese; wieder ist von tyrannischem Verhalten die Rede. Bligh wird kurzzeitig festgesetzt, später werden die Meuternden der Verschwörung angeklagt. Der »glücklose Bligh«, wie er genannt wird, stirbt 1817 im Rang eines Vizeadmirals in London.

**Fletcher Christian** wird am 25. September 1764 als Kind einer Oberschichtfamilie in Cumberland geboren. Nach dem Tod des Vaters gerät die Familie in finanzielle Schwierigkeiten und Christian geht zur See. 1787 wird er, 22-jährig, auf die Bounty versetzt. Zur Familie des Kapitän Bligh unterhält er enge freundschaftliche Beziehungen. Seine Umgangsformen sind vorzüglich. Er hat ein auffällig südländisches Aussehen, ist groß, muskelbepackt und trägt einen Stern als Tätowierung auf der Brust. Er stirbt nach 1790 auf Pitcairn. Nach anderen Erzählungen soll er 1808 unerkannt nach London zurückgekehrt sein, was jedoch unwahrscheinlich ist.

## AUF DEN PUNKT GEBRACHT

Die Meuterei auf der Bounty wurde zur berühmtesten der Weltgeschichte, denn es ging dabei nicht um Widerstand gegen einen brutalen Kapitän, sondern um Liebe. Bligh und sein Arbeitsschiff – ein schwimmendes Gewächshaus – sind ein Kuriosum.

## EMPFEHLUNGEN

**Lesenswert:**

Captain William Bligh: *Meuterei auf der Bounty*, Stuttgart 1997

John Toohey: *Käpt'n Blighs Albtraum*, Hamburg 2002

Burghard Pieske: *Bounty Bay, 5000 nasse Meilen im Pazifik. Auf den Spuren von Captain Bligh*, Bielefeld 1999

Dea Birkett: *Schlange im Paradies. Meine Reise nach Pitcairn-Island*, München 2001

**Sehenswert:**

*In the Wake of the Bounty*. Regie: Charles Chauvel; mit Errol Flynn. USA 1933

*Meuterei auf der Bounty* (*Mutiny on the Bounty*). Regie: Frank Lloyd; mit Charles Laughton, Clark Gable. USA 1935

*Meuterei auf der Bounty* (*Mutiny on the Bounty*). Regie: Lewis Milestone; mit Marlon Brando. USA 1962

*Die Bounty (The Bounty)*. Regie: Roger Donaldson; mit Mel Gibson, Anthony Hopkins, Laurence Olivier. USA 1984

**Besuchenswert:**

Das Grab von Bligh im Lambeth Churchyard, London

Der Pferdeschwanz von John Adams, im National Maritime Museum, Greenwich, London

Die Bounty II (Nachbau), in St. Petersburg, Florida

Die Bounty III (Nachbau), in Sydney

# Constitution

## *Old Ironsides – der Stolz der US Navy*

1794. Eiskalter Winterregen peitschte in John Morgans Gesicht, seine Füße sackten tiefer in den Morast. Einer seiner Holzfäller übergab sich, das Erbrochene war schwarz, »vomito negro«, Gelbfieber. Morgan hatte keinen Blick dafür. Er betrachtete die Eiche, vor der er lange, schweigend und meditierend stand wie ein Bildhauer, der versucht, einen Block Carrara-Marmor zu verstehen. Er sollte die härtesten Eichen der USA finden. 3000 davon brauchte man für ein Schiff wie die Constitution. Die Vereinigten Staaten hatten beschlossen, eine eigene Kriegsmarine aufzubauen. Doch konnte die junge Nation eine Riesenflotte wie die Großbritanniens, die aus 900 Schiffen bestand, nicht finanzieren. Dies Handikap sollten John Morgans Eichen und amerikanischer Erfindergeist wettmachen. Die Grundidee war einfach: Wer nur wenige Schiffe hat, muss sie unschlagbar machen.

Auf neue Lösungen kommt man nur, wenn man sich grundsätzlich von alten Denkmustern verabschiedet. Im Zweiten Weltkrieg produzierte Großbritannien ein Flugzeug, das ein Konstrukteur von Spielzeugflugzeugen entworfen hatte: die Mosquito. Aus Balsa-Holz und damit schneller als jedes andere Flugzeug wurden sie

■ Die Constitution (links) im Hafen von Boston. Die US-Fregatte und ihr Schwesterschiff USS Constellation sind die ältesten noch schwimmenden Kriegsschiffe der Welt. Gemälde von Robert Salmon, 1840

▪ Restaurierung der Constitution im Jahre 1858

zur Plage der deutschen Luftwaffe. Eine ähnliche Idee hatte der Schiffbauer Joshua Humphreys aus Philadelphia, der am 28. Juni 1794 den Regierungsauftrag erhielt, die neuen unschlagbaren Schiffe zu konzipieren. Stur ignorierte der Quäker die über 200 Jahre alten Grundkonzeptionen für den Bau von Kriegsschiffen. Alle Flotten der Welt fuhren ausnahmslos zwei Schiffstypen: große und schwerfällige Linienschiffe mit enormer Feuerkraft sowie kleine Fregatten, die sich durch Schnelligkeit auszeichneten. Was, so fragte sich Joshua Humphreys, sprach eigentlich dagegen, beides zu kombinieren? Warum konnte man nicht einfach eine kleine »Spielzeug«-Fregatte so groß wie ein mächtiges Linienschiff bauen?

Sechs solcher »Superfregatten« sollten fertiggestellt werden: vier der 44-Kanonen-Klasse und zwei mit 38 Geschützen. Eine der 44er wurde die USS Constitution, die am 21. Oktober 1797 in Boston vom Stapel lief.

Dort, im Hafen von Boston, liegt sie auch heute, ein intaktes Schiff, das jederzeit Segel setzen könnte. Für die Amerikaner – die die Constitution liebevoll »Old Ironsides« nennen – ist das Schiff eine der Ikonen ihrer Geschichte, so bekannt wie die Freiheitsstatue. Bis heute wird die Constitution im offiziellen Register der US Kriegsmarine geführt: ein Symbol der Stärke und der Tradition. Nach der britischen HMS Victory ist sie das zweitälteste Kriegsschiff der Welt, das noch »im Dienst« steht.

Am 25. Oktober 1793 kaperten Schiffe des Hassan Pascha am Kap St. Vincent die amerikanische Handelsbrigg Polly. Der Bey von Algier verlangte Lösegeld für seine Gefangenen. Einer von ihnen, John Foss aus Newburyport, berichtet: »Als wir in Algier ankamen, erblickten wir ein paar Landsleute und ungefähr 600 Christensklaven aus anderen Ländern in jämmerlichem Zustand, niedergeschlagene Gestalten mit Ketten an den Beinen. Jeder von uns erhielt eine schmutzige Decke und einen kleinen Laib Schwarzbrot. Am Tag nach unserer Ankunft legte man uns 25 bis 40 Kilo schwere Ketten an.« Daraufhin beschloss der amerikanische Senat am 27. März 1794, die amerikanische Kriegsmarine aufzubauen.

Ihre Jungfernfahrt begann die Constitution am 22. Juli 1798, ein begeisternder Anblick: 55 Meter, also über zehn Stockwerke hoch

1799, während ihrer Jungfernfahrt in der Karibik, wurde die Constitution von James Parker, dem Kapitän der britischen Fregatte HMS Santa Margaretta zu einer Wettfahrt herausgefordert. Kapitän Issac Hull schlug ein, als Preis wurde ein Fass Madeira ausgesetzt. Nach dem Startschuss entfaltete die Constitution in einer kräftigen Brise ihre 37 Segel, bis Sonnenuntergang hatte sie die britische Fregatte weit hinter sich gelassen. Erst im britisch-amerikanischen Krieg (1812 bis 1814) jedoch begriff die Londoner Admiralität, wie gefährlich dieser Schiffstyp war.

war der Großmast, 4000 Quadratmeter Segel ließen sich setzen. 456 hochmotivierte Männer waren an Bord: Freiwillige, nicht wie die Matrosen anderer Flotten zwangsverpflichtet. Offiziell war die Constitution mit 44 Kanonen bestückt, doch jeder Fregattenkapitän besorgte sich zusätzlich Kanonen, sodass auch sie mit 60 Geschützen auf Jungferfahrt ging: Mit jeder Salve konnte die Constitution über eine halbe Tonne Blei spucken.

Das Deck bog sich unter der schweren Last »wie ein Katzenbuckel«, berichten Augenzeugen. Doch der Erbauer der Constitution, Joshua Humphreys, hatte mit verschiedenen Innovationen dafür gesorgt, dass die Statik dieser Belastung standhielt. Eine dieser Neuerungen waren zwölf diagonale Streben, die – zusätzlich zu den herkömmlichen rechtwinklig gesetzten – Lasten aufnehmen konnten – eine Idee, die Humphreys von der Dachkonstruktion holländischer Scheunen übernommen haben soll.

■ Anlässlich ihres 200-jährigen Geburtstages durchsegelt die Constitution am 8. Juli 1997 die Massachusetts Bay

Ihre Feuertaufe erhielt die Constitution in kleineren Scharmützeln mit französischen Schiffen, die vor der amerikanischen Ostküste und in der Karibik ohne Kriegserklärung einen Kaperkrieg führten. Von 1803 bis 1806 diente die Constitution als Flaggschiff der amerikanischen Kriegsflotte im Mittelmeer, wo nordafrikanische Piraten US-Handelsschiffe bedrohten. Dort machte sich ihr damaliger Kapitän Commodore Edward Preble einen Namen, der unter seinen jungen, gerade 20-jährigen Seeoffizieren einen besonderen Corps-Geist schuf – ähnlich wie Lord Nelson mit seiner »band of brothers«. Bald galt es als Ehre, zu »Preble's boys« oder »Preble's kindergarten« zu gehören. Ihren Showdown erlebte die Constitution 1812 bis 1814, im Krieg gegen Großbritannien, deren Royal Navy mittlerweile als unbesiegbar galt. Nur Lord Nelson, der vom Hafen von Gibraltar aus die Constitution unter vollen Segeln beobachtet hatte, erkannte, was in ihr steckte: »In der Seetüchtigkeit dieser Schiffe liegt der Keim, aus dem der Marine Britanniens viel Verdruss entstehen wird.« Die britische Admiralität aber hielt sich an herkömmliche Unterscheidungen, die der Konstrukteur der Constitution überwunden hatte. Sein Schiff wurde offiziell als Fregatte geführt, war auch so schnell wie eine Fregatte, aber als Linienschiff deutlich stärker. Zwei Jahre und die Erfahrung bitterer Niederlagen brauchte die Royal Navy, um dies zu begreifen. Zwei Duelle der Constitution mit den britischen Fregatten Java und Guerrière hatten das Selbstbewusstsein der stärksten Marine der Welt erschüttert und zu dem Befehl geführt, sich nicht mehr in Einzelgefechte mit den Superfregatten einzulassen.

▪ William Bainbridge (1774–1833), amerikanischer Marineoffizier, befehligte die Constitution im Sieg über die britische Fregatte Java von 1812. Stich nach einem Gemälde von John Wesley Jarvis

Am 19. August 1812 kurz vor 14 Uhr sichtete der Ausguck der Constitution 200 Seemeilen östlich von Halifax die 38er-Fregatte Guerrière. Der Himmel war bedeckt, kaum Wind, die See austernfarben. Kurz nach 17 Uhr eröffnete die Guerrière auf eine Distanz von 1200 Metern das Feuer: alle drei Minuten eine Salve. Die Geschütze der Constitution schwiegen. Gegen 18 Uhr hatten sich die Schiffe einander bis auf 50 Meter genähert. Die britischen Kanonen brüllten ein weiteres Mal, die der Constitution antworteten noch immer nicht. »Bitte um Erlaubnis, das Feuer zu eröffnen«, bat First Lieutenant Morris. Kapitän Hull, einer von Preble's boys, schüttelte leicht den Kopf und murmelte ein beiläufiges »Noch nicht, Sir.« Noch zweimal wiederholten sich Frage und

■ Die Constitution, spätes 19./frühes 20. Jahrhundert

»Never has she failed us« – nie ließ sie uns im Stich: das Motto der Matrosen der Constitution

Antwort. Dann war die Constitution auf 25 Meter an die Guerrière herangekommen und Kapitän Hull nickte: »Okay, Jungs, jetzt deckt sie ein.« In nicht einmal dreißig Minuten war die Guerrière ein mastloses Wrack, von ihren 302 Mann waren 101 tot oder verwundet, von den 456 Mann der Constitution sieben tot und sieben verwundet.

Ihre Bordwand war bis zu 58 Zentimeter dick, aus dem härtesten Eichenholz der Welt, nämlich dem der immergrünen Virginia-Eiche, das fünfmal härter ist als das der europäischen Weißeiche. Während des Trommelfeuers der Guerrière prallten die meisten Kanonenkugeln einfach am Rumpf der Constitution ab, und einer ihrer Matrosen rief: »Hey, die hat ja Wände aus Eisen!« Der Ehrenname des Schiffes war geboren: Old Ironsides.

Man hat Sorge dafür getragen, dass dieses Symbol des amerikanischen Selbstbewusstseins nicht untergehen wird. Für die nächste planmäßige Grundüberholung der Constitution im Jahr 2040 hat die US Navy im Bundesstaat Indiana ein 12 000 Hektar großes Waldareal gekauft, auf dem 1500 Virginia-Eichen wachsen.

# CONSTITUTION

## DATEN UND FAKTEN

**Baujahr**: 1795–98, auf der Hartt-Werft in Boston. Konstrukteure: Joshua Humphreys und Josiah Fox
**Typ**: Offiziell und von der Form her eine Fregatte, nach Größe und Stärke ein Linienschiff
**Wasserverdrängung**: 2200 t
**Maße**: Länge: Kiel 48,2 m, Deck 53,3 m, mit Galion 62 m, »über alles« ca. 93 m; Breite: 13,3 m; Tiefgang: 6,9 m
**Baumaterial**: 3000 Virgina-Eichen für den Rumpf, Deckplanken aus Weißeiche und Kiefer, Masten aus Weymouthskiefer, weitere Hölzer: Bleistiftzeder, Buche, Ulme
**Baukosten** ca. 120 000 US-Dollar
**Beseglung**: 3 Masten, Vollschiff-Takelung, an Fock- und Großmast bis zu 5 Rahsegel; insgesamt 37 Segel mit 4000 qm Fläche; Geschwindigkeit: zwischen 11 und 16 Knoten
**Besatzung**: max. 460 Mann
**Bewaffnung**: 1798: 60 Geschütze (dreißig 24-Pfünder, Eigengewicht eines Geschützes: 3 Tonnen; sechzehn 18-Pfünder; vierzehn 12-Pfünder); 1812: 55 Geschütze (dreißig 24-Pfünder, vierundzwanzig 24-Pfünder-Karronaden, die auf kurze Distanz wie gigantische Schrotgewehre funktionierten) und ein langes 18-Pfund-Jagdgeschütz
**Verbleib**: 1815 feuerte die Constitution ihren letzten Schuss, 1821 wurde sie als propello marino kurzzeitig mit einer Dampfmaschine und seitlichen Schaufelrädern ausgerüstet und versah bis 1828 Friedensdienste. 1830 wurde sie restauriert. 1849 wurde in Italien Papst Pius IX. an Bord empfangen – der erste Papstbesuch auf »amerikanischem Boden«. 1858 erneut restauriert, diente sie ab 1860 als Schulschiff. 1897 nahm man sie aus dem aktiven Dienst und wandelte sie zur schwimmenden Unterkunft für Marinerekruten um. 1905 wurde der Plan verworfen, sie als Zielschiff einzusetzen. 1927 bis 1931 für eine Million US Dollar überholt, ging sie von 1931 bis 1934 auf große Fahrt. Heute liegt das traditionsreiche Schiff im Hafen von Boston.
**Neuerungen:** Visiere für die Geschütze; außerdem ersetzten Pulverkartuschen aus dünnem Bleiblech die bis dahin üblichen aus Leinen. Damit entfiel das Auswischen des Geschützrohres mit einem nassen Schwamm, was verhinderte, dass die nächste Pulverkartusche aus Leinen durch glühende Reste vorzeitig explodierte. Die Feuergeschwindigkeit konnte so um 30 Prozent gesteigert werden. Scharfschützen wurden an Bord kommandiert, deren Gewehre von der Mannschaft geladen wurden.

## AUF DEN PUNKT GEBRACHT

Mit der USS Constitution und ihren Schwesterschiffen beginnt der Aufstieg der USA zur Weltmacht. Die Constitution ist zu einem Symbol amerikanischen Erfindergeistes geworden. Und sie ist ein Traum von einem Schiff.

## EMPFEHLUNGEN

**Lesenswert:**
Henry E. Gruppe (Hg.): *Die Fregatten*. Amsterdam 1980

Tyrone G. Martin: *A most fortunate Ship*, Boston 1979

Thomas C. Gillmer: *Old Ironsides*, Camden 1997

Edward L. Beach: *The United States Navy*, Boston 1987

László Veres, Richard Woodman: *Unter Segeln*, Bielefeld 2002

**Sehenswert:**
*Old Ironsides*. Regie: James Cruze. USA 1926

*Master & Commander – Bis ans Ende der Welt (Master and Commander. The far Side of the World)*. Regie: Peter Weir; mit Russel Crowe. USA 2003 (nach dem Roman von Patrick O'Brian)

**Besuchenswert:**
Das Originalschiff im Hafen von Boston

Modell (1:72) im Deutschen Technikmuseum, Berlin

Das Schwesterschiff USS Constellation in Baltimore. Es lief schon am 26. Juni 1798 vom Stapel und ist damit das älteste heute noch schwimmende Schiff.

**Anklickenswert:**
www.ussconstitution.navy.mil
www.ussconstitutionmuseum.org

# Victory

## *Lord Nelsons alte Lady*

Die Victory steht für den jahrhundertealten Widerstandswillen der Briten, die mit ihrer Royal Navy sowohl die spanische Inquisition als auch Napoleon und schließlich Hitler gestoppt haben. Die Victory überlebte sogar eine deutsche Fliegerbombe, die 1941 in ihre Bordwand schlug. Unverwüstlich tut das älteste im Originalzustand erhaltene Kriegs- und Segelschiff der Welt Dienst, wenn auch im Trockendock: als Stationsschiff des Naval Home Command in Portsmouth.

Trafalgar, 21. Oktober 1805, 11.20 Uhr. Nelson erscheint auf dem Befehlsdeck der Victory, seine diamantenbesetzten Orden funkeln in der Mittagssonne. Das Flaggschiff liegt auf Backbordbug, die Lee-Segel wie Schwingen ausgebreitet, und wie eine Burg ragt der Rumpf aus dem Wasser. Der 62 Meter lange Großmast aus Tannenholz ist so hoch wie ein elfstöckiges Gebäude. Im Rumpf des Schiffs brennen die Reservelunten, und 104 Kanonen warten mit ihren Mannschaften darauf, den Gegner im Minutentakt mit einer Tonne Eisen zu belegen.

Lord Nelsons Victory war das älteste Schiff in der legendären Schlacht bei Trafalgar, in der Napoleons Weltmachtträume vereitelt wurden. Doch hatte er das 45 Jahre alte Schiff bewusst zum Flaggschiff gemacht. 1759 entworfen, 1765 fertiggestellt – zu einer Zeit, als sich die Schiffskonstrukteure noch nicht ganz von den Formen bauchiger Galeonen verabschieden wollten –, hatte sie brillante Segeleigenschaften. Sie segle, so die Matrosen, so schnell und präzise, als fahre sie auf Rädern, darum auch der Spitzname »die Kutsche« – zugleich eine Anspielung auf die eher nüchtern eckigen Linien des Schiffs.

Der Wind war schwach, doch die Victory machte gute Fahrt. Schiffsarzt Dr. Beatty sprach leise mit dem Schiffsgeistlichen: Nelsons Orden und seine Paradeuniform seien Selbstmord, ein perfektes Ziel für die französischen Scharfschützen. »Überlegen Sie, was Sie tun, Doktor«, antwortete dieser, »ich jedenfalls würde nicht wagen, ihn darauf anzusprechen.« Unaufhaltsam schob sich die Victory auf die Phalanx der Franzosen und Spanier zu und segelte dabei so schnell, dass sie sich an die Spitze der britischen Flotte setzte. Die Bordkapelle setzte ein, »Hearts of Oak« ertönte – die Hymne auf Britanniens »Mauern aus Eiche«, auf die Schiffe der Navy also und deren Besatzung, die »Männer aus Eisen«.

■ Die Victory im Hafen von Portsmouth, England

2500 ausgewachsene Eichen sowie 1500 Buchen und Ulmen waren im Rumpf der Victory verbaut worden: Sie war für Menschen im Jahr 1805 so beeindruckend wie heute ein Flugzeugträger. Drei Flotten kämpften vor Trafalgar, aber nicht zwölf solcher Schiffe waren darunter. Die Baukosten für eine Tonne Schiffsraum der Victory lagen vier Pfund Sterling über denen eines kleineren Linienschiffs.

850 Mann segelten auf der Victory – das Leben war eng an Bord, der Alltag war hart und oft lebensgefährlich. Doch starben über 80 Prozent der Seeleute nicht in Schlachten, sondern durch Arbeitsunfälle, Krankheiten und Schiffbruch. Wer nicht parierte, der wurde durch die Peitsche – die Neunschwänzige Katze – an Zucht und Ordnung erinnert. Der Kapitän war der »master next God«, Herr über Leben und Tod an Bord. Die weitaus meisten Auspeitschungen aber gab es wegen jenes Kriegsartikels, der »Sodomie« unter Strafe stellte, womit Homosexualität gemeint war. Die Ernährung an Bord war eintönig, das eingepökelte Schweinefleisch nahm rasch Farbe und Härte von Mahagoni an. Dennoch: Solange sie ihre tägliche Rumration bekamen, ertrugen die Männer den harten Dienst. Freiwillig jedoch, wie der spätere Entdecker James Cook, war kaum einer zur Navy gekommen. In Kriegszeiten wurden Matrosen zum Dienst gepresst; man rekrutierte Häftlinge aus Gefängnissen oder verhaftete wahllos Männer auf der Straße, manchmal vor den Augen ihrer Familien. 80 Prozent der Matrosen auf der Victory waren so aus dem Zivilleben gerissen worden. Aber Nelsons Navy schaffte es in kurzer Zeit, aus Perückenmachern, Bauern, Schustern oder Obdachlosen die gefürchtetsten Soldaten und besten Seeleute der Welt zu machen. Die Desertionsrate bei der Royal Navy war relativ niedrig – nur im amerikanischen Unabhängigkeitskrieg schnellte sie in die Höhe, weil die britischen Matrosen nicht gegen ihre Brüder kämpfen wollten. »Egalité« und »Fraternité«, die mitreißenden Forderungen der Französischen Revolution, gehörten zum common sense an Bord eines britischen Kriegsschiffes. Wer bereit war, eine Kanone des Vereinigten Königreichs abzufeuern, dem standen, unabhängig von Hautfarbe und Religion, bestimmte Rechte zu; jeder einfache Matrosen konnte sich zum Admiral hochdienen; Nelson behandelte seine Männer als »band of brothers«.

Im Oktober 1805 waren Männer aus 36 Nationen an Bord, darunter auch ehemalige Sklaven. Und: als Matrosen verkleidet kämpften auch drei Frauen für England – Jane Townshend, Ann

■ Lord Nelson gehörte zu den »jungen Wilden« der Royal Navy. Immer wieder ignorierte er die Befehle seiner Vorgesetzten, ob 1797 bei Kap St. Vincent oder 1801 vor Kopenhagen. Mehr noch bewegte Nelsons Affäre mit Lady Emma Hamilton, der Frau des britischen Botschafters in Neapel, die damalige Gesellschaft. Drei Jahre lebte er mit den beiden in einer »ménage à trois« unter einem Dach. Doch selbst als Nelson und Lady Hamilton ihre Ehepartner verließen und in London ein gemeinsames Haus bezogen, tat dies der Verehrung des nur 1,57 Meter großen Mannes, der ein Auge und einen Arm verloren hatte, keinen Abbruch.

■ *Die Schlacht von Trafalgar,* kolorierter Stahlstich

»Wenn wir den Ärmelkanal sechs Stunden lang beherrschen, sind wir die Herren der Welt.« Napoleon

Hoping und Mary Ann Riley. Als diese Jahrzehnte später die General Service Medal beantragte, bestritt die Admiralität nicht, dass sie als Kanonier auf der Victory gedient hatte, verweigerte die Medaille dennoch: Man müsse sonst »mit zahllosen Anträgen rechnen«.

Trafalgar, 21. Oktober 1805, 12.20 Uhr. Der britischen Flotte weit voran, schiebt sich die Victory seit nun schon dreißig Minuten allein durch den Kugelhagel der feindlichen Schiffe, noch immer ohne das Feuer zu erwidern – »keine Munitionsverschwendung«, hatte Nelson befohlen, »warten, bis es sich lohnt.« Ein verstümmelter Leichnam wird über Bord geworfen, Nelson dreht sich um und fragt: »War das der arme Scott?« Da erwischt auch ihn die Kugel eines Scharfschützen. Um 16.40 Uhr stirbt er. Aber Nelson und seine Victory hatten an diesem Tag ihre wichtigste Schlacht gewonnen, Napoleons Flotte war vernichtet, die Invasion Britanniens für immer unmöglich gemacht. Am 22. Dezember traf die Victory in England ein, an Bord den Leichnam Nelsons, konserviert in einem Fass Brandy.

# VICTORY

## DATEN UND FAKTEN

**Baujahr**: 1759–65
**Typ**: Kriegsschiff 1. Ordnung, Dreideck-Linienschiff
**Wasserverdrängung**: 2164 t
**Maße**: Länge: Wasserlinie 56,7 m, über alles 92 m; Breite: Rumpf 15,9 m, Deck 12,1 m; Tiefgang: 6,5–7,6 m
**Beseglung**: 3 Masten, als Vollschiff getakelt, Segelfläche 16 000 qm; Höchstgeschwindigkeit: 14 Knoten (26 km/h)
**Besatzung**: 850 Mann
**Bewaffnung**: 104 Geschütze: dreißig 32-Pfünder, dreißig 24-Pfünder, vierundvierzig 12-Pfünder
**Ladung**: 35 t Pulver, 120 t Kanonenkugeln
**Geschichte:** Geplant von Sir Thomas Slade, dem Chefkonstrukteur der Navy, gebaut auf der Navy-Werft Chatham. Stapellauf am 7. Juli 1765. Baukosten: über 100 000 Pfund Sterling. Erst 1778 in Dienst gestellt, zunächst im amerikanischen Unabhängigkeitskrieg. 1798 demobilisiert, 1801 auf Nelsons Wunsch reaktiviert. Nach Trafalgar Einsatz in der Ostsee, 1812 außer Dienst gestellt. Flaggschiff von 1844–69, Büroschiff von 1869–90. Seit 1922 im Trockendock. Heute Flaggschiff des Marine-Heimatkommandos.
**Neuerungen**:
· Steinschlösser an den Geschützen (statt Lunten)
· Nelsons neue Seekriegstaktik: Entern und Erobern statt der bisherigen Artillerieduelle auf Distanz

## BIOGRAPHIE

**Sir Horatio Nelson** wird am 28. September 1758 als sechstes von elf Kindern einer Pfarrerfamilie in Burnham Thorpe, Norfolk, geboren. Mit zwölf Jahren, nach dem Tod der Mutter, geht er, der zeitlebens heftig unter der Seekrankheit leidet, zur See, erwirbt 1777 sein Leutnantspatent und wird 1778 Kommandant der Brigg Badger. 1787 gerät er bei der Admiralität in Ungnade und wird erst 1793 reaktiviert. Nach dem Sieg über die spanische Flotte (1797) wird er zum Konteradmiral ernannt. Im gleichen Jahr verliert er bei einem Angriff auf Teneriffa den rechten Arm. 1798 schlägt er Napoleons Flotte bei Abukir, was ihm den Titel eines Barons einträgt. 1798–1800 in Neapel stationiert, beginnt er seine Affäre mit Lady Emma Hamilton. Erneut in Ungnade gefallen, wird er zurückbeordert, doch sein Einzug in London (mit der Geliebten und ihrer Familie) wird zum Triumphzug: Nelson ist zum Volkshelden geworden. 1801, nach Kopenhagen entsandt, führt er die englische Flotte zum Sieg. 1803 wird er Kommandeur der englischen Mittelmeerflotte. 1805 droht die Invasion der britischen Insel; in der Schlacht von Trafalgar, gegen die vereinte französisch-spanische Flotte, wendet die englische Navy diese Gefahr ab. Nelson verliert sein Leben.

## AUF DEN PUNKT GEBRACHT

Die Victory ist eine Ikone Großbritanniens, populär wie die Queen und die Rolling Stones zusammen. Ihre Mannschaft war so kosmopolitisch wie das heutige London.

## EMPFEHLUNGEN

**Lesenswert:**
Frank Adam: *Herrscherin der Meere*, Hamburg 1998

A.B.C. Whipple: *Krieg unter Segeln*, Amsterdam 1979

Dudley Pope: *Life in Nelson's Navy*, London 1997

Friedrich-Wilhelm Pohl: *Lord Nelson. Ein Triumphzug durch Europa*, Hamburg 2002

Gilbert Sinoué: *Emma. Das Leben der Lady Hamilton*, München 2003

Susan Sontag: *Der Liebhaber des Vulkans*, Frankfurt/M. 1996

**Sehenswert:**
*Des Königs Admiral* (*Captain Horatio Hornblower*). Regie: Raoul Walsh; mit Gregory Peck. USA 1951

**Besuchenswert:**
Die Victory im Portsmouth Historic Dockyard

National Maritime Museum, Greenwich, London

Nelsons Grab: Krypta der St. Paul's Cathedral, London

**Anklickenswert:**
www.hms-victory.com

**Riechenswert:**
Nelsons Lieblingsduft Bitterorange – »Neroli«: www.englishscent.com

**Spielenswert:**
Die Victory-Schlachten als Brettspiel: *Close Aktion* von Mark A. Campbell, Phoenixville 1997

# Santissima Trinidad

## *Niederlage in der Schlacht von Trafalgar*

»Es ist traurig, das schöne und starke Schiff mit Schafhirten und Bettlern bemannt zu sehen«, so der französische Admiral Villeneuve wenige Tage vor der Schlacht von Trafalgar 1805. Er hatte das Schlachtschiff Santissima Trinidad besucht und die dort auf spanischen Kriegsschiffen üblichen Verhältnisse vorgefunden: Die Kleidung der 1115 Seeleute bestand aus alten Fetzen, viele gingen halbnackt. Eine Kleiderordnung gab es nicht. Tatsächlich sind die Matrosen der spanischen Kriegsmarine überhaupt nur einmal offiziell eingekleidet worden – im Jahr 1759. Zudem starrten die Seeleute der Santissima Trinidad vor Schmutz; sie wirkten krank und ausgezehrt, denn auch mit der Proviantversorgung stand es nicht zum Besten. Die Diskrepanz zwischen der kläglichen Mannschaft und der Pracht Schiffs konnte nicht extremer sein.

Die Santissima Trinidad war, bereits als sie 1769 in Havanna vom Stapel lief, das größte und stärkste Kriegsschiff unter Segeln in der westlichen Welt, gebaut aus bestem amerikanischen Eichenholz. 1790 wurde sie umgebaut und verfügte dann, ebenfalls einmalig, über vier Geschützdecks, die sich zehn Meter hoch übereinander türmten. Kein Wunder, dass es einem britischen Matrosen während der Schlacht von Trafalgar erschien, als segle eine schwimmende Stadt auf ihn zu: Die sechs Meter hohe weiße Figurengruppe der Dreifaltigkeit am überreich und mit viel Gold verzierten Bug habe ihn an eine katholische Kathedrale erinnert. Selbst Lord Nelson hätte, wenn er sich ein Flaggschiff hätte frei aussuchen dürfen, die Santissima Trinidad gewählt.

Doch ein Schiff besteht eben nicht nur aus Holz und Kanonen, sondern auch aus den Menschen, die es zum Leben erwecken. Und die Matrosen der Santissima Trinidad waren nicht nur schlecht gekleidet und ernährt, sie waren auch schlecht ausgebildet. Bürokratie, Korruption und kontraproduktive Reformversuche wie die Verfügung »Matrícula de Mar« vom 1. Januar 1751 schürten das erbitterte

■ Die Santissima Trinidad. Aquarell von Agustín Berlinguero

■ Das Kriegsschiff Pelayo eilt der Santissima Trinidad in der Schlacht vor dem Kap St. Vincent zu Hilfe.

Gegeneinander von Marineverwaltung und Offizierscorps noch weiter und zerstörten die innere Struktur der spanischen Marine vollständig. Den negativen Höhepunkt dieses schleichenden Desasters, das die Spanier »la leyenda negra« nennen, erlebte die spanische Marine in der Schlacht von Trafalgar 1805. Das Stereotyp der unfähigen spanischen Offiziere – die Engländer nannten sie nur die »Dons« – ist keine Übertreibung. Um 1750 erhielten die spanischen Seekadetten erst in ihrer vierten, der Abschlussklasse täglich eineinhalb Stunden Einführung in die Takelage des Schiffes; für den Tanzunterricht war eine Stunde angesetzt.

Ihren ersten historischen Auftritt hatte die Santissima Trinidad am 14. Februar 1797 in der Schlacht vor dem spanischen Kap St. Vincent. Mit der Captain und drei weiteren Schiffen griff Nelson direkt an. Rasch sah sich die Santissima Trinidad gezwungen, die Flagge zu streichen. Die Engländer enterten, und einer der Offiziere berichtete später, auf vielen Geschützrohren hätten noch die Schutzkappen gesteckt. Dann aber brachen die spanischen Offiziere – für die Engländer völlig unvorstellbar – ihr Kapitulations-Ehrenwort, drängten die Briten von Bord, und die Santissima Trinidad stahl sich davon.

»Die sicherste Methode, spanische Schiffe zu vernichten, ist es, sie mit spanischen Besatzungen aufs Meer zu schicken.« Lord Nelson

Die Besatzungen mochten vernachlässigt und schlecht ausgebildet sein: Die Schiffe, die in den spanischen Werften von Stapel liefen, finanziert mit dem Gold und dem Silber aus den südamerikanischen Kolonien, waren exzellent. Um 1795 erreichten sie ihren technisch höchsten Stand. Häufig wurden sie von hochbezahlten englischen Schiffbauern konstruiert. Auch Matthew Mul-

■ Francisco Xavier de Uriarte y Borja, der die Santissima Trinidad in der Schlacht von Trafalgar befehligte. Gemälde, 1853

lan, der die Santissima Trinidad in Havanna baute, war Engländer in spanischem Dienst. Auch die Royal Navy schätzte die Perfektion dieser Schiffe: Sechsunddreißig Beuteschiffe segelten unter dem Union Jack. Und das Kommando eines solchen Schiffs galt als Auszeichnung.

Noch ein zweites Mal attackierte Nelson die Santissima Trinidad: Am 21. Oktober 1805 vor Trafalgar, diesmal mit der Victory (s.S. 142). Nach einer Stunde strich die Santissima die Flagge. Den Briten, die herangerudert waren, um das Schiff zu übernehmen, wurde höflich mitgeteilt, die Flagge sei durch Schusseinwirkung gefallen. Die Spanier wollten weiterkämpfen. Der britische Offizier erinnerte sich später an die Rinnsale von Blut, die dem Wellenschlag folgend mal nach Backbord, mal nach Steuerbord von Deck liefen. Zweihundert Tote und Schwerverwundete hatte das Schiff zu diesem Zeitpunkt. Die Spanier warteten, bis die Briten in Sicherheit waren, und feuerten noch eine weitere Stunde, bis sie endgültig kapitulierten.

In der Nacht brach ein Sturm los, der sich zum Orkan steigerte. Die beiden britischen Schiffe Ajax und Revenge, die das mastlose Wrack der Santissima Trinidad nach Gibraltar schleppen sollten, mussten die Trossen loswerfen. Hastig verließ das britische Prisenkommando das spanische Schiff. Als die Leinen des kleinen Beibootes losgeworfen waren, schaute plötzlich eine maunzende Katze aus einem der Geschützrohre. Midshipman Jenkins griff sie und steckte sie unter seine Jacke. Und wenig später begann das größte Kriegsschiff der Welt in einem gischtweißen Strudel zu sinken. Ein geretteter spanischer Offizier notierte später: »… es drang durch die Luken grauenerregendes Schreien empor. Es kam von den Unterdecks, von den Unglückseligen, die das Wasser schon steigen sahen, in dem sie ertrinken mussten.« Siebenhundert Mann ertranken, die meisten von ihnen Hirten und Bettler.

Die Rationen für die Matrosen der britischen Victory und der spanischen Santissima Trinidad im Vergleich (pro Kopf und Tag):
Victory: 453 g Schweinfleisch (dienstags und samstags fast ein ganzes Kilo Rindfleisch), 250 g Erbsen, 4,5 l Bier, 10 cl Rum mit Zitronensaft, vor einer Schlacht eine zusätzliche Rumration
Santissima Trinidad: 180 g Speck, 520 g Zwieback, 30 g Erbsen, 30 g Reis, 0,7 l Wein, 2 l Wasser. Und das reduzierte die korrupte Marinebürokratie häufig noch zu tatsächlichen Hungerrationen.

# SANTISSIMA TRINIDAD

## DATEN UND FAKTEN

**Baujahr**: Stapellauf am 3. März 1769, Umbau 1790
**Typ**: Linienschiff 1. Klasse, ab 1790 Vierdecker, das spanische navío
**Wasserverdrängung**: max. 4572 t
**Maße**: Länge: 1. Geschützdeck 79 m, über alles ca. 118 m; Breite 20,8 m; Tiefgang: 10,3 m; Höhe der Bordwand 10,1 m; Eigengewicht: Als Dreidecker 2153 t, als Vierdecker 2580 t
**Beseglung**: 3 Masten, Vollschiff-Takelung, 4 Rahsegel an Fock- und Großmast
**Besatzung**: 1115 Mann
**Bewaffnung**: 134 Kanonen (zweiunddreißig 36-Pfünder, vierunddreißig 24-Pfünder, sechsunddreißig 12-Pfünder, achtzehn 18-Pfünder, vierzehn 24er-Karronaden), 6 Mörser
**Verbleib**: Gesunken am 22. Oktober 1805 vor Kap Trafalgar; das Wrack wurde bisher nicht gefunden.
**Schreibweise:** auch Santísima Trinidad, deutsch: Allerheiligste Dreifaltigkeit – das siebte spanische Schiff mit diesem Namen

## WISSENSWERTES

**Maße**: Ein spanischer Fuß entspricht 278,6 mm, ein englischer dagegen 304,8 mm. Weil nach dem englischen Fuß in Meter falsch »zurückgerechnet« wurde, wird die Santissima Trinidad in vielen Quellen »kleingerechnet«.

**Feuerkraft:** Sie ist nicht nur abhängig von Anzahl und Kaliber der Kanonen, sondern auch von der Feuergeschwindigkeit. Wegen der besseren Ausbildung der Kanoniere war diese bei britischen Kriegsschiffen 3 bis 4 Mal höher.
**Größtes Kriegsschiff unter Segeln:** Das Schiff lief 1769 als Dreidecker, also mit drei Geschützdecks vom Stapel. 1790 wurde es verlängert und ein viertes Geschützdeck aufgesetzt. Mit der Höhe von vier Decks und wegen der insgesamt 140 Geschütze gilt die Santissima Trinidad einhellig als das historisch größte Kriegsschiff unter Segeln; dabei hatten einige andere Linienschiffe jener Zeit eine höhere Tonnage, so etwa die britische Caledonia mit 2616 oder die französische Commerce de Marseille mit 2747 Tonnen Eigengewicht.
**Spanischer Schiffbau:** Die Santissima Trinidad entstand auf der Staatswerft Astillero Real in Havanna, der zwischen 1700 und 1790 größten Werft Spaniens. In diesen 90 Jahren entstanden dort 197 Schiffe. Die nächstgrößte Werft war in Guarnizo bei Santander, weitere drei in El Ferrol, Cartagena und La Carraca, Cadiz. Konstruiert hat sie der englische Schiffbauer Matthew Mullan. Sein Entwurf erinnert, wie der der Victory (1759), an die Eleganz der Galeonen zu Anfang des 18. Jhs.

## EMPFEHLUNGEN

**Lesenswert:**
Bryce Walker: *Die Armada*, Amsterdam 1981

Rolf Mühlmann: *Die Reorganisation der spanischen Kriegsmarine im 18. Jahrhundert*, Köln 1975

Carlo M. Cipolla: *Die Odyssee des spanischen Silbers*, Berlin 1998

Ders.: *Segel und Kanonen*, Berlin 1999

A. B. C. Whipple (Hg.): *Krieg unter Segeln*, Amsterdam 1979

Alfred Stenzel: *Seekriegsgeschichte*, Bd. 4., Leipzig 1911

*Schifffahrt und Kunst aus Spanien*, Katalog, Hamburg 1999

**Besuchenswert:**
Museo Naval, Madrid

Museu Marítim, Barcelona

National Maritime Museum, Greenwich bei London: Hier befindet sich eine Kanonenkugel der Santissima Trinidad, die in einem Eichenholzsplitter der Victory steckt.

**Anklickenswert:**
www.nmm.ac.uk
www.hms.org

## AUF DEN PUNKT GEBRACHT

In der Santissima Trinidad vereinigen sich Stolz und Tragik Spaniens. Das Meisterwerk des Segelschiffbaus scheiterte wie viele der schönsten Schiffe der Welt: an menschlichem Versagen.

# Clermont
## *Robert Fultons Dampfschiff*

»Die Clermont ist fraglos das bequemste Schiff, auf dem ich je war«, so ein englischer Journalist nach der Jungfernfahrt von 1807.

Watts Dampfmaschine hat auch die Welt der Schifffahrt revolutioniert. Am 17. August 1807 um 13 Uhr macht das Dampfschiff Clermont die Leinen los: Auf ihrer ersten offiziellen Fahrt bringt sie vierzig Ehrengäste von New York nach Albany, 256 Flusskilometer stromauf. Ein englischer Korrespondent schreibt überrascht: »Die Geräusche sind nicht stärker als auf einem Segelschiff bei starker Brise.« Luxuriöse Schlafkabinen, ein Salon und eine Whisky-Bar überzeugen ihn endgültig. Mit neun Stundenkilometer erreicht die Clermont nach 32 Stunden ihr Ziel.

Am 21. Juli 1804 richtete der Kaiser einen ärgerlichen Brief an die französische Akademie der Wissenschaften: »Sie haben mich viel zu spät darauf aufmerksam gemacht, dass dieses Projekt imstande ist, die Welt zu verändern. Eine großartige Wirklichkeit steht vor meinen Augen. Sorgen Sie dafür, dass diese Sache in höchstens acht Tagen erledigt ist: Denn ich bin ungeduldig.« »Dies Projekt« war ein Dampfschiff, das der in Paris lebende Amerikaner Robert Fulton Napoleon präsentiert hatte; verbunden mit dem Plan, die französische Marine mit Dampfschiffen auszurüsten. 1804, ein Jahr, bevor die Flotten Spaniens und Frankreichs von den Engländern bei Trafalgar vernichtet wurden, träumte Napoleon noch davon, seine Truppen über den Ärmelkanal zu setzen und die Insel des Erzfeindes England zu erobern. So kam es, dass Fultons Seitenraddampfer mit acht PS am 9. August unter einem wolkenlosen Himmel und vorbei an Tausenden von staunenden Parisern souverän die Seine entlang stampfte – bis er mit einer Bugwelle Wasser übernahm und sank. Der Grund war ein nebensächlicher Konstruktionsfehler, der nicht den revolutionären Antrieb, sondern

■ Robert Fulton führt Kaiser Napoleon am 9. August 1804 das von ihm erfundene Dampfschiff auf der Seine in Paris vor. Holzstich, 2. Hälfte 19. Jahrhundert

nur die Bordwandhöhe betraf. Aber Napoleon hasste Menschen ohne »fortune«. Und damit war die Idee, die französische Marine mit Dampfschiffen auszurüsten, für ihn gestorben.

Robert L. Livingston hingegen, Botschafter der USA in Paris und ein Gönner Fultons, war trotz des Unglücks begeistert. Als Visionär der Dampfschifffahrt finanzierte er nicht nur die Clermont; lange zuvor hatte er beim Staat New York eine – auf zwanzig Jahre gültige – Monopolkonzession für den Betrieb von Dampfschiffen auf dem Hudson River erworben. Erst ein einziges Dampfschiff war kurz dort gefahren, doch waren die »steam boats« um 1805 nichts absolut Neues mehr. Bereits 1685 hatte Denis Papin damit experimentiert, 1736 ließ Jonathan Hull das erste Dampfschiff-Patent eintragen, dabei erreichte James Watts revolutionierende Maschine erst 1765 Patentreife. Am 13. Juli 1783 fuhr der Marquis d'Abans mit der Pyroscaph mehrere Stunden die Rhone flussauf. Nicht durchsetzen konnte sich Elijah Ormsbee, der 1792 »Gänsefuß-Paddel« als Antrieb vorgestellt hatte. Erfolgreich wiederum zog die Charlotte Dundas, ein von Lord Dundas konstruierter Schlepper, 1802 zwei Lastkähne mit je siebzig Tonnen in sechs Stunden zwanzig Meilen durch den Forth-and-Clyde-Kanal.

■ Robert Fulton. Zeitgenössischer Kupferstich

Die Zeit war also reif, das aufkommende Industriezeitalter brauchte ein Massenverkehrs- und Transportmittel, das unabhängig vom Wind aus eigener Kraft Fahrt machte. Robert Fulton hat das Dampfschiff nicht erfunden – genauso wenig wie John Ford das Auto oder Samuel Morse die Telegraphie –, doch der vielseitige, nicht immer glückliche Erfinder war auch Geschäftsmann. So verhalf er der neuen Technik zum Durchbruch.

Livingston schickte Fulton 1804 zurück in die USA. Bei einem Zwischenstopp in England kaufte er eine Dampfmaschine und führte nebenbei der Royal Navy noch schnell einen von ihm entwickelten Torpedo vor, mit dem er das Wrack der Brigg Dorothea in die Luft sprengte. Am 13. Dezember 1806 traf Fulton in New York ein. Dort war »Fulton's Folly«, das Schiff des besessenen Erfinders, bereits Stadtgespräch. Zehn

1821 wurde die James Watt als erstes Dampfschiff in Lloyds' Schiffsregister eingetragen; das mit 448 Tonnen recht große Schiff fuhr im Linienverkehr zwischen London und Edinburgh. Am 10. Juni 1822 wagte sich die Aaron Manby als erstes Dampfschiff mit Eisenrumpf auf offene See. 1833 überquerte die Royal William als erstes Schiff ausschließlich mit Dampfantrieb und ohne Zusatzsegel den Atlantik. 1838 erreichte die Sirius mit vierzig Passagieren New York in der Rekordzeit von achtzehn Tagen und zehn Stunden.

Monate später stand es, das unter dem Namen Clermont berühmt werden sollte, für eine erste Testfahrt auf dem Hudson River unter Dampf. Am 9. August 1806, auf den Tag genau zwei Jahre nach dem Desaster in Paris, erreichte die Clermont mit ihren Schaufelrädern eine Geschwindigkeit von 5,6 Stundenkilometern. Der ungewohnte Anblick erinnerte einen am Ufer stehenden Farmer an eine in Brand geratene Sägemühle. Am 3. September transportierte der Raddampfer die ersten sechzig zahlenden Passagiere; Ende des Monats wurde der Linienverkehr zwischen New York und Albany aufgenommen: für sieben Dollar die einfache Fahrt.

■ Fultons Dampfschiff Clermont bei seiner ersten Fahrt auf dem Hudson River 1807. Angetrieben wurde das Schiff von einer Dampfmaschine James Watts. Zeitgenössischer Holzstich

1809 lief ein zweiter Dampfer, die Car of Neptun, vom Stapel. Sie kostete 20 000 Dollar und erwirtschaftete nach einem Jahr bereits 25 000 Dollar Gewinn. Ebenfalls 1809 eröffneten Fulton und Livingston eine Fährverbindung zwischen New York und dem achtzehn Kilometer entfernten Jersey City; im Halbstunden-Takt konnten acht Kutschen, 29 Pferde und bis zu 400 Personen transportiert werden. Amerika war begeistert: Das neue Verkehrsmittel war zuverlässig, schnell, bequem und billig. Geschäftstüchtig sicherten sich Fulton und Livingston 1810 auch die Exklusivrechte für die Dampfschifffahrt auf den Flüssen Louisianas, das Napoleon 1803 für fünfzehn Millionen Dollar an die USA verkauft hatte. Am 19. April 1811 nahm der Mississippidampfer New Orleans den Linienverkehr zwischen New Orleans und Natchez auf. Die Transportkosten für diese Strecke sanken um ein Viertel.

Napoleon hingegen – mittlerweile Herrscher über West- und Mitteleuropa –, saß auf dem Kontinent wie ein Gefangener auf einer Insel: Mit der Kontinentalsperre hatte ihn die britische Kriegsmarine von den Meeren abgeschnitten. Als Stratege hätte er wissen müssen, wie wichtig die Seewege waren. Aber er war, wie er am 21. Juli 1804 selbst geschrieben hatte, einfach zu ungeduldig.

1801 führte Robert Fulton sein U-Boot Nautilus vor. Beobachtet von Napoleon, dem Weltumsegler Bougainville und dem konzessionierten Piraten Robert Surcouf – Frankreichs reichstem Reeder –, fuhr das Boot eine Strecke von zwölf Kilometern unter Wasser. Surcouf ließ Fulton sofort um ein Gespräch bitten, der aber schickte nur einen Zettel. Brüskiert zerriss Surcouf die Botschaft und sprach nie wieder ein Wort mit Fulton. Ohne diesen Vorfall wäre die Weltgeschichte vielleicht anders verlaufen.

# CLERMONT

## DATEN UND FAKTEN

**Baujahr**: 1807, bei Corlear's Hook, New York; Konstrukteur: Charles Browne; Umbau und Taufe: 1808
**Typ**: Dampfschiff mit Seitenschaufelrädern
**Wasserverdrängung**: 100 t; 1808: 182 t
**Maße**: Länge: 45,6 m; Breite: 3,95 m; Freibord: 1,2 m; Tiefgang: 0,6 m ; 1808: Länge: 45,2 m; Breite: 5,5 m; Freibord 2,2 m; Tiefgang: 2,1 m
**Antrieb**: 2 Schaufelräder (4,57 m hoch), getrieben von einer 20 PS-Dampfmaschine; Geschwindigkeit: 9,3 km/h; zusätzlich zwei Masten mit Rah- bzw. Gaffelsegel
**Ladung**: 70 Passagiere; 1808: 100 Passagiere
**Verbleib**: 1814 abgewrackt

## WISSENSWERTES

**Fultons Konstruktion:** Der Rumpf der Clermont war erst sehr schmal; nach dem Umbau wird er breiter (Länge : Breite 8,2 : 1) – eine Tendenz, die sich im Dampfschiffbau durchsetzt: 1816 liegt das Verhältnis Länge:Breite bei durchschnittlich 4,35 : 1. Die Teile der Dampfmaschine hat Fulton in England gekauft: den Zylinder (Durchmesser 61 cm, Hubhöhe 1,22 m) bei Boulton & Watt für 548 englische Pfund; den 2 t schweren Boiler bei Cave & Sons für 467 Pfund. Die Krafttransmission über eine Kurbelwelle hat Fulton selbst konstruiert.

## BIOGRAPHIE

**Robert Fulton** wird am 14. November 1765 in Pennsylvania geboren. Lernt bei einem Juwelier das Porträtieren, geht 1791 nach England. Dort wechselt »Quecksilber-Bob«, wie ihn Freunde nennen, das Metier: entwickelt ein komplettes Kanalsystem mit Hebewerken, Aquädukten, Brücken, Schiffen; erfindet Marmorsägen, Baggermaschinen, Radschaufeln als Dampferantrieb. 1797 geht er nach Frankreich, er will ein U-Boot entwickeln. Doch die Marine lehnt ab: Diese Art zu kämpfen sei »unehrenhaft«. So baut er die Nautilus auf eigene Kosten. Sie ist zwar tauchfähig, aber zu langsam: Die Erprobung im Ärmelkanal scheitert. Mit Robert R. Livingston, dem US-Botschafter in Paris, entwickelt Fulton ab 1801 ein Dampfboot; es sinkt 1804 bei der Probefahrt. Fulton kehrt nach New York zurück und präsentiert dort bereits 1807 ein neues »Steamboat«, das 1808 den Linienverkehr nach Albany aufnimmt. Mit seinen Beziehungen (er heiratet 1808 eine Nichte Livingstons) ist Fulton, trotz Konkurrenz, bald im Besitz aller Patente und Steam-Boat-Konzessionen in den USA. 1814 präsentiert er das erste dampfgetriebene Kriegsschiff. Im Februar 1815 stirbt er an einer Lungenentzündung.

## EMPFEHLUNGEN

**Lesenswert:**

Kirkpatrick Sale: *The Fire of his Genius. Robert Fulton and the American Dream*, New York 2001

Alice C. Sutcliffe: *Robert Fulton and The Clermont*, New York 1909

David L. Lear: *Old Steamboat Days on the Hudson River*, New York 1907

J. Jobe, R. A. Plummer, G. W. Hilton: *Raddampfer aus aller Welt*, Augsburg 1989

Cynthia Philip: *Robert Fulton. A Biography*, New York 1985

**Besuchenswert:**

Modell (1 : 50) im Deutschen Technikmuseum, Berlin

Hudson River Maritime Museum, Kingston, New York

Der Kupferkessel der Clermont, Smithsonian Institute, Washington

Robert Fultons Geburtshaus in Lancaster County

Robert Fultons Grab in der Familiengruft der Livingstons, Trinity Churchyard, New York

**Anklickenswert:**

www.ulster.net
www.web.mit./invent/iow/fulton.html
www.fultonsteam.com
www.steamboats.org

## AUF DEN PUNKT GEBRACHT

Mit der Clermont beginnt der Triumphzug der Dampfschiffe. Meist entwickelt sich technischer Fortschritt kontinuierlich, mit der Clermont aber setzte er über Nacht ein. Das Schiff ist ein Symbol amerikanischen Pragmatismus'.

# Renard
## Napoleons Piratenschiff

Nur zwei historische Piratenschiffe sind nachgebaut worden: Francis Drakes Golden Hinde (s. S. 84) und Robert Surcoufs Renard. Fünf Millionen Francs investierte die Association du Cotre Corsaire, die Vereinigung der Kutter-Korsaren, 1992, um den bulligen, dennoch eleganten Kriegskutter nach Originalplänen wiedererstehen zu lassen – im bretonischen Saint-Malo, wo 1813 auch die Original-Renard vom Stapel gelaufen war. Bis zum Ende der napoleonischen Ära war die kleine Hafenstadt am Atlantik das Hauptquartier der Korsaren – wie die Freibeuter oder Kaperfahrer in Frankreich genannt wurden: Staats-Piraten, die im geheimen Auftrag dem Feind Schaden zufügten. Sie erledigten ihr patriotisches Geschäft, so wie anfangs auch Francis Drake, auf eigene Rechnung und Risiko; die Staatskasse war nur stiller Teilhaber, die Piraten dachten unternehmerisch. Ein einziger Mann in Saint-Malo hielt die Fäden dieses Piraten-Imperiums in seinen Händen: Robert Surcouf, »König der Korsaren« genannt. Von einem Imperium zu sprechen, klingt übertrieben, ist es aber keineswegs. Das zeigen die Zahlen. Von 1793 bis 1797 verlor Großbritannien durch die Korsaren 2266 Handelsschiffe, mit jährlich steigender Zahl; allein 1807 waren es 507 und 1810 schon 619. Die britische Admiralität setzte einen Preis auf Surcoufs Kopf aus, nach heutiger Währung eine halbe Million Euro, – doch vergeblich. Mit dem Reichtum und der militärischen Stärke der Korsaren wurde Saint-Malo zu einem Staat im Staate. Auch nachdem Napoleon endgültig in der Verbannung verschwunden war,

■ Der französische Staatspirat Robert Surcouf. Bronzestatue, Saint-Malo

Im September 1792 kehrte Kapitän Robert Surcouf auf der Brigg Créole von seiner ersten Kaperfahrt auf dem Indischen Ozean zurück. Das Schiff war derartig mit Gold, Edelsteinen, Perlen, Gewürzen und Goldbrokat überladen, dass die Mannschaft die Kanonen, einen Mast und einen Teil des Proviants hatte über Bord werfen müssen. Mit seinem Millionengewinn gründete Surcouf gleich am nächsten Tag eine eigene Reederei. Er war damals achtzehn Jahre alt.

wehte die ab 1815 verbotene Trikolore weiterhin über der Stadt.

Berühmte Persönlichkeiten pilgerten nach Saint-Malo zu Surcouf, auch General Bonaparte kam am 14. Oktober 1797. Er wollte wissen, ob man genug Truppen übersetzen könne, um England zu erobern. Surcouf sagte nur ein Wort: »Unmöglich.« Noch einmal monologisierte Bonaparte dreißig Minuten, wieder ertönte das lakonische »Impossible«. Ein Vierteljahr später, am 7. Januar 1798, war es der amerikanische Erfinder Robert Fulton, der in Saint-Malo vorsprach: auf der Suche nach einem Finanzier für sein U-Boot Nautilus. (s. S. 180) Fulton redete wie ein Hochstapler, so Surcoufs Sekretär Maurice de Kérazan, doch dessen Chef reagierte, ohne zu zögern: »Selbst wenn der Mann ein Schwindler ist, seine Ideen sind so genial, dass ich sie finanzieren werde.«

■ Nachbau der Renard vor Saint-Malo

Seinen Reichtum hatte Surcouf ausschließlich mit kleinen Piratenschiffen gemacht. Besonders beliebt waren Kutter, wie Le Renard einer war. Dieser Schiffstyp entwickelte sich aus seetüchtigen einmastigen Fischerbooten mit Gaffel- und Schratsegel. Als Erste führten die Holländer Kutter in ihren Schiffslisten. Sie hießen dort »Yaght«, und in der Tat wurden die heutigen Freizeit-Segeljachten aus diesem Typ entwickelt. Die robusten Kriegskutter konnten relativ viele Kanonen tragen, waren zugleich aber sehr schnell. Ihre stabile Rumpfkonstruktion erlaubt es, extrem viele Segel zu setzen: zusätzliche Rahsegel, mehrere Schratsegel am Klüverbaum – in etwa vergleichbar mit den großen Spinacker-Segeln moderner Regatta-Jachten. Damit war dieser Schiffstyp nicht nur bei Korsaren und Schmugglern, sondern auch bei den Zollbehörden beliebt; er diente auch als Depeschen-Boot.

Alle Engländer, die in Surcoufs Gewalt geraten waren, lobten seine Höflichkeit, seinen Respekt vor Frauen und die Fürsorge für die verwundeten Gegner.

Zwei Lieblingskutter hatte Surcouf, die Fortune und die Renard. Mit nur 79 Mann kaperte die Fortune 1810 den britischen Ostindienfahrer Herefordshire, der 26 Geschütze, 60 Matrosen und 100 Soldaten an Bord hatte, allerdings sank sie bei dieser Aktion. Ende 1812 gab Surcouf den Auftrag zu einem Neubau nach überarbeite-

ten Plänen der Fortune. Der neue Kutter, auf den Namen Le Renard – der Fuchs – getauft, lief am 3. Mai 1813 vom Stapel; ausgerüstet wurde er, um » pausenlos und ohne Gnade englische Schiffe zu jagen«.

Im Morgengrauen des 23. August verließ die Renard mit 80 Mann den Hafen von Saint-Malo. Am 8. September um halb vier Uhr nachmittags sichtete der Ausguck vor dem südenglischen Kap Start-Point ein Segel. Es gehörte einem britischen Kriegsschiff, dem Toppsegel-Schoner Alphéa. Eine Stunde nach Mitternacht begann das Duell. Die Artillerie der Alphéa war fast doppelt so stark wie die der Piraten, allerdings verfügten diese zusätzlich zu ihren Geschützen über Mitrailleusen, Maschinengewehre, die zwölf Schuss in der Minute feuerten, diese Zeit, benötigt man sonst, um eine Muskete zu laden. In der mondhellen Nacht näherten sich die Schiffe einander zeitweise bis auf Rufweite – ein Augenzeuge an Bord der Renard notierte später nicht nur die »Vive-l'Empéreur«-Rufe der eigenen Leute, sondern auch den englischen Schlachtruf: »Let's kill the french bastards!« Anderthalb Stunden hatte das Gefecht gedauert und von den achtzig Mann der Renard lebten nur noch einunddreißig, da explodierte die Alphéa in einem Feuerball. Die Franzosen hörten die Schreie überlebender Briten, doch der Mond hatte sich verzogen, die Nacht war finster geworden und die See rau. Niemand konnte gerettet werden.

■ Mit seinem Schiff Confiance kapert Robert Surcouf die Kent im Golf von Bengalen.

Im Dezember 1815 überlegte man im Rat von Frankreichs neuem König Ludwig XVIII., was man dagegen tun könne, dass Surcouf auf seinen Schiffen statt des Lilienbanners weiter die verbotene revolutionäre Trikolore hisse. »Höhere Steuern«, schlug der König vor. »Der zahlt nie«, sagten die Minister. »Dann Truppen«, begehrte Ludwig auf. »Das bedeutet Bürgerkrieg«, war die entsetzte Antwort. Schließlich trug man Surcouf die Admiralswürde an, woraufhin er zwei neue Schiffe auf die Namen L'Empéreur und Napoléon taufte.

Nachdem die Renard repariert worden war, verließ sie am 3. Januar 1814 den Hafen von Saint-Malo zum letzten Mal als Piratenschiff Napoleons. Die Logbücher von dieser Fahrt sind nicht mehr auffindbar. Nach Napoleons Absetzung fuhr die Renard wahrscheinlich als Schmuggelschiff, mit Sicherheit aber weiter unter der Trikolore, wie alle Schiffe des kaisertreuen Surcouf.

Wer heute auf dem Nachbau der Renard mitsegelt, wird den Eindruck gewinnen, dass das Kriegsglück der französischen Piraten auch etwas mit der Küche zu tun gehabt haben muss, die bestimmt besser war als die in Nelsons Navy. Der heutige Passagier auf der Renard kann zwischen vier Tagesmenüs wählen, darunter zwei unterschiedlich reichhaltige »plateaux fruits de mer«.

# RENARD

## DATEN UND FAKTEN

**Baujahr**: 1812/13, in Saint-Malo
**Typ**: Kutter, chasse-marée
**Ladefähigkeit**: 70 t
**Maße**: Länge: Kiel 20 m, Deck 22,9 m, über alles 41,1 m; Breite: 6,2 m; Masthöhe über Deck 30,2 m; Tiefgang: 2,3 m
**Beseglung**: Ein Mast mit 2 Rahsegeln und einem Gaffelsegel. Drei Klüver-Vorsegel, der Bugspriet ließ sich verändern oder ganz abnehmen; Gesamtsegelfläche 435,5 qm. Bei Windstille konnten sieben Paar Ruderriemen eingesetzt werden.
**Besatzung**: 80 Mann
**Bewaffnung**: 10 Karronaden (8-Pfünder) und vier normale 4-Pfünder, dazu Mitrailleusen, Maschinengewehre

## BIOGRAPHIE

**Robert Surcouf** wird am 12. Dezember 1773 in Saint-Malo, in der Bretagne, geboren. Reeder, Kapitäne und Kaufleute haben die Familie reich gemacht; sie gehört zur Oberschicht der Bretagne, obwohl die Vorfahren, adlige Großgrundbesitzer aus den Clans der Mac Mahons und Mac-Namaras, erst 1647 in die Bretagne geflohen waren, nachdem sie von englischen Truppen aus Irland vertrieben worden waren. Das mag Surcoufs tiefen Hass gegen das britische Empire erklären, der ähnlich heftig ist wie der Drakes gegen alles Katholische und Spanische. Mit 15 Jahren fährt Surcouf als Freiwilliger auf dem Kriegsschiff L'Aurore zum ersten Mal in den Indischen Ozean. Er bleibt das Lieblingsrevier auch des Piraten: 1791/92 auf der Créole, 1795/96 auf L'Émilie, 1798/99 auf der Clarisse, 1800/01 auf der Confiance und 1807 auf der Revenant. 1804 wird Surcouf von Napoleon aus Anlass seiner Kaiserkrönung zum Ritter der Légion d'Honneur ernannt. 1815 schickt ihm König Ludwig XVIII. einen neuen, den politisch veränderten Verhältnissen angepassten Orden. Doch Surcouf bleibt des Kaisers Pirat: Er trägt weiterhin den verbotenen Orden mit Napoleons Konterfei. Am 8. Juli 1827 stirbt Surcouf in Saint-Malo als einer der reichsten Männer Frankreichs.

## EMPFEHLUNGEN

**Lesenswert:**

Wolfram zu Mondfeld: *Piraten und Schmuggler von Saint-Malo*, Würzburg 1975

Charles Cunat: *Histoire de Robert Surcouf, Capitaine de Corsaire*, Rennes 1999

*Robert Surcouf. D'après les livres de bord de ses bâtiments, les archives de sa famille et les documents de la Marine de Saint-Malo*, Rennes 1995

Detlef Wenzlik: *Frankreichs Seekriege gegen England. 1793–1815*, Hamburg 2000

Russel Miller: *Die Ostindienfahrer*, Amsterdam 1981

László Veres, Richard Woodman: *Unter Segeln*, Bielefeld 2002

Carl Kircheiß: *Meine Weltumseglung mit dem Fischkutter Hamburg*, Berlin 1928

Karl May: »Der Kaperkapitän«, Erzählung, in: *Halbblut*, Werke Bd. 38, Bamberg 1952

**Besuchenswert:**

Surcoufs Grab in Saint-Malo

Der Kutter Grönland, im Deutschen Schifffahrtsmuseum, Bremerhaven

Modell (1:50) im Deutschen Technikmuseum, Berlin

**Anklickenswert:**

www.cotre-corsaire-renard.com

**Erlebenswert:**

Fahrt mit dem Nachbau der Renard in Saint-Malo

## AUF DEN PUNKT GEBRACHT

Die Freibeuter im Dienste Napoleons gehörten zu den besten der Welt. Ihr Lieblingsschiff war der Kutter – Urbild des starken und schnellen Fischerbootes. Die Renard gehört zu den Symbolen der Grande Nation.

# Essex

## *Moby Dick war stärker*

»Öl!« Die sich entwickelnde Industrie verlangte nach Walöl, um die Maschinen zu schmieren; um in den wachsenden Städten und Metropolen die Straßen zu beleuchten. Zwar wurde bereits 1859 nahe der Stadt Titusville in Pennsylvania die erste Erdölquelle Amerikas angebohrt, aber bis in die 1920er Jahre hinein befuhren die dreimastigen Walfangsegelschiffe der amerikanischen Ostküste die Meere. Am längsten trotzte die John R. Manta aus New Bedford den Zeichen der Zeit: Sie kehrte im August 1925 von ihrer letzten Fahrt zurück.

■ Das Schicksal der *Essex* inspirierte Herman Melville zu seinem berühmten Roman *Moby Dick*. In der gleichnamigen Verfilmung von John Huston spielte Gregory Peck den Kapitän Ahab.

Im August 1819 verließ der Walfänger Essex den Hafen von Nantucket, um im Pazifik Pottwale zu jagen. In Herman Melvilles heute weltberühmtem Roman *Moby Dick* heißt das Schiff »Pequod«. Nantucket, eine Insel mit 7000 Einwohnern zwischen Boston und New York, der Ort, an dem bereits die Fünfjährigen in den Masten der Schiffe spielten, war 1819 auf dem besten Weg, zu einer der reichsten Gemeinden in den USA zu werden. Mit ihren 100 Schiffen verfügte die Quäker-Insel über die größte Walfangflotte des Landes; und ein Reeder konnte davon ausgehen, dass bereits eine Reise, die damals in der Regel drei Jahre dauerte, nicht nur die Baukosten von rund 25000 Dollar, sondern möglicherweise bereits Profit einbringen würde – den glücklichen Ausgang vorausgesetzt. Die Ladung, die die Essex 1817 aus dem Pazifik mitbrachte, hatten einen Marktwert von rund 20000 Dollar. Den einfachen Matrosen dagegen verblieben, nach Abzug von Kost und Logis, selten mehr als 150 Dollar, und das nach einer hochriskanten, zwei- bis fünfjährigen Fahrt. Dass die Walfänger von der nordamerikanischen Ostküs-

te seit 1789 bis in den Pazifik fahren mussten, zeigt, wie sehr die Walbestände im Atlantik dezimiert worden waren.

Im August 1819 machte sich die Essex mit 21 Mann auf die gefahrvolle Reise um den amerikanischen Kontinent. Die Fahrt stand unter einem schlechten Stern: Ein unheilvoller Komet wurde gesichtet, gleich zu Beginn wäre das Schiff fast gekentert, die Umrundung des verrufenen Kap Horn wäre fast gescheitert; ein Matrose desertierte in Chile, und ein anderer zündete mutwillig eine der Galapagos-Inseln an, die so vollständig abbrannte, dass sie sich bis heute nicht davon erholt hat. Aber nach sechs Monaten hatte die Mannschaft etwa ein Dutzend Wale erlegt.

Die Walfangschiffe funktionierten wie eine schwimmende Fabrik, tagsüber wurde gejagt und geschlachtet, nachts brannten an Deck die großen Kessel, in denen das Walfett zu Tran gekocht wurde – Bilder wie aus Dantes Inferno: flackernde Flammen, zischendes Fett, schwere schwarze Rußwolken. Die Matrosen wateten zwischen Bergen von Speck im Blut, ihre fetttriefende Kleidung stank unsäglich, zur Reinigung diente allein eine Mischung aus Salzwasser und Urin. Apathische Schildkröten – 300 hatte man von Galapagos als lebenden Proviant mitgenommen – krochen über das Deck. Ununterbrochen hallten die Hammer-

■ Der Walfangsegler Pequod – so nannte Melville die Essex in seinem Roman – wartet im Hafen auf den Befehl zum Auslaufen. Szenenphoto aus dem US-Film *Moby Dick* von 1956

Matrosen sahen in den so genannten Teufelswalen Kaliforniens »Kreuzungen zwischen Seeschlangen und Krokodilen«.

■ Jagd auf den Pottwal. Kolorierte Kreidelithographie, um 1860

schläge des Böttchers durch die Nacht. 1300 Fässer Walöl hatten Platz im Laderaum der Essex. Doch war dieser auch nach fünfzehn Monaten erst zu zwei Drittel gefüllt: Das bedeutete ein weiteres Jahr auf See.

Rudel von Haifischen umkreisten die Essex, denn Fleisch, Knochen und Eingeweide der Wale flogen über Bord; so wie die Kadaver enthäuteter Büffel in den Prärien des amerikanischen Westens einfach liegen blieben. Die Mannschaft der Essex war übernächtigt, unterernährt und abgestumpft. Zwei Jungen gehörten zur Besatzung, vierzehn und sechzehn Jahre alt, und sechs Afro-Amerikaner taten Dienst – der übliche Schnitt. Manche Walfänger fuhren fast ausschließlich mit schwarzen Matrosen.

Am 20. November 1820 jedoch endete des Kampf. Der Wal, der die Essex versenkte, war etwa so lang wie das Schiff: 28,5 Meter. Und er wog rund 80 Tonnen. Die Dreimast-Bark war schon über zwanzig Jahre alt; die Reeder hatten bei der Instandhaltung gespart, wo sie nur konnten. Allerdings hätte das Schiff den Elementen noch eine Weile trotzen können. Dann aber stieß es auf 0°6' südlicher Breite, 119°30' westlicher Länge auf jenen weißen Walbullen, dem Herman Melville später den Namen »Moby Dick« gab.

Das geschah an einem klaren wolkenlosen Morgen mit einer wohltuenden Brise, der Pazifik sah aus wie blaues Quecksilber. Kurz nach acht Uhr griffen die sechs Meter langen Fangboote, drei an der Zahl, eine Wal-Herde mit Kälbern an. Die Muttertiere wehrten sich verzweifelt. Abseits des Gemetzels, 100 Meter vor dem Bug der Essex tauchte der Leitbulle auf. Mit fünf Knoten rammte er das Schiff zweimal, vor jedem Angriff peitschte seine Schwanzflosse das Wasser, »rasend vor Wut und Zorn«, so der Augenzeuge Owen Chase. Zuerst riss er der Essex den 78 Zentimeter dicken Kiel-Schuh ab, beim zweiten Anlauf drückte er mit seinem Schädel die Bugplanken ein. Der Rumpf lief voll Wasser und kenterte. Die 20-köpfige Besatzung rette sich in die Beiboote. Kapitän Pollard entschied sich dagegen, die relativ leicht erreichbaren Marquesas-Inseln oder Tahiti anzulaufen. Die polynesischen Inselbewohner galten als unberechenbar. Schließlich hatten sie einen James Cook erschlagen (s. S. 126). Auch waren Schiffbrüchige getötet worden, und wilde Gerüchte über Kannibalismus und Homosexualität überlagerten jede Südseeromantik.

■ Herman Melville, um 1880

Also segelte man Richtung Südamerika. Bis zum 23. Februar 1821: 95 Tage waren die Boote unterwegs, eine der längsten Fahrten, die jemals in Rettungsbooten zurückgelegt wurde – und eine der schrecklichsten. Edgar Allen Poe hat sie 1837 in der Erzählung *Bericht des Arthur Gordon Pym* verarbeitet. Tahiti blieb Steuerbord, nach über 2000 Seemeilen erreichten die Boote die unbewohnte Insel Henderson – nur etwa 150 Seemeilen von Pitcairn entfernt, auf der die Nachfahren der Meuterer der Bounty (s. S. 132) lebten. Drei Männer blieben auf Henderson, siebzehn stiegen am 26. Dezember wieder in ihre Boote.

Am Morgen des 23. Februar 1821 sichtete die Dauphin, ebenfalls ein Walfänger aus Nantucket, ein Rettungsboot, in dem zwei Männer mit salz- und blutverkrusteten Bärten hockten und an Knochen lutschten; auch der Boden des Boots war mit Knochen übersät. Insgesamt acht Männer der Essex haben überlebt; ein Boot verschwand spurlos. Fünf schwarze Matrosen starben an Auszehrung, vier Leichen wurden von den anderen Mannschaftsmitgliedern gegessen; so auch der Körper des 16-jährigen Neffen des Kapitäns. Auf ihn war das Los gefallen, er wurde von seinen Kameraden erschossen.

Als die Überlebenden zurückkehrten, waren die Einwohner Nantuckets entsetzt, aber niemand machte der Mannschaft Vorwürfe:

Eigentlich unverständlich: Herman Melvilles Roman *Moby Dick* war, als er 1851 erschien, zunächst ein Misserfolg. Dabei hat Melville nicht nur den Zweikampf zwischen Mensch und Tier unsterblich gemacht, auch den Alltag der Walfänger: Er selbst ist von 1841 bis 1843 als Matrose auf drei Walfangschiffen im Pazifik gewesen. Genau gelesen und passagenweise übernommen hat er F. D. Bennetts *Bericht von einer Walfangfahrt um die Welt* und Thomas Beales *Naturgeschichte des Pottwals*, die er nach eigenen Angaben für 3,38 Dollar kaufte. Umfragen zufolge ist *Moby Dick* in den USA derzeit der bekannteste Buchtitel; dazu haben die Verfilmungen beigetragen.

■ Der weiße Wal hat das Boot zwischen den Zähnen. Szenenphoto aus dem US-Film *Moby Dick* von John Huston

So war das Leben auf See; und die See war böse, böse wie auch der Wal. Gerne zitierten die Quäker von Nantucket die Bibel: Bei Jesaia, Kapitel 27, ist von dem »Drachen im Meer, dem schlechten, dem flüchtigen Leviathan« die Rede, den der Herr ausrotten wird. Auch Herman Melville nennt Kapitän Ahabs Gegenspieler »den großen gleitenden Dämon der Meere«.

Die Jagd auf die großen Säugetiere, deren Gehirn bis zu fünfmal so groß ist wie das des Menschen, ging weiter – auch als billiges Petroleum und Erdöl den Markt eroberten, als London seine Straßenbeleuchtung auf Gas umgestellt hatte. Jetzt brauchte die Welt Korsetts, Peitschen, Regenschirme, gefertigt aus den Kieferhornplatten von Buckel- und Bartenwalen. 1909 wurde der Federstahl erfunden. Dass Japaner und Norweger bis heute um Fangquoten ringen, erscheint anachronistisch. Walfleisch schmeckt einfach scheußlich.

Der Untergang der Essex war kein Einzelfall. Je mehr Walfänger in den Pazifik eindrangen, desto mehr »Kampfwale«, wie sie von den Matrosen genannt wurden, verteidigten erbittert ihre Herden. Die berüchtigsten bekamen Namen: »New Zealand Tom«, »Timor Jack« und »Mocha Dick«, Herman Melvilles »Moby Dick«. Meist zerstörten sie nur die Beiboote, manchmal aber auch Dreimaster, nach der Essex die Fangschiffe Pusie Hall (1835), Lydia (1836), Two Generals (1838), Pocahontas (1850), Ann Alexander (1851). Ein Wal vor Japan nahm es mit einer Flotte von vier Schiffen auf und versenkte zwei davon.

# ESSEX

## DATEN UND FAKTEN

Exakte schriftliche Quellen zu technischen Aspekten der Essex sind nicht überliefert. Vergleichswerte bietet die Susan of Nantucket.

**Baujahr**: um 1800 in Nantucket
**Typ**: Walfänger-Fregatte
**Ladekapazität**: vermutlich 238 t; 1817 hatte sie 146 t an Bord
**Maße**: Länge: ca.: 28,5 m; Breite: 8 m; Tiefgang: 5 m
**Beseglung**: Dreimastbark
**Besatzung**: 21 Mann
**Die Walfangboote**: Wie alle Walfänger verfügte die Essex über 3 Beiboote, von denen aus die Wale harpuniert wurden. Diese »Doppelender«, die wie Wikinger-Schiffe an Bug und Heck spitz zuliefen, waren 8,5 m lang, 2 m breit und hatten eine max. Wasserverdrängung von 1 Tonne. Fünf Männer konnten das Boot mit 4–5,5 m langen Ruderriemen auf eine Geschwindigkeit von fast 5 Knoten bringen. Gesteuert wurde das Schiff von einem sechsten Mann mit einem 6 m langen Steuerriemen.

## WISSENSWERTES

**Geschichte des Walfangs:** Die ältesten Darstellungen des Walfangs sind 12 000 Jahre alte skandinavische Höhlenzeichnungen; die ersten schriftlichen Überlieferungen stammen aus dem 15. Jh. Damals betrieben ausschließlich Basken die Jagd auf hoher See: regelmäßig fuhren ihre Karavellen bis nach Grönland, Island und Neufundland – noch bevor Kolumbus Amerika »entdeckte«. Das Wort Harpune stammt vom baskischen »arpoi«. Im 17. Jh. dominierten die Niederländer mit ihren Fleuten den Walfang; allein vor Spitzbergen hatten sie regelmäßig 200 bis 250 Schiffe im Einsatz. Die holländischen Walfangfleuten waren die ersten Schiffe mit einem glatten Deck ohne Aufbauten. Um 1650 begann der Walfang als Küstenfang auch in der Südsee; von Neuengland aus machte man ab 1700 auf der Hochsee Jagd auf Pottwale. Hier dominierten nordamerikanische Walfänger; zwischen 1836 und 1858 nahmen auch deutsche Fangschiffe teil. Industrialisiert wurde der Walfang durch die Erfindung der Harpunenkanone (1868 durch den Norweger Sven Foyn) – jetzt konnte man auch die schneller schwimmenden Blau- und Finnwale jagen –, durch die schwimmenden Ölkocher zur direkten Verarbeitung auf See (ab 1903) und durch die Motorisierung der Walfänger. Der moderne Walfang entwickelt sich nach Erschöpfung der nordatlantischen Bestände ab 1923/24 in der Antarktis. Seit den 1970er Jahren gehen die Walbestände überall dramatisch zurück. Darauf hat vor allem das Greenpeace-Schiff Rainbow Warrior mit spektakulären Blockaden von Walfangschiffen vieler Nationen aufmerksam gemacht und die Weltöffentlichkeit sensibilisiert.

## AUF DEN PUNKT GEBRACHT

Die Essex war ein kleines primitives Schlachthaus auf See, schmutzig und erbärmlich, wie eine Horror-Vision aus Dantes *Inferno*. Der Walfänger steht für den Beginn der gnadenlosen Ausbeutung der Ressourcen unseres Planeten. Und für die Natur, die sich rächt.

## EMPFEHLUNGEN

**Lesenswert:**
Owen Chase: *Der Untergang der Essex*, Hamburg 2000

Nathaniel Philbrick: *Im Herzen der See*, München 2000

Herman Melville: *Moby Dick oder der Wal*, Roman, München 2001

Tim Severin: *Der weiße Gott des Meeres*, Berlin 2000

**Hörenswert:**
Herman Melville – Moby-Dick, gelesen von Klaus Buhlert. München 2002. 10 CDs

Melvilles Reisen, gelesen von Stephan Benson. Hamburg 2002. 2 CDs

**Sehenswert:**
*The Sea Beast*. Regie: Millard Webb. USA 1926

*Moby Dick*. Regie: John Huston; mit Gregory Peck. USA 1956

**Besuchenswert:**
Nantucket Whaling Museum, Nantucket Island, USA

New Bedford Whaling Museum und »Seamen's Bethel«, die Kirche, deren Kanzel ein Schiffsbug ist, in New Bedford, USA

Die Charles W. Morgan, das einzige erhaltene Walfangsegelschiff in Mystic Seaport, New Haven, USA

**Anklickenswert:**
www.nha.org
www. essexshipbuilding-museum.com
www.mysticseaport.org

# Amistad

## *Das »legendäre« Sklavenschiff*

Ende Juni 1839, Karibik, indigoblaue See, eine leichte Brise bläht die beiden großen, links und rechts des Rumpfs gespannten Segel der Amistad. Vor dem Wind segelnd erinnert das Schiff, wie alle Schoner, an einen Schmetterling, der seine Flügel ausbreitet. Eine trügerische Idylle.

Die Amistad segelte an der kubanischen Küste entlang, mit Kurs auf Puerto Principe. Geladen hatte sie dreiundfünfzig Sklaven. Sie überwältigten am 28. Juni 1839 die Mannschaft der Amistad, töteten den Kapitän und den Koch und befahlen dem Steuermann, Kurs auf Afrika zu nehmen. Die Flucht scheiterte, denn die Amistad wurde von einem amerikanischen Kriegsschiff aufgebracht. Die Aufrührer wurden in den USA vor ein Gericht gestellt und des Mordes angeklagt, und da geschah etwas Unerwartetes – sie wurden freigesprochen und tatsächlich nach Afrika zurückgebracht. Diese Geschichte geriet in Vergessenheit; erst 1984 wurde sie von der Hollywood-Produzentin Debbie Allen wiederentdeckt: »Ich war von meinen Gefühlen überwältigt, dass dies wirklich passiert war, aber gleichzeitig fühlte ich mich hintergangen und betrogen, denn in der Schule hatte ich nie etwas davon gehört. Mir war klar, dass man diese Geschichte aller Welt erzählen muss.« Dafür sorgte 1997 der Regisseur Steven Spielberg.

Die Geschichte, die der Film erzählt, hat mit den Fahrten jener Sklavenschiffe wenig zu tun, die 350 Jahre lang zwischen Afrika und den beiden Amerika verkehrten. Die Amistad war kein typisches Sklavenschiff, sondern ein schneller Frachtsegler im kubanischen Küstenhandel, der normalerweise Passagiere und Stückgut transportierte. Im Juni 1839 bot ihr Eigner und Kapitän Ramon Ferrer über eine Annonce in Havannas Tageszeitung *Noticiosos y Lucero* Frachtraum an. Am 24. Juni lichtete die Amistad die Anker, beladen mit Waren und Gold im Wert von 40 000 und mit Sklaven für 25 000 US-Dollar; letztere sollte Ferrer an

■ Nachbau des berüchtigten Sklavenschiffs Amistad im Riverside State Park in New York, 2000

eine kubanische Zuckerrohrplantage liefern. 1839 waren der Zwischenhandel mit Sklaven wie auch die Sklaverei selbst in den Vereinigten Staaten noch erlaubt; nur der transatlantische Transport versklavter Menschen von Afrika nach Amerika war von den meisten europäischen Staaten und den USA geächtet worden. Dänen und Briten versuchten dieses Verbot auch durchzusetzen. Dennoch waren die Afrikaner an Bord der Amistad erst einige Wochen zuvor vom Schoner Tecora von Sierra Leone nach Kuba gebracht worden.

■ Sklavenhandel in den Straßen von Havanna. Auf Kuba wurden Sklaven vor allem für die Arbeit auf Zuckerrohrplantagen eingesetzt.

Mit dem Transportverbot waren die »Guineamen«, die langsamen Frachtschiffe, die im 17. und 18. Jahrhundert für den Massentransport von Sklaven gebaut und eingesetzt wurden, von den Meeren verschwunden. Die Sklavenschmuggler nutzten jetzt Schoner, die zwar nicht mehr für den Massentransport eingerichtet, dafür aber schneller waren als die sie verfolgenden

1641 errichtete die Stadt Hamburg die Sklavenkasse, eine Versicherung, um Seeleute freizukaufen, die Mittelmeerpiraten in die Hände gefallen waren. Zwischen 1719 und 1747 wurden allein von Piraten aus Algier fünfzig Hamburger Schiffe aufgebracht; 633 Mann mussten für insgesamt 1,8 Millionen Hamburgische Mark freigekauft werden. Wer nicht ausgelöst werden konnte, wurde verkauft – oft über Venedig. Trotz der Exkommunikation durch Papst Clemens V. blieb die Lagunenstadt bis zum Verbot der Sklaverei der europäische Hauptumschlagplatz für Sklaven aller Hautfarben. 1805 setzte die junge Kriegsflotte der USA, angeführt von der USS Constitution, der Piraterie im Mittelmeer ein Ende.

■ Szenenphoto mit Dijmon Hounsou aus dem US-Film *Amistad* von Steven Spielberg, 1997

Kriegsschiffe. Die extrem große Segelfläche in Kombination mit dem breiten Rumpf und dem flachen Bug – ähnlich dem eines Wikinger-Skeidhs (s. S. 44) –, ließen diese Schiffe geradezu über das Wasser »surfen«. Daher auch der Name, der sich vom schottischen »to scon«, dem Schliddern eines Steins über die Wasseroberfläche, ableitet. 1874 definierte Friedrich Schüler, Direktor des Germanischen Lloyd, die Schoner als Schiffe, die »mit einer gewissen Federkraft aufschnellen und gleichsam von Welle zu Welle hüpfen«. Sie dienten bis zur Einführung der Dampfschiffe als Passagier- und Postschiffe; und die Schnellsegler, die den Zollbehörden recht waren, dienten natürlich auch den Schmugglern, Piraten und Sklavenhändlern. Unter dem Sammelnamen »Baltimore Klipper« werden die Anfang des 19. Jahrhunderts in Gloucester, Marblehead, Essex und Baltimore an der amerikanischen Ostküste gebauten Schoner von Seglern in aller Welt gerühmt. Verwirrenderweise wird die Bezeichnung »Klipper« von 1840/50 an für einen ganz anderen Schiffstyp verwendet (s. S. 184).

Vor allem diese ab 1815 in den USA gebauten Schoner dienten dem illegalen Sklaventransport. Sie waren deutlich schneller, mit einer Wasserverdrängung von 100 bis 150 Tonnen kleiner als die älteren Massentransporter, auf denen zudem jeder Kubikmeter ausgenutzt wurde. Den traurigen Rekord hält die Bark Aquila, in die Ende des 18. Jahrhunderts 1016 Sklaven gepfercht worden waren. In der Regel hat ein Guineaman drei- bis vierhundert Menschen transportiert, untergebracht in zusätzlich gezimmerten Zwischendecks. Deren Maße waren seit dem 1. August 1799 für das britische Empire gesetzlich geregelt. Danach stand jedem Sklaven ein »Raum« von 1,52 Meter Höhe, 1,64 Meter Länge und 88 Zentimeter Breite zu. In der Zeit davor mussten die Sklaven auf manchen Schiffen während der nicht selten fünfzig Tage und länger dauernden Fahrt aus Platzmangel im Sitzen schlafen.

»Mit der Peitsche in der Hand verstauten wir die Sklaven für die Nacht, sie schliefen auf Löffelchen-Art, wie man im Volksmund sagt.«
Kapitän Theo Conneau, 1847

Während der kurzen Phase des brandenburgischen Sklavenhandels zwischen 1685 und 1728 transportierte die Galeone »Friedrich Wilhelm zu Pferde« 738 Sklaven in die Karibik. Das Besatzungsmitglied Johann Peter Oetinger schrieb später: »Welch ein Schauder überkam mich beim Betreten der Räume … menschlich gebaute Wesen, wie das Vieh behandelt.« Auf vielen Sklavenschiffen grassierten die Ruhr und andere Epidemien. »Rot schwappten die Exkremente über die Decks wie in einem Schlachthaus, Kleinkinder ertranken in Abortkübeln, manch Gefangener musste seine Notdurft dort verrichten, wo er angekettet lag«, berichtete ein anderer Augenzeuge. Im 17. Jahrhundert und zu Beginn des 18. Jahrhunderts starb etwa jeder vierte Gefangene. Nach 1730 sank die Sterberate auf fünfzehn Prozent. Gegen 1800 war Afrika fast entvölkert. Insgesamt sind über 27 Millionen Menschen deportiert worden; davon zwölf Millionen nach Amerika: etwa fünf Millionen nach Brasilien und 500 000 in die USA. Fünfzehn Millionen Afrikaner wurden von arabischen Händlern in den asiatischen Raum deportiert. Die Ware Mensch wurde bald so hoch gehandelt, dass man ab 1800 die Bedingungen an Bord verbesserte und damit die Sterberate auf fünf bis zehn Prozent senkte. Sie lag damit niedriger als auf manchen Auswandererschiffen und Truppentransportern. Allein während der Transporte nach Amerika

■ Sklaven an Bord eines Schiffes

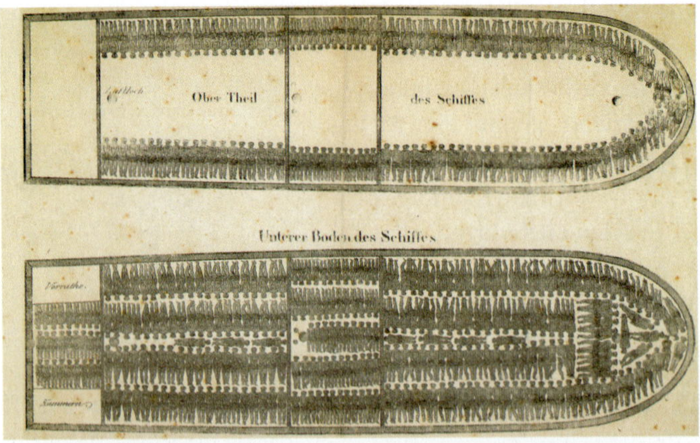


■ Belegungsplan eines Sklaven-Transportschiffes für die zweimonatige Reise von Afrika nach Westindien. Um möglichst viele Sklaven auf einmal transportieren zu können, wurde der knappe Platz vorher genau berechnet. Kupferstich, um 1825

sind in 350 Jahren insgesamt 1,5 Millionen Afrikaner ums Leben gekommen.

Die Renditen der Schiffseigner waren hoch; und sie stiegen noch nach dem Verbot des Handels. 1827 brachte der 90-Tonnen-Schoner La Fortuna 217 Sklaven nach Havanna, die an der Küste von Guinea gegen 20 000 Zigarren und 500 Gold-Dublonen eingetauscht worden waren. Der Reingewinn der Reise betrug mehr als 40 000 Dollar. Die meisten europäischen Schiffe sind bis zum Verbot im so genannten Dreieckshandel gefahren: Sie brachten Tauschgüter nach Afrika, von dort Sklaven nach Amerika und kehrten mit Rum und Baumwolle wieder nach Europa zurück. Die Profitraten waren enorm.

Die Amistad war also kein Sklavenschiff im üblichen Sinn; sie besaß keine Zwischendecks zur sicheren Unterbringung, und die Mannschaft hatte keine Erfahrung im Transport des »schwarzen Elfenbeins«. Einer der Afrikaner an Bord, der Häuptlingssohn Singbe, auch Cinque genannt, war wie viele andere Afrikaner selbst Sklavenhändler gewesen und nur wegen seiner Schulden zur Sklaverei verurteilt worden. Es gelang ihm, der Besatzung einige Macheten zu stehlen und mit seinen Schicksalsgenossen das Schiff zu erobern. Während des Amistad-Prozesses von 1839 bis 1841 wetterte die konservative Presse in den USA: »Diese Schwarzen sind offenbar das aufregendste Ereignis in Connecticut seit der Jahrhundertwende … Die Damen geben Tee-Partys und diskutieren Ritterlichkeit, Leidensweg, Heldentum der Sklaven. Sind die Neger jetzt die Herren in diesem Land?«

Bei dem Wort »Schoner« denken Segelfans an legendäre Schiffe wie den Regatta-Schoner America, der 1851 den ältesten Sportpokal der Welt, den America's Cup gewann; an die Blue Nose, die, zwischen 1930 und 1940 als Rennjacht gesegelt, bis heute Kanadas berühmtestes Schiff ist, verewigt auf Münzen und Briefmarken. Als Symbol für die Blütezeit amerikanischer Schoner gilt die Chasseur, auch »Pride of Baltimore« genannt. Der mit 5218 BRT größte Schoner der Welt war die 1902 vom Stapel gelaufene Thomas W. Lawson. Der Siebenmaster fuhr als Tankschiff; er sank 1907 mit 60 000 Fass Parafin vor den britischen Scilly-Inseln.

# AMISTAD

## DATEN UND FAKTEN

**Baujahr**: zwischen 1830 und 1835, in Havanna
**Typ**: Bramsegelschoner
**Wasserverdrängung**: 100–120 t; 65–70 BRT
**Maße**: Länge: Wasserlinie 21,3 m, Deck 25,2 m, über alles 38,7 m; Breite: 7,5 m; Tiefgang: ca. 4 m; Masthöhe: 29,8 m.
**Beseglung**: 2 Masten mit 10 Segeln, ca. 6250 qm Segelfläche; max. Geschwindigkeit: 9,4 Knoten
**Besatzung**: 25 Mann; der Nachbau Amistad II fährt mit 13-köpfiger Crew.
**Verbleib**: Nach dem Prozess erwarb Kapitän George Howland die Amistad und taufte sie um in Ion.

## WISSENSWERTES

**Archäologische Funde:** Zwei Wracks von Sklavenschiffen sind gefunden worden. Die Henrietta Marie sank am 18. Mai 1700 vor Key West. Die 1972 gehobenen Artefakte befinden sich heute im Mel Fisher Maritime Museum in Key West. Am 27. April 1717 sank die Whydah, zum Piratenschiff umfunktioniert, vor Cape Cod. In ihrem 1984 entdeckten, bis 1997 gehobenen Wrack wurden die ältesten erhaltenen Goldschmiedearbeiten der afrikanischen Alkan-Völker aus Ghana und Benin gefunden; sie befinden sich heute im Expedition Whydah Sea-Lab & Learning Center in Cape Cod.

**Sklavenaufstände:** Der erste Afrikaner betrat amerikanischen Boden als freier Mann: ein Matrose von Kolumbus. 1494, bei seiner zweiten Reise, hatte dieser bereits die ersten beiden Sklaven an Bord. Die Eingeborenen Amerikas, »Indianer« genannt, hatten sich als »nicht belastbar und undiszipliniert« erwiesen. Der erste aktenkundige Sklavenaufstand fand 1522 auf der Insel Hispaniola statt; 1537 wurde ein in Mexiko geplanter Aufstand verraten. 1673 erhoben sich Sklaven auf Jamaika, 1712 sogar in New York. Rebellionen an Bord von Schiffen, wie die auf der englischen Eagle 1704 und auf der dänischen Kristianssand 1786, waren keine Einzelfälle. Wenn die Schwarzen keine Chance zur Gegenwehr sahen, sprangen sie häufig einzeln oder in Gruppen über Bord, um Selbstmord zu begehen. Über 10 Millionen Afrikaner wurden zwischen 1520 und 1850 in die neue Welt verschleppt, ein Vielfaches der europäischen Einwanderer.

**Die Aufhebung der Sklaverei:** In Folge der europäischen Aufklärung hat Dänemark den Sklavenhandel 1803 abgeschafft, Großbritannien folgte 1807, die USA 1808, Frankreich 1818. Brasilien, das mit 5 Millionen die meisten schwarzen Sklaven erhalten hatte, schloss sich, auf englischen Druck, erst 1850 an. Die Aufhebung der Sklaverei selbst geschah im Gefolge des Wiener Kongresses von 1815, auf den sich die teilnehmenden Staaten zur Bekämpfung der Sklaverei verpflichtet hatten: 1833 im britischen Empire, 1848 in den dänischen und französischen, ab 1864 in den niederländischen Kolonien, in Kuba ab 1870. In den USA, in deren Südstaaten um 1790 etwa 700 000 Sklaven lebten (40 Prozent der Bevölkerung), wurde die Auseinandersetzung um die »Abolition« seit 1850 immer heftiger, die Sklavenbefreiung war einer der Auslöser des amerikanischen Bürgerkriegs (1861–65). 1865 verkündete der XIII. Verfassungszusatz die Emanzipation der Sklaven für das Gesamtgebiet der USA.

## AUF DEN PUNKT GEBRACHT

Die Amistad war ein Schoner, ein Schmetterling der Meere. Auch wenn sie kein typisches Sklavenschiff war, erzählt ihr Schicksal doch die Geschichte des afrikanischen Sklavenhandels. Und sie ist ein Symbol für das Aufbegehren gegen Unterdrückung.

## EMPFEHLUNGEN

**Lesenswert:**
Howard Jones: *Mutiny on the Amistad*, New York 1987

Eigel Wiese: *Sklavenschiffe. Das schwärzeste Kapitel der christlichen Seefahrt*, Hamburg 2000

Heinrich Pleticha: *Sklaven für Havanna. Der Lebensbericht des Sklavenhändlers Theodore Canot 1826–1839*, Stuttgart 1988

Herbert Karting: *Deutsche Schoner*, Bremen 2001

**Sehenswert:**
*Amistad*. Regie: Steven Spielberg. USA 1997

**Besuchenswert:**
Die ständige Ausstellung zum Sklavenhandel im Deutschen Technikmuseum Berlin

Expedition Whydah Sea-Lab & Learning Center, Cape Cod, USA

# Erebus und Terror

## *Die Suche nach der Nordwestpassage*

■ Die Schiffe Erebus und Terror auf der Suche nach einer Passage zwischen Atlantik und Pazifik. Holzstich, 1845

»Sie starben im Gehen. Sie fielen hin, wo sie gerade gingen und standen, und waren tot«, berichtete 1859 eine alte Eskimofrau. Sie war der letzte Mensch, der die seit 1846 verschollene Arktisexpedition von Kapitän Sir John Franklin auf ihrem Todesmarsch gesehen hatte. Zwei Jahre war Franklins Mannschaft auf ihren beiden Schiffen Erebus und Terror im Packeis eingeschlossen, bis man – wie eine später im Eis gefundene Notiz besagt – beschloss, die Sicherheit der Schiffswände aus Eichenholz aufzugeben und zur nächsten Siedlung am Fish River zu marschieren: 925 Kilometer über das Eis. Keiner hat den am 22. April 1848 gestarteten Marsch überlebt; die Schiffe sind bis heute verschollen.

Die 128 Männer von Erebus und Terror hatten den Auftrag, die Nordwest-Passage zwischen Atlantik und Pazifik zu entdecken. Schon seit 500 Jahren hoffte man, eine solche Verbindung durch das Nordpolarmeer zu finden (s. S. 126). Bis zur Fertigstellung von Suez- und Panamakanal (1869 bzw. 1914) musste jeder Indienfahrer die weite und gefährliche Reise um das Kap der Guten Hoffnung oder um Kap Horn bewältigen. Im 19. Jahrhundert war die Nordwestpassage zu einer fixen Idee geworden. Dabei stand bereits 1845 fest, dass diese wegen des gefährlichen Packeises nie von ökonomischen Nutzen sein würde. Doch nach dem Sieg über Napoleon (1815) herrschte Großbritannien unangefochten über die Meere der Welt; und wer zum Helden werden wollte, konnte nur noch Entdecker werden. Während »Landratten« wie Livingstone und Stanley ins Innere Afrikas vordrangen, rissen sich die Kapitäne darum, von John Barrow, dem ehrgeizigen Zweiten Lord der Admiralität, auf Entdeckungsfahrt ins nördliche Packeis geschickt zu werden. 1844 wurden die beiden stabilsten Kriegsschiffe der Royal Navy ausgewählt: die 1826 vom Stapel gelaufenen dreimastigen Mörserträger HMS Erebus und HMS Terror, deren Rümpfe so robust gebaut waren, dass sie den gewaltigen Rückstoß extra-

»Bei der letzten Sonate, sie hieß Opus 111, ging es Franklin seltsam … Er ging zu Moscheles und sagte: ›Der langsame Satz war wie das Meer. Damit kenne ich mich aus.‹ Moscheles strahlte ihn an. Wie dieser alte Mann strahlen konnte! ›Freilich, Sir, das Meer, molto semplice e cantabile, wie ein guter Abschied.‹«

Sten Nadolny, *Die Entdeckung der Langsamkeit*

großer Geschütze standhielten. Es waren kleine Schiffe mit einem flachen Deck, breit und schwerfällig, unspektakulär wie Walfänger: unelegant wie Schuhkartons, wie Zeitgenossen fanden. Aber sie hatten ihre Widerstandsfähigkeit bewiesen. 1836 war die Terror, damals unter dem Kommando von Kapitän George Back, in der Hudson-Bay eingefroren, 1837 kollidierte sie mit einer riesigen Eisscholle und erreichte trotz Leck im Rumpf noch die irische Küste. Dort musste sie in einer Notaktion auf den Strand gesetzt werden, weil sie sonst gesunken wäre. Wieder repariert überstand die Terror anschließend eine vierjährige Antarktisreise unter dem Kommando von Kapitän James Clark Ross. Auch die Erebus hatte bei einem Einsatz in der Antarktis ihre Unverwüstlichkeit unter Beweis gestellt – unbeschadet hatte sie den Zusammenstoß mit einem Eisberg überstanden.

1903 kaufte ein noch unbekannter Norweger namens Roald Amundsen den gebrauchten Fischkutter Gjöa, um zu erreichen, was Sir John Franklin nicht geschafft hatte – eine Durchfahrt durch die Nordwestpassage. Und Amundsens Gjöa gelang das Unmögliche: Nach drei Jahren Fahrt und Drift durchs Packeis erreichte sie den Pazifik.

Ein Eskimo erzählte später, er habe die Erebus entdeckt. Am Tisch habe ein Toter gesessen, vor sich eine Schüssel mit Fleisch.

Die Expedition von 1845 wurde bis in Details sorgfältig vorbereitet. Der Bug beider Schiffe erhielt eine zusätzliche, 1,6 Meter starke Holzhülle, die mit Eisenplatten verkleidet wurde. Dampfmaschinen sollten die Segelschiffe gegen das Packeis, ihren arktischen Hauptfeind, beweglich halten. An der Victory des Kapitän John Ross hatte sich gezeigt, dass Schaufelräder bei einer Fahrt durch Eis zerbrachen. Darum wurden Erebus und Terror mit einer Schiffsschraube ausgerüstet. Bereits 1787 hatte der amerikanische

■ Das Ende der Franklin-Expedition auf der Suche nach der Nordwestpassage. Gemälde von W. Thomas Smith, 1895

■ Der englische Seeoffizier und Polarforscher Sir John Franklin. Zeitgenössische Kreidezeichnung von William Derby

Ingenieur John Fitch auf dem Delaware-River mit einer Schiffsschraube experimentiert, die er in sein Steam Boat Perseverance eingebaut hatte. Doch war die Technik erst 1843 so weit ausgereift, dass die ersten Schraubendampfer vom Stapel liefen: die beiden Kriegsschiffe USS Princeton und HMS Rattler sowie der Passagierdampfer Great Britain, das mit 3270 Tonnen größte bis dahin gebaute Eisenschiff. Um die Schiffsschrauben der Arktis-Schiffe gegen das tonnenschwere Packeis zu schützen, ermöglichte ein Schacht, diese in den Rumpf zu ziehen. Bei den Dampfmaschinen setzte die Admiralität auf Verlässlichkeit: Man kaufte einfach zwei bewährte, fünfzehn Tonnen schwere Lokomotiven der Greenwich Railway und ließ sie unter Deck einbauen. An alles wurde gedacht. Die Schiffe erhielten Proviant für drei Jahre – den größten Teil in modernen Konservendosen – und mit Sir John Franklin einen der besten und prominentesten Kapitäne Groß Britanniens. Er hatte bei Trafalgar in der Flotte Nelsons gekämpft, später zwei legendäre Überlandexpeditionen durch Nord-Kanada geführt und bis zu seiner letzten Fahrt auf der Erebus als Gouverneur von Tasmanien Dienst getan. Mit seinem 1987 erschienen und millionenfach verkauften Roman *Die Entdeckung der Langsamkeit* hat der deutsche Schriftsteller Sten Nadolny den verschollenen Kapitän Franklin 150 Jahre nach dessen Tod auch außerhalb Groß Britanniens zu einer Kultfigur gemacht.

Im Mai 1845 verließen die Erebus und die Terror England – und tauchten nie wieder auf. Ihr Verschwinden löste eine der längsten und umfangreichsten Suchexpeditionen der Geschichte aus. Bis zu zwölf Schiffe gleichzeitig, die zum Teil wiederum selbst gerettet werden mussten, forschten in den folgenden Jahren nach den im Eis gebliebenen Schiffen. 1859 stieß Francis Leopold McClintock auf verwirrende Spuren. Man fand die Leichen von Besatzungsmitgliedern, wobei neben einer der Leichen vierzig Pfund Schokolade lagen, während eine andere Gruppe eindeutig das Fleisch ihrer toten Kameraden gegessen hatte. 1986 ergaben Untersuchungen von Gewebeproben der Toten, dass die Mannschaft an einer Bleivergiftung gestorben war – die Konservendosen waren unsachgemäß mit einer Blei-Zinn-Masse verlötet worden.

Am 4. Juli 1878 verließ die Vega, das Schiff des schwedischen Polarforschers Adolf Erik von Nordenskiöld, den Hafen von Göteborg, um 1879 den Pazifik durch eine Nordost-Passage zu erreichen. Einen Winter lang fror die Vega ein. Wrackteile des zu Hilfe geschickten, aber gescheiterten Dampfers Jeannette drifteten 2860 Seemeilen durch das Nordpolarmeer: Das brachte Fridtjof Nansen auf die Idee, sich mit der Fram zum Nordpol treiben zu lassen.

# EREBUS UND TERROR

## DATEN UND FAKTEN

**Namen:** Die Schiffe wurden nach zwei antarktischen Vulkanen benannt. Erebos ist in der griechischen Mythologie die Finsternis in der Unterwelt.
**Baujahr:** 1826 auf der Pembroke-Werft in Wales
**Typ:** Mörserträger
**Ladekapazität:** 372 t
**Maße**: Länge: 34,6 m; Breite: 9,6 m; Tiefgang: 6 m
**Beseglung:** Dreimaster, ursprünglich Vollschiff, für die Expedition zur Bark umgetakelt
**Hilfsantrieb:** Dampfmaschine. Eine 25 PS starke Lokomotive der Greenwich Railway wurde im Originalzustand quer unter Deck eingebaut. Die Vorderachse trieb über eine 10 m lange Verlängerung die 2,1 m hohe Schiffsschraube an.
**Geschwindigkeit:** max. 7,8 kn
**Besatzung:** Erebus 67 Mann, Terror 61 Mann
**Bewaffnung:** als Mörserträger: 1330 mm- und 1254-mm-Mörser, 8 24-Pfünder, 2 6-Pfünder
**Ladung:** Lebensmittel für 3 Jahre, pro Schiff u.a.: 4000 Konservendosen, 24 Tonnen Mehl, 8600 Liter Schnaps, 1600 Kilo Tabak, 900 Kilogramm Seife, 500 Kilogramm Kerzen, eine mechanische Orgel, eine Kamera für Daguerrotypien
**Besonderheiten:** Entsalzungsanlagen und ein mit Dampfmaschinen betriebenes Heißwasser-Heizungssystem – wie bei luxuriösen Passagierdampfern der Zeit
**Neuerung:** Schiffsschraube

## BIOGRAPHIE

**Sir John Franklin** wird am 16. April 1786 in Spilsby, Lincolnshire, geboren. Mit 14 Jahren geht er zur Royal Navy und nimmt von 1801 bis 1803 an Matthew Flinders erster Umseglung Australiens teil. 1805 avanciert er in der Schlacht von Trafalgar zum Seehelden. Von 1819 bis 1822 und von 1825 bis 1827 leitet er unter schwierigsten Bedingungen Überlandexpeditionen durch Nordkanada – wie viele seiner Zeitgenossen glaubt er, dass man jenseits des nördlichen Packeises offenes Meer finden würde. 1829 geadelt, dient er dem Empire von 1836 bis 1843 als Gouverneur von Van Diemen's Land, dem heutigen Tasmanien. Als die britische Admiralität 1844 HMS Erebus und HMS Terror ausrüstet, wird er zum Expeditionsleiter bestimmt. Zwar gab es jüngere und gleich qualifizierte Kapitäne, doch allein Franklin – so heißt es in der Öffentlichkeit – gebühre die Ehre, mit diesen so sicheren Schiffen die Nordwest-Passage zu durchfahren. Er stirbt 11. Juni 1847 auf King Island im kanadischen Polargebiet.

## EMPFEHLUNGEN

**Lesenswert:**
Roald Amundsen: *Die Nordwestpassage. Meine Polarfahrt auf der Gjöa 1903–1907*, Stuttgart 2001

Adolf Erik Nordenskiöld: *Nordostwärts. Die erste Umseglung Asiens und Europas 1878–1880*, Stuttgart 1987

Sten Nadolny: *Die Entdeckung der Langsamkeit*, München 1999

Fergus Fleming: *Barrow's Boys*, Hamburg 2002

Rudy Wiebe: *Land jenseits der Stimmen*, Frankfurt/M. 2001

Arved Fuchs: *Kälter als Eis. Die Wiederentdeckung der Nordostpassage*, Bielefeld 2003

Matthew Kneale: *Englische Passagiere*, München 2000

Andrea Barrett: *Jenseits des Nordmeers*, München 2001

Kenn Harper: *Minik. Der Eskimo von New York*, Bremen 2000

*Schiffahrt und Kunst aus England*, Katalog, Hamburg 2002

**Besuchenswert:**
Museumsschiff S.S. Great Britain, eines der ersten mit Schraubenantrieb, im Great Western Dockyard, Bristol

**Anklickenswert:**
www.stemnet.nf.ca/CITE/exfranklin.htm

## AUF DEN PUNKT GEBRACHT

Erebus und Terror waren brave Schiffe, graue Mäuse, aber solide und stark gebaut und modern ausgerüstet. Nach ihrem rätselhaften Verschwinden geisterten sie jahrzehntelang wie Fliegende Holländer durch die Alpträume Britanniens.

# Great Eastern

## *Der erste Gigant der Moderne*

1857. Zwei der 2000 Arbeiter der Londoner Russel-Werft werden vermisst. Gerüchte kursieren: Die beiden seien versehentlich in dem Hohlraum zwischen den zwei Schiffswänden eingeschlossen worden und erstickt. Tatsächlich war die Great Eastern das erste Schiff mit einer doppelten Rumpfhülle – ein Sicherheitsstandard, der heute für Supertanker vorgeschrieben ist, auch wenn noch lange Einwandtanker unterwegs sein werden. Überhaupt war die Great Eastern ein Schiff der Superlative. Mit knapp 19 000 Tonnen Ladekapazität war sie fünfmal größer als jedes Schiff zuvor und schwerer als alle 197 Schiffe der spanischen Armada von 1588 zusammen. Erst 49 Jahre später übertraf die Lusitania die Tonnage der Great Eastern, und 51 Jahre dauerte es, bis Schiffe wieder eine Länge von 210 Metern erreichten.

Die Presse überschlug sich: »Schwimmende Stadt«, »Wunder der Meere«, »Kristallpalast auf See«. Marmorverkleidung, Rosenholzsalons mit Flügel, Gasbeleuchtung und fließend warmes Wasser in den Kabinen der Ersten Klasse: Ungewohnter Luxus an Bord sollte die Passagiere verwöhnen. Doch es gab auch warnende Stimmen. Das Schiff, das eigentlich auf den Namen Leviathan ge-

■ Die Great Eastern. Illustration von Enno Kleinert

tauft werden sollte, sei eine Gotteslästerung wie der Turm zu Babel; die riesigen Luxussalons wirkten unpersönlich, das Monsterschiff sei einfach gespenstisch.

Am 3. November 1857 waren alle 30000 Eisenplatten zusammengenietet, das Schiff – geplant für 4800 Passagiere, mehr als doppelt so viel wie 1912 auf der Titanic – lag am Ufer der Themse zum Stapellauf bereit. Die Werftarbeiter waren bestürzt, als man das Schiff aus einer Laune heraus mit Wasser statt mit Alkohol taufte: Das bedeutete Unglück. Zwei Arbeiter starben an diesem Tag. Der Stapellauf schlug fehl. Und der Auftraggeber, der Industrie-Tycoon Brunel, erlitt einen Schlaganfall.

■ Isambard Kingdom Brunel, der englische Ingenieur und Erbauer der Great Eastern. Holzstich

Erst drei Monate später schwamm die Great Eastern. Am 7. September 1859 unternahm sie ihre Jungfernfahrt; die beiden 17 Meter hohen Schaufelräder – so groß wie eine Zirkusmanege – trieben den Dampfer durch die Straße von Dover. Da explodierte einer der fünf Schornsteine. Fünf Matrosen starben. Besatzungsmitglieder behaupten später, sie hätten vor dem Unglück ein Klopfen aus der Doppelhülle des Rumpfs gehört. Im Oktober riss sich das Schiff von der Ankerkette los und wäre vor der Insel Holyhead fast gestrandet. Kurz zuvor war der Eigner Brunel an den Folgen des Schlaganfalls gestorben. Seine Idee, die Great Eastern auf der Route London-Bombay einzusetzen, erwies sich als monströse Fehlplanung – es bestand kein Bedarf. Im Januar 1860 ertranken vor der Hafeneinfahrt von Southampton drei Besatzungsmitglieder in einem Ruderboot der Great Eastern, unter ihnen Kapitän Harrison. Am 17. Juni brach das Unglücksschiff zu seiner ersten Reise auf – nach New York. Statt der geplanten 4800 Passagiere waren 35 an Bord gegangen. Amerika feierte die Rekordfahrt in nur elf Tagen mit Salutschüssen. Allerdings verloren im Hafen von New York vier Männer durch Unfälle das Leben. Das Schiff jedoch schien nun einwandfrei zu funktionieren.

1861 unterbot es seinen eigenen Transatlantikrekord um zwei Tage. Es fuhr dann mit 3000 Menschen an Bord, doppelt so viele, wie je zuvor ein Schiff getragen hatte,

Am 12. September 1857, sieben Wochen vor dem Stapellauf der Great Eastern, geriet der Raddampfer SS Central America vor der amerikanischen Ostküste in einen Orkan und kenterte. 400 Menschen starben, und 21 Tonnen kalifornisches Gold versanken in 2500 Meter Tiefe. 1983 begann Tommy Harvey Thompson, das Wrack zu suchen. All sein Geld investierte er in die Schatzsuche, jahrelang schlief er im Auto. Es hat sich gelohnt: Am 11. September 1988 entdeckte er das Wrack. Mit einem selbstkonstruierten Tauchroboter konnte er den Schatz heben. Dessen heutiger Wert: eine Milliarde Euro.

Katastrophen kennzeichnen die ersten Jahrzehnte der Hochsee-Dampfschifffahrt. 1852 sank die Arctic vor Neufundland; 1856 verließ die Pazifik Liverpool und blieb verschollen. Die europäischen Auswanderer, die in die USA wollten, konnten sich die teuren Passagen auf Dampfschiffen ohnehin nicht leisten; sie fuhren weiterhin auf Segelschiffen. Die Überfahrt dauerte vierzig Tage, doch es konnten leicht achtzig oder hundert werden. Erst in den 1860er und 70er Jahren stiegen auch die Auswanderer auf Dampfschiffe um.

als Truppentransporter nach Kanada. Als die Great Eastern im September 1861 den Hafen von Liverpool verließ, standen 300 000 Menschen am Ufer. Wieder wollte man an Bord jenes seltsame Klopfen aus dem Schiffrumpf gehört haben. 500 Kilometer vor der irischen Küste, in einem Orkan, verbog eine Riesenwelle eins der Schaufelräder. Das Schiff schlingerte so stark, dass Flügel und Möbelstücke wie Geschosse durch den Rosenholz-Salon flogen und 27 Passagiere schwer verletzten. Im Maschinenraum durchschlugen losgerissene Bleiplatten die Schotten. Kapitän Walker, der die Great Eastern erst zehn Tage zuvor übernommen hatte, ließ die Hilfsmaschinen starten, die das Schiff zusätzlich mit Schiffsschrauben antreiben konnten. Keinen Moment zu früh: Wenige Minuten später brachen die beiden riesigen Schaufelräder ab. Dann streikte das Ruder, und zwei Tanks mit Walöl platzten wie Bomben. All das geschah an einem Freitag – einem dreizehnten. Am 14. September schleppte ein britisches Kriegsschiff die Great Eastern in den Hafen von Cork.

■ Aufwickeln des Kabels im Schiffsrumpf der Great Eastern. Holzstich, 1877

Noch dreimal fuhr der Luxusliner nach Amerika. Bei seiner letzten Fahrt rammte er vor New York ein Riff, das in keiner Seekarte eingetragen war und das noch heute den Namen Great Eastern-Rock trägt. 26 Meter lang war der Riss in der Schiffswand. Die Reederei musste Bankrott erklären. 1864 kaufte der amerikanische Großindustrielle Cyrus Field das Schiff und ließ es zum Kabelleger umbauen. Nun erlebte die Great Eastern ihren großen Triumph. Am 27. Juli 1866 brachte sie in Neuschottland das erste funktionierende Telegraphenkabel an Land: eine direkte Verbindung zwischen Europa und Amerika!

■ Verlegung des transatlantischen Kabels 1865/66 durch den Kabeldampfer Great Eastern. Die Konstruktion an Deck des Schiffes dient zum Verladen bzw. Aufwickeln des Kabels. Holzstich, 1877

Dann stand das Schiff erneut zum Verkauf. Gerüchte kursierten, der türkische Sultan Asis wolle es zu einem schwimmenden Harem ausbauen. Schließlich jedoch kaufte die von König Louis Napoléon gegründete Société des affréteurs du Great Eastern das Schiff. Es sollte amerikanische Besucher zur ersten Pariser Weltausstellung transportieren. Erneut zum Passagierdampfer umgerüstet, verließ die Great Eastern am 23. April 1867 Liverpool. Und abermals die mysteriösen Klopfzeichen aus der Schiffswand. Nur 123 Passagiere waren an Bord, unter ihnen auch der seefahrtbegeisterte Schriftsteller Jules Verne. In einem Sturm riss der Anker, die Speichen der rotierenden Ankerwinde schossen wie Speere durch die Luft und erstachen vier Matrosen. Gigantische Wellen zerschlugen die Decksluken, Wassermassen drangen in die Laderäume und weichten die dort verstauten Kartons auf. Tausende von Kinderpuppen quollen aus den Pappschachteln und trieben durch den überfluteten Rumpf wie Babyleichen, so ein Augenzeuge. Einer der Zollinspektoren, der den Schaden in New York protokollierte, hieß Herman Melville, der verkannte Autor von *Moby Dick* (s. S. 158). Nach der letzten Unglücksfahrt gingen von den 4000 Amerikanern, die auf der Great Eastern nach Europa fahren wollten, um die Pariser Weltausstellung zu besuchen, nur 191 an Bord. In Liverpool konnte die Reederei die Matrosen nicht bezahlen, die daraufhin streikten.

■ Die Verlegung des transatlantischen Kabels war der Beginn einer schnellen Kommunikation zwischen den Kontinenten und wurde deshalb auch als achtes Weltwunder bezeichnet. Gedenkdruck zu Ehren von Cyrus Field, dem Schiffseigner der Great Eastern, 1864

Julius Reuter, Gründer der Nachrichtenagentur Reuters, kaufte das Schiff, und wieder wurde es zum Kabelleger umgebaut. Ohne Zwischenfälle verlegte die Great Eastern vier Kabel im Atlantik und eins im Indischen Ozean, das Aden mit Bombay verband. Dann übernahm der 1874 vom Stapel gelaufene Kabel-Spezialdampfer Faraday das Geschäft. Jahrelang lag die Great Eastern im englischen Milford vor Anker, 1884 diente sie auf dem Mississippi als schwimmendes Hotel, dann als Kohlendepot in Gibraltar. 1885 kaufte ein Liverpooler Geschäftsmann das Schiff für 26 200 Pfund – der vierzigste Teil des Baupreises – und installierte einen schwimmenden Jahrmarkt. Die schwimmende Kirmes wurde nach New York verlegt, allein in den ersten vier Wochen besuchten 143764 Menschen die Attraktion und zahlten dafür 71 882 Dollar – mehr als die Great Eastern je mit verkauften Schiffspassagen eingenommen hatte. Als man am 29. April 1886 die Maschinen anwerfen wollte, streikten sie und waren nicht zu reparieren.

Drei Jahre dauerte es, bis das Riesenschiff abgewrackt war: von 1889 bis 1891. Schweißbrenner waren noch nicht erfunden, darum mussten die drei Millionen Nieten von Hand aus dem Rumpf herausgeschlagen werden, in dem man tatsächlich die Skelette der 1857 vermissten Werftarbeiter fand.

# GREAT EASTERN

## DATEN UND FAKTEN

**Baujahr**: 1. Mai 1854–31. Januar 1858, John Scott Russel & Co-Werft, Millwall, London. Entwurf des Eigners Isambard Kingdom Brunel. Baukosten 780 000 Pfund, nach heutigem Wert ca. 100 Millionen Euro
**Typ**: kombinierter 5-Schornstein-Schaufelrad- und Schraubendampfer mit zusätzlicher Beseglung für den Passagier- und Frachtverkehr
**Maße**: Länge: 210,9 m; Breite: 25,2 m; Tiefgang: 9,1 m
**Wasserverdrängung**: 23 000 t, 22 500 BRT; Ladekapazität: 18 915 t
**Bauweise**: Doppel-Rumpf aus 30 000 hydraulisch vorgeformten vernieteten Eisenplatten, 16 wasserdichte Schotten
**Antrieb**: dampfgetriebene, 17,7 m hohe Seitenschaufelräder und Schraube; 10 Kessel mit 100 Feuerlöchern; Bunkervorrat: 10 000 Tonnen Kohle; eine oszillierende Dampfmaschine mit 4 Zylindern für die Schaufelräder; Leistung 3400 PS; eine Kolbendampfmaschine mit 4 Zylindern für die 7,3 m hohe Heckschraube, Leistung 4900 PS
**Geschwindigkeit**: 7 kn mit Rädern; 9 kn mit Schraube; 12,4 kn mit beiden Maschinen
**Beseglung**: 6 Masten, der 2. und 3. mit Rahsegeln, die anderen mit Gaffelsegeln, insgesamt 5900 qm Segelfläche
**Besatzung**: geplant 600, tatsächlich max. 485 Personen
**Passagiere**: geplant für max. 4800 Passagiere oder 10 000 Soldaten, real möglich waren 3000 Passagiere: 200 I. Klasse, 400 II. Klasse, 2400 III. Klasse; eine Atlantik-Pasage in der Kabine I. Klasse kostete 150 US Dollar.
**Ladung**: max. 6000 Tonnen Fracht; real max. 5000 Weizen
**Verbleib**: Schrottpreis 16 000 Pfund
**Neuerungen**:
· Passagier-Liner mit genietetem Metallrumpf
· keine Spanten
· doppelte Schiffshülle
· wasserdichte Schotten
· Schiffsschraube

## BIOGRAPHIE

**Isambard Kingdom Brunel**, der Erbauer der Great Eastern, wird 1806 als Sohn eines Ingenieurs in Plymouth geboren. Gemeinsam bohren Vater und Sohn einen Tunnel unter der Themse. Brunel – mit 1,60 m der »kleine Riese« genannt – wird zu einem der visionären Industrie-Tycoone des 19. Jhs., entwirft Hängebrücken, baut Dutzende Eisenbahnstrecken in England, Italien, Österreich und Indien – wobei er die Baupläne stets unter dem Zylinder trägt – und lässt zwei erfolgreiche Atlantik-Dampfer bauen, beide mit Holzrumpf: 1837/38 den Raddampfer Great Western, der als erster einen regelmäßigen Liniendienst über den Atlantik aufnimmt, und 1843 den ersten größeren Dampfer mit Schraubenantrieb, die Great Britain. Die Realisierung des Monsterschiffs Great Eastern kostet ihn das Leben: Nach dem missglückten Stapellauf erleidet er einen Schlaganfall.

## EMPFEHLUNGEN

**Lesenswert:**

John Griesemer: *Rausch*, Hamburg 2003

Patrick Beaver: *The big Ship. Brunel's Great Eastern*, London 1969

Stefan Zweig: *Sternstunden der Menschheit*, Frankfurt 1992

Jules Verne: *Eine schwimmende Stadt*, München 1984

Cord Christian Troebst: »Auf dem falschen Dampfer«, in: *mare*, Heft 30, Februar/März 2002

Gary Kinder: *Das Goldschiff. Die größte Schatzsuche des 20. Jahrhunderts*, München 1999

Helmut Pemsel: *Weltgeschichte der Seefahrt*, Bd. 3. *Geschichte der zivilen Schiffahrt. Von 1800 bis 2002. Die Zeit der Dampf- und Motorschiffahrt*, Hamburg 2002

**Besuchenswert:**
HMS Warrior, Portsmouth

**Anklickenswert:**
www.sol.brunel.ac.uk/~jarvis/brunelstory/greateastern.html

## AUF DEN PUNKT GEBRACHT

Die Great Eastern war ein einsames Monster. Erst 50 Jahre später wurde wieder ein Schiff von dieser Größe gebaut. Eigentlich wäre sie dazu prädestiniert gewesen, zur ersten Titanic zu werden – ein Unglücks- und Spukschiff schlechthin.

# Nautilus

## *20 000 Meilen unter dem Meer*

»Kein bisschen brauchbare Spekulation!«
Ein Kritiker 1870 über Jules Vernes Roman *20 000 Meilen unter dem Meer*

Wenn Jules Verne von seinem Schreibtisch aufblickte, sah er aufs Meer hinaus. Unter ihm dümpelte sein Segelboot, die Saint Michel, in die er sich vom Zimmermann der kleinen Hafenstadt St. Crotoy an der Somme-Mündung ein Arbeitszimmer hatte einbauen lassen. Dort begann er 1867 den Roman *20 000 Meilen unter dem Meer*, in dem das U-Boot Nautilus und dessen Kapitän Nemo die Hauptrollen spielen. Angeregt haben ihn, den von Kind auf Technikbegeisterten, die Pläne, ein Unterwasserkabel zwischen Europa und den USA zu verlegen. Außerdem hatte er eine Reise nach New York unternommen; und ausgerechnet am Freitag, den 13. April 1867 befand er sich auf dem Unglücksschiff Great Eastern, das in einen Sturm geriet und fast gesunken wäre (s. S. 174). Das gigantische Schiff diente ihm später als Vorbild für den Roman *Eine schwimmende Stadt*.

■ Kapitän Nemo bestimmt mit Hilfe eines Sextanten die Positon der Nautilus. Illustration zu Jules Vernes *20 000 Meilen unter dem Meer*. Holzstich nach Alphonse de Neuville aus der französischen Erstausgabe, 1869/70

Was Verne las und erlebte, wanderte in Zettelkästen, die 20 000 Notizen enthielten und griffbereit rechts neben dem Schreibtisch standen. Linkerhand, an die Lampe gelehnt und stets aufgeschlagen, stand Victor Hugos Roman *Arbeiter der Meere*. Meist wird Jules Verne als Visionär gesehen; Grundlage seiner Fiktionen aber waren die Fakten seiner Zeit: Erfindungen, politisch-gesellschaftliche Entwicklungen, Technik und Industrialisierung. Selbst den Namen seines U-Boots hat er nicht erfunden, sondern es war der Name des U-Boots, das der Amerikaner Fulton (s. S. 150) 1801 in Brest Napoleon präsentiert hat. Entsprechend trägt Kapitän Nemo auch Züge des amerikanischen Erfinders. Nach Fultons Vorstellung sollte die neue Waffe im Seekrieg ein Gleichgewicht des Schreckens und damit den Weltfrieden schaffen – »libertas maris, terrarum felicitas« (freie See, glückliche Erde) lautete sein Motto. In Kapitän Nemos Kabine hängen Porträts der Revolutionäre des Jahres 1848, und die Nautilus fährt um die Welt, um die Kriegsschiffe aller Nationen zu versenken.

Im Oktober 1867, Jules Verne schrieb an seinem Roman, erschien im Pariser *Petit Journal* die erste Folge eines Fortsetzungsromans, *Die außerge-*

■ Die Nautilus in den Tiefen des Meeres. Szenenphoto aus dem amerikanischem Film *20 000 Meilen unter dem Meer* von 1954

*wöhnlichen Abenteuer des Dr. Trinitus* von Dr. Jules Regard. Der Universitätsprofessor aus Amiens beschrieb eine fiktive Fahrt mit dem U-Boot L'Éclair, das einen Elektro-Antrieb hatte – so wie Vernes Nautilus. Das erste funktionstüchtige U-Boot mit Elektroantrieb hat der Franzose Goubet 1881 vorgestellt; der Elektromotor ist 1830 erfunden worden. 1868 erschien Regards Fortsetzungsroman als Buch unter dem Titel *Voyage sous les Flots* (Reise unter den Fluten). Als 1870 *20 000 Meilen unter dem Meer* erschien, konnte Verne, als gelernter Jurist, nur knapp einen Plagiatsprozess verhindern.

Die Vorlagen für Vernes Nautilus waren reale Schiffe, die französische Plongeur und die »Cigar Boats« des Amerikaners Ross Winans. Als Verne seinen Roman schrieb, fuhren bereits über 25 U-Boote für die Kriegsmarinen der Welt. Führend in dieser Technik waren die Franzosen. 1858 hatte der Korvettenkapitän Siméon Bourgois Le Plongeur entworfen, ein U-Boot, das 1863 in Rochefort vom Stapel lief. Es war, mit 42 Metern Länge und einer Wasserverdrängung von 410 Tonnen, das größte im 19. Jahrhundert gebaute Unterwasserschiff – ein Quantensprung, vergleichbar mit dem der Great Eastern. Ein Modell der Plongeur hat Jules Verne auf der Pariser Weltausstellung 1867 ausführlich studiert. Dieses Modell, heute im Musée de la Marine in Paris zu besichtigen, diente auch Vernes Illustrator Riou als Vorlage. Brutus Villeroi, ebenfalls Franzose, hatte bereits 1832 ein

Der erste U-Bootangriff auf ein Kriegsschiff fand 1776 im New Yorker Hafen statt. David Bushnells pedalgetriebene Turtle zündete ein Fass mit Schwarzpulver, die Explosion blieb aber wirkungslos. 1801 wollte Napoleon Robert Fultons Nautilus für die französische Marine übernehmen. Doch sollte Fulton zuvor ein britisches Kriegsschiff versenken. Der Amerikaner wartete, aber es erschien keins.

■ Kapitän Nemo betrachtet einen riesigen Kalmar vor dem Bullauge der Nautilus. Holzstich aus der französischen Erstausgabe von *20 000 Meilen unter dem Meer*, 1869/70

Jules Verne liebte Schiffe. Mit der St. Michel, einem Fischerboot von neun Metern Länge, segelte er in der Biscaya und bis nach England. 1870/71 ließ er sein Boot bewaffnen, um am deutsch-französischen Krieg teilzunehmen. Die einzige Kanone an Bord platzte jedoch bei einem Testschuss.

U-Boot getestet. Während des amerikanischen Bürgerkrieges baute er eine verbesserte Version, die auch zum Einsatz kam. Villeroi soll der Mathematiklehrer des Schülers Jules Vernes gewesen sein. 1865 lernte Verne den Erfinder Jacques-François Conseil kennen, der seit 1858 mit dampfbetriebenen Unterseebooten experimentierte. Verne verewigte Conseil unter seinem wirklichem Namen als einen der Passagiere auf der Nautilus.

Vorbilder fand Verne auch in den »Cigar Boats« des amerikanischen Industrietycoons Ross Winans. Der hatte sein Vermögen mit Eisenbahnen verdient; die von ihm konstruierten Luxuszüge fuhren seit 1833 von Baltimore nach Ohio. Winans' Steckenpferd aber waren seltsame Dampfer, die aussahen wie spindelförmige U-Boote oder wie Zigarren im Rohzustand. Mehrere Testschiffe hat Winans für die US Navy konstruiert. Das erste, die Ray Dream, wurde 1858 in Baltimore gebaut, 1866 lief in London die Ross Winan vom Stapel, 84 Meter lang, 400 Tonnen schwer. Der Schiffrumpf fuhr weitgehend unter Wasser, nur kleine Aufbauten und zwei Schornsteine ragten heraus.

Um 1867 tüftelten Erfinder in aller Welt an U-Booten. Und knapp fünfzig Jahre später, zu Beginn des Ersten Weltkriegs, war die neue Waffe schon so ausgereift, dass deutsche U-Boote zum Schrecken der bislang unbesiegbaren britischen Flotte wurden. Zu Ehren Vernes nannte die US Navy ihr erstes atomgetriebenes U-Boot USS Nautilus, das am 3. August 1958 das Eis am Nordpol unterquerte.

Als Jules Verne 1867, an Bord seines Fischerbootes St. Michel, *20 000 Meilen unter dem Meer* zu schreiben begann, ahnte er nicht, dass sein Roman in 140 Sprachen übersetzt werden sollte. Er baute auf Fakten, auf seinen Zettelkasten, auf die Erinnerungen an seine traumatische Fahrt auf der Great Eastern. Er schrieb, wenn man so will, aus der Perspektive jener 4431 Meter Tiefe, in die er mit der Great Eastern fast versunken wäre. Wir wissen nicht, ob er zum Zettelkasten griff, als er die Nautilus romangerecht untergehen ließ – sie versinkt vor den Lofoten in einem Riesenstrudel, in jenem »Maelstrom«, den Edgar Allen Poe 1832 in seiner gleichnamigen Novelle erfunden hatte.

# NAUTILUS

## DATEN UND FAKTEN

**Baujahr**: 1865/66
**Typ**: U-Boot
**Wasserverdrängung**: max. 1507 t
**Maße**: Länge: 70 m; Durchmesser: 8 m; Tiefgang: aufgetaucht 7,2 m
**Antrieb**: elektrische Batterien und Steinkohle; Geschwindigkeit: max. 49 kn
**Tauchtiefe**: 10 000 m und mehr
**Besatzung**: ca. 50 Mann
**Besonderheiten**:
· Proviant, gewonnen aus Meeresprodukten wie Algen (sogar Algenzigarren), Schildkröten, Delphinleber, Walmilch, Seeanemonen (Konfekt)
· Individualtauchgeräte nach dem Rouquyrol-Denayrouze-System
· Betäubungsgewehre mit Kugeln aus Glas nach dem Patent des österreichischen Chemikers Leniebrock
**Kapitän Nemo schildert seine Nautilus**: Die Bauform des Doppelrumpfs aus Stahl gleicht einer Zigarre; äußerer Rumpf: Gewicht 394,9 t, Wandstärke 5 cm; innerer Rumpf: Gewicht 961,6 t, darin enthalten der 50 × 25 cm starke, 62 t schwere Kiel; Tauchtanks: Fassungsvermögen 150 t Wasser
**Die Hersteller der (fiktiven) Nautilus:** Ein *Who is Who* des beginnenden Industriezeitalters: Schraubenwelle von Pen & Co, London; Eisenplatten von Leard, Liverpool; Schiffsschraube von Scott, Glasgow; Kessel von Cail & Cie, Paris; Maschine von Krupp, Essen; Steven von Motala, Schweden; Instrumente von Hart Brothers, New York; Kiel von Creusot, Paris. Baupreis des Rumpfes: 1,7 Millionen Francs, Ausstattung 2 Millionen, Gemälde und andere Kunstgegenstände ca. 1 Million, insges. ca. 5 Millionen Francs

## BIOGRAPHIE

**Jules-Gabriel Verne** wird am 8. Februar 1828 als Sohn eines Rechtsanwaltes in Nantes geboren. Er studiert Jura, ab 1848 in Paris, wo er in literarischen Zirkeln verkehrt und Alexandre Dumas d. J. kennen lernt. Er beginnt, Opernlibretti und Dramen zu schreiben; *Alexandre IV.*, sein erstes Stück, wird am 12. Juni 1856 im Pariser Théâtre Historique aufgeführt. Neben dem Stückeschreiben betätigt er sich als Börsenmakler. 1857 heiratet er Honorine Morell, eine junge Witwe aus Amiens, die zwei Töchter in die Ehe mitbringt. 1861 wird der gemeinsame Sohn Michel geboren. Als ein Freund Vernes bei einer Ballonfahrt tödlich verunglückt – Verne ist selbst Mitglied der Gesellschaft zur Förderung der Luftfahrt –, schreibt er *Fünf Wochen im Ballon*, seinen ersten Roman, der 1863 zu einem großem Erfolg wird. Er erhält einen festen Autorenvertrag beim Verlag Hetzel und schreibt von nun an ausschließlich. Schwer an Diabetes leidend, stirbt Verne am 24. März 1905 in Amiens.

## AUF DEN PUNKT GEBRACHT

Die Nautilus in Jules Vernes Roman *20 000 Meilen unter dem Meer* gibt einen lückenlosen Überblick über den realen Entwicklungsstand des U-Bootbaus um 1869 und prophezeit dessen Entwicklung zu einer schrecklichen Waffe – der Roman ist ein pazifistischer Aufschrei.

## EMPFEHLUNGEN

**Lesenswert:**
Jules Verne: *Zwanzig Tausend Meilen unter Meer*, Zürich 1976

John Guthrie: *Bizarre Ships of the nineteenth Century*, London 1970

**Hörenswert:**
Jules Verne: 20 000 *Meilen unter den Meeren*. München 2003. 3 CDs

**Sehenswert:**
*20 000 Leagues under the Sea* (*20 000 Meilen unter dem Meer*). Regie: Richard Fleischer; mit Kirk Douglas. USA 1954

*Captain Nemo and the Underwater Sea* (*20 000 Meilen unter dem Meer*). Regie: James Hill. GB 1969

**Besuchenswert:**
Das Modell der Plongeur im Musée de la Marine, Paris

Das Jules Verne-Museum in Amiens

St. Crotoy an der Somme-Mündung, der Ort, an dem Jules Verne über die Nautilus zu schreiben begann

Die USS Nautilus, in Groton, Connecticut, USA

**Anklickenswert:**
www.Jules-Verne-club.de

www.home.att.net/karen~crisafulli/CigarBoats.html

# Cutty Sark

## *Teeklipper – Königinnen unter Segeln*

Die Schiffsjungen fielen jedes Mal vor Schreck fast von der Royalrah, wenn plötzlich in vierzig Metern Höhe das bärtige Gesicht ihres Kapitäns Richard Woodget neben ihnen auftauchte. Als Matrose war er selbst aufgeentert, und nun, als Kapitän, legte er besonderen Wert darauf, jeden Quadratzentimeter Segel persönlich zu inspizieren. 1885 sollte Woodget die Cutty Sark – sechzehn Jahre nach ihrem Stapellauf – zum berühmtesten Klipper der Geschichte machen. Heute, als letzter seiner Art, zählt der Klipper zu den Sehenswürdigkeiten Londons.

Am 17. November 1869 ist die Cutty Sark vom Stapel gelaufen. Fünf Tage zuvor wurde zu den Posaunenklängen aus Verdis Oper *Aida* der Suez-Kanal eröffnet. Schiffe, die nach Asien wollten, mussten von nun an nicht mehr den beschwerlichen und gefährlichen Weg um das Kap der Guten Hoffnung nehmen. Doch waren die Windverhältnisse auch im Roten Meer schwierig. Und so brachte diese Abkürzung von 3350 Seemeilen nur Dampfschiffen Vorteile. Die Großsegler folgten noch der alten Route, auch wenn sie für eine Fahrt nach China doppelt so lange wie ein Dampfer, nämlich 127 statt nur 60 Tage, brauchten. Aber unter den Teetrinkern Englands hielt sich das Vorurteil, auf Dampfschiffen transportierter Tee bekomme einen Beigeschmack. Und weil es Haupt-

■ In einem südchinesischen Küstenort werden Pakete mit Tee auf Boote verladen. Kolorierter Stahlstich, 1843

aufgabe britischer Klipper war, die Insel jährlich mit 20 000 Tonnen Tee aus China zu versorgen, blieben diese Segler noch einige Jahre konkurrenzfähig.

Jeden Frühsommer wurde in den chinesischen Häfen – sie waren seit dem Ende des Opium-Krieges 1842 für den internationalen Handel geöffnet – die neue Tee-Ernte angeboten. Die Klipper drängten sich im Hafen, warteten ungeduldig auf ihre Ladung, denn wer am Ende als erster die Themse hinaufsegelte, erzielte bei den teebesessenen Briten Phantasiepreise. So löste jede neue Ernte ein spektakuläres Wettrennen über 13 000 Seemeilen aus; große Beachtung fand es auch wegen der astronomisch hohen Wetten, die auf die Schnellsegler abgeschlossen wurden. Um diese Regatta zukünftig für sich zu entscheiden, ließ Jock Willis, ein führender Londoner Spediteur, 1869 die Cutty Sark bauen. Sie sollte Britanniens schnellsten Segler, die ein Jahr zuvor vom Stapel gelaufene Thermopylae, schlagen. Im ersten Rennen blieb die Thermopylae mit 105 zu 110 Tagen Sieger; und auch in den folgenden Jahren musste sich die Cutty Sark mit dem zweiten Platz begnügen.

■ Der Teeklipper Cutty Sark. Illustration von Enno Kleinert

Mit ihren gigantischen Segelpyramiden und Masten so hoch wie achtstöckige Häuser waren die Klipper bis 1880 immer noch schneller als jedes Schiff mit Maschinenantrieb. Nicht nur die Segelfläche, auch die Konstruktion sorgte für Tempo. Seit dem 17. Jahrhundert glaubten die Schiffbauer, ein schneller Großsegler müsse »vorn rund wie ein Dorsch und hinten schmal wie eine Makrele« sein. Dies widerlegte der Engländer Mark Beaufoy 1836 mathematisch. 1840 testete der New Yorker Schiffbauer John Willis Griffiths Schiffsmodelle in einem Wasserbehälter. Und konnte damit Beaufoys These bestätigen, dass ein schmales Markrelenheck einen hemmenden Sog erzeugt. So gab Griffiths seinen neuen

Schiffen ein rundes Heck und einen scharfen Bug: Der dreimastige Klipper war geboren. Sein scharfer Bug durchschnitt die Wellen – das isländische Wort »klippa«, englisch »to clip«, bedeutet »schneiden«.

Irritierenderweise wurden auch die an der amerikanischen Ostküste gebauten, über die Wellen »surfenden« Schoner seit Beginn des 19. Jahrhunderts »Klipper« genannt. Sie jedoch tragen den Namen wegen ihrer Fähigkeit, härter als andere Schiffe am Wind zu segeln, dem Wind also, wie es heißt, »eine Scheibe abzusegeln«.

■ In diesem eleganten Ambiente dinierte man auf der Cutty Sark.

Der scharfe geschwungene Klipperbug mit dem vorragenden Bugspriet wurde bis ins 20. Jahrhundert sogar bei Dampfern verwendet und gilt bis heute, nicht nur bei Nostalgikern, als Symbol seglerischer Eleganz. Auch Hitlers Jacht Grille, offiziell ein Kriegsschiff, lief 1938 mit einem typischen Klipper-Bug vom Stapel.

»Klipper sind Lebewesen, sie können alles, nur nicht sprechen.«
Klipper-Kapitän Richard Carr

Die Schiffsmodelle, die Griffiths 1840 testete, bestätigten auch eine weitere These Beaufoys: Tatsächlich werden Schiffe um so schneller, je länger sie sind, da der Wasserwiderstand bei zunehmender Länge abnimmt – von Seeleuten in die schlichte Formel »lang läuft gut« gefasst. Selbst Laien erscheint ein langes Schiff schnittiger und damit schneller, doch war diese Einsicht um 1840 durchaus neu. Denn bis dahin standen Länge und Breite der Segelschiffe stets in einem Verhältnis von 4 bis 5 : 1. Die neuen Klipper hingegen kamen auf 7 bis 8 : 1 und waren damit bis zu dreimal schneller als alle Schiffe zuvor.

Nach weiteren Versuchen lief mit Griffiths' Sea Witch am 8. Dezember 1846 der erste wirkliche Klipper vom Stapel: in New York, der Heimat der amerikanischen Klipper. Hunderte wurden nach dem neuen Konzept gebaut und brachten Tee aus China in die USA und nach Großbritannien. Da Tee sehr leicht ist, benutzten sie Porzellan als Schiffsballast, sodass um 1850 jeder fünfte Teller in New Yorker Haushalten aus China stammte. Als 1849 der Goldrausch in Kalifornien ausbrach, begann auch für die amerikanischen Klipper eine goldene Zeit – sie endete mit dem 10. Mai 1869, als, fast gleichzeitig mit dem Suezkanal, die erste transkontinentale Eisenbahnlinie der USA fertiggestellt wurde. Bis dahin konnte ein Klipper mit nur einer einzigen Ladung für San Francisco das Vierfache seiner Baukosten erwirtschaften, die bei 84 000 Dollar lagen. Die schnellste Fahrt machte die Sea Witch: New York – San Francisco in 74 Tagen.

Der US-Marineleutnant Matthew Fontaine Maury fand im Keller eines Depots Tausende von Logbüchern, systematisierte die Wetterbeobachtungen, befragte 1000 Kapitäne, sammelte unzählige Einzelinformationen. 1847 veröffentlichte er *Wind and current Charts*, ein revolutionäres Wetterhandbuch, das Winde und Strömungen der Weltmeere beschreibt. Kapitän Jackson nutzte 1848 Maurys Karten und brauchte mit der Bark W. H. D. C. Wright von Virginia nach Rio de Janeiro statt der üblichen 55 nur 38 Tage. Man nannte Maury, dessen Karten die Fahrtzeiten für Segler um 25 Prozent verringerten, »Pfadfinder der Meere«.

In Großbritannien setzte sich der von Dampfschiffen transportierte Tee gegen 1875 endgültig durch. Die elegante Cutty Sark, die mit ihrem polierten Teakholz und den reichen Blattgoldverzierungen nicht wie ein Lastensegler, eher schon wie eine Millionärsjacht wirkte, wurde zu einem Kohlenschiff umgebaut, das den Dampfern im Pazifik als Depot diente. Und nun verfolgte sie das Pech. Der Erste Offizier Sidney Smith erschlug den Matrosen John Francis; Kapitän James Smith Wallace sprang über Bord und beging Selbstmord. Daraufhin übernahm der stets betrunkene William H. Bruce von der Hallowe'n die Cutty Sark für drei Jahre. Cholera brach an Bord aus; im Delirium tremens ließ Bruce das Schiff in der Sunda-Straße fast stranden. Ohne ausreichenden Proviant musste die Mannschaft unterwegs bei anderen Schiffen um Lebensmittel betteln. Als die

■ *Die Fürstenschiffe auf der ersten Fahrt durch den Suez-Kanal am 17. November 1869.* Mit Eröffnung des Suezkanals im Jahre 1869 neigte sich das goldene Zeitalter der Teeklipper ihrem Ende zu. Farbholzstich nach zeitgenössischem Aquarell

■ »Sie haben dieses Gift auf der Stelle zu kaufen, damit wir eine Menge Tee zum Verdauen unseres Roastbeefs bekommen«, protestiert der Brite gegen das chinesische Opiumeinfuhrverbot während des Opiumkrieges 1840 bis 1842 zwischen Großbritannien und China. Da es in China keinen Markt für britische Erzeugnisse gab, tauschten die Engländer Opium aus Indien gegen Tee und Luxusgüter. Zeitgenössische französische Karikatur

Cutty Sark am 10. April 1882 in den New Yorker Hafen einlief, ähnelte sie dem Fliegenden Holländer (s. S. 106): die Mannschaft halb verhungert, die Segel zerfetzt, die Takelage brüchig.

Dann aber eröffnete das expandierende Wollgeschäft mit Australien, das noch außerhalb der Reichweite der Dampfer lag, neue lukrative Gewinnspannen. Unter ihrem neuen Kapitän Frederick Moore konnte die Cutty Sark zeigen, was in ihr steckte: Mit achtzig Tagen für die Strecke London – Sydney stellte sie einen neuen Rekord auf, der allerdings wiederum von der Thermopylae eingestellt wurde. Doch im Frühjahr 1885 übernahm Richard Woodget die Cutty Sark und machte sie zum schnellsten Schiff des Königreiches. Mit seinen Spleens wurde Woodget zu einer Kultfigur Britanniens. An Deck fuhr er auf Rollschuhen. Seine Collies, die er an Bord züchtete, gewannen alle Preise des Commonwealth. Unsterblich wurde Woodget, als er 1885 beim großen Klipper-Rennen von Sydney nach London – nun mit bester australischer Wolle an Bord – mit 73 Tagen endlich die alte Konkurrentin Thermopylae schlug, und vier Jahre später auch den schnellsten Dampfer der Welt, die Britannia.

Die amerikanischen Klipper hatten die doppelte Tonnage der englischen. Zwischen 1840 und 1850 erhöhte sich die amerikanische Segelschifftonnage von 0,9 auf 1,5 Millionen, die der Dampfer von Null auf 45 000 Tonnen. Am 22. August 1892 lief die Roanoke, der letzte nur aus Holz gebaute Großsegler vom Stapel, mit 5400 Tonnen Ladekapazität größer als jedes Holzschiff zuvor. Aus Eisen gebaute Segler dieser Größe hießen Windjammer.

# CUTTY SARK

## DATEN UND FAKTEN

**Baujahr**: Stapellauf am 22. November 1869, auf der Scott- & Linton-Werft in Dumbarton am Clyde, Schottland; Konstrukteur: Hercules Linton; Baukosten: 25 000 Englische Pfund
**Typ**: Klipper, Stückgut-Frachtsegler
**Ladekapazität**: 575 t; 963 BRT
**Maße**: Länge: 64,8 m, über alles: 85 m; Breite: 11 m; Tiefgang: 6,4 m; Höhe des Großmasts: 44,5 m
**Besatzung**: 50–60 Mann
**Beseglung**: Dreimast-Vollschiff, 5 Rahsegel am Fock-, 6 am Groß-, 5 am Kreuzmast; insges. 38 Segel mit 3035 qm (max. Windkraft 3000 PS); Höchstgeschwindigkeit 17,5 Knoten; Länge der Takelage 16 km
**Besonderheit:** Kompositbauweise; der 38×43 cm starke Kiel aus Ulme, Spanten und Streben aus doppelt verbolztem Eisen, Planken aus 15 cm dickem Teakholz (von der indischen Malabar-Küste). Das Schiff war so gut verarbeitet, dass es nach 50 Jahren keinen Tropfen Wasser im Rumpf hatte.
**Verbleib**: 1895 kaufte eine portugiesische Firma die Cutty Sark für 2100 Pfund und gab ihr den Namen Fereira; die Matrosen aber nannten sie weiterhin Pequena Camisola: »kurzes Hemdchen«. 1922 entdeckte der pensionierte Kapitän Wilfred Dowman das Schiff im Hafen von Falmouth, wo es wegen eines Sturmes im Ärmelkanal Schutz gesucht hatte, kaufte es für 3750 Pfund und nutzte es als Ausbildungsschiff. Nach Dowmans Tod schenkte es dessen Witwe dem Incorporated Thames Nautical Training College in Greenhithe, wo es weiter als Schulschiff diente. 1952 übernahm die Cutty Sark Preservation Society unter der Schirmherrschaft des Herzogs von Edinburgh das Schiff. 1954 fand sie in einem eigens gebauten Trockendock in London ihren letzten Liegeplatz. Sie sei, so ihr erster Kapitän Georg Moodie 1870 prophetisch, ein herrliches und unvergängliches Schiff.
**Neuerungen:**
· Schiffskonstruktion auf naturwissenschaftlicher Basis
· präzise empirische Navigationskarten

## WISSENSWERTES

**Name:** Cutty Sark nennen die Schotten ein kurzes Hemdchen. Derart verführerisch gekleidet, verfolgt die hübsche Hexe Nannie in Robert Burns' Gedicht »Tam O' Shanter« den durch eine Gewitternacht galoppierenden Farmer Tam. Nannie bekommt den Schweif des Pferdes zu fassen, doch reißt sie ihm dabei lediglich die Haare aus, und Tam ist gerettet. Nannie ist die Galionsfigur der Cutty Sark. Die Matrosen steckten ihr ein Tauende in die leere Hand.

## AUF DEN PUNKT GEBRACHT

Die Cutty Sark ist der einzige überlebende Klipper der Welt. Sie gehört zu den Kronjuwelen der Seefahrtsgeschichte. Unfassbar, dass keiner der noch königlicheren amerikanischen Klipper erhalten blieb, aber so fuhren sie – auf Biegen und Brechen.

## EMPFEHLUNGEN

**Lesenswert:**

A.B.C. Whipple: *Die Klipper*, Amsterdam 1982

Richard H. Dana: *2 Jahre vorm Mast*, München 1997

Johannes K. Soyener: *Teeclipper*, Bergisch Gladbach 1998

Alan J. Villiers: *The Cutty Sark – Last of a glorious Era*, London 1953

Walter A. Kozian: *Klipperschiffe und Schnellsegler*, Hamburg 2003

Wolfgang Hölzel: *Klipperschiffe des 19. Jahrhunderts*, Rostock 1979

Frank G. G. Carr: *The Story of the Cutty Sark*, London 1966

Joseph Conrad: *Taifun*, Frankfurt/M. 1985

Howard I. Chapelle: *The Search for Speed under Sail*, London 1967

Carl C. Cutler: *Greyhounds of the Sea: The Story of the American Klipper Ship*, New York 1930

**Besuchenswert:**

Die Original-Cutty Sark, in Cutty Sark Gardens, Greenwich, London

Klippermodell (1:50) im Deutschen Technikmuseum, Berlin

**Anklickenswert:**

www.cutty-sark.co.uk/vrlondon.com/vr/london/gren1.shtml

# Natchez

## *Wettrennen auf dem Mississippi*

1865 explodierte der Schaufelraddampfer Sultanas auf dem Mississippi. 1700 Menschen kamen ums Leben.

»Blockier das Sicherheitsventil von der Dampfmaschine, setz einfach 'nen Nigger drauf, wirf am besten noch 'n paar Speckseiten ins Feuer – und dann ab in die Hölle!« So formulierte ein Mississippi-Kapitän das Credo der legendären Steamboats. Es hieß: Geschwindigkeit. Die Besiedelung der endlosen Weiten des Wilden Westens erfolgte in der ersten Hälfte des 19. Jahrhunderts vor allem über die 6021 Kilometer lange Wasserstraße von Mississippi und Missouri, das viertlängste Flusssystem der Welt.

Man befuhr es ohne Rücksicht auf Verluste: Zwischen 1811 – als das erste Dampfschiff, Fultons New Orleans (s. S. 150), den Mississippi hinunterfuhr – und 1851 wurden insgesamt 2228 Raddampfer gebaut. Davon explodierten 209, und 166 verbrannten; nach Kollisionen, meist mit im Wasser treibenden Bäumen, sanken weitere 576. Aber die Konkurrenz unter den Reedern war groß, und Wettrennen waren an der Tagesordnung. Das berühmteste fand 1870 zwischen der Rob't E. Lee und der Natchez statt. Obwohl die Rob't E. Lee das Rennen gewann, gilt die Natchez bis heute als die eigentliche Siegerin und heimliche »Queen« der Mississippi-Steamboats. Das mächtige 1500 Tonnen-Schiff war extrem schlank und bewegte sich wie ein »hochgezüchtetes Rennpferd«. Zwar hatte die Natchez in flachem Wasser die Tendenz, aus dem Ruder zu laufen und von Sandbänken geradezu magisch angezogen zu werden, doch unterbot sie 1870 den Geschwindigkeitsrekord der J.M. White aus dem Jahr 1844 um fast drei Stunden – die 1944 Flusskilometer von New Orleans nach St. Louis legte sie in drei Tagen, 21 Stunden und 58 Minuten zurück.

■ Nachbau einer Natchez mit Heckschaufelradantrieb. Auf dem Mississippi waren mehrere Raddampfer mit dem Namen Natchez unterwegs. Die Natchez, die sich das Wettrennen mit der Rob't E. Lee lieferte, wurde mit zwei Seitenschaufelrädern angetrieben.

■ Die Raddampfer Rob't E. Lee und Natchez, die sich 1870 ein legendär gewordenes Rennen auf dem Mississippi lieferten. In Wirklichkeit waren sie während des Rennens nie in Sichtweite. Illustration von Enno Kleinert

Die Passagiere schätzten die Verlässlichkeit des Eigners und Kapitäns Thomas P. Leathers, der sich persönlich um jedes Detail an Bord kümmerte, auch um die Inneneinrichtung. Plüsch und billigen Luxus lehnte Leathers ab. Die vergleichsweise schlichten, dennoch edel ausgestatteten Kabinen ließ er mit Gemälden und Statuen schmücken, die Indianer vom Stamm der Natchez darstellten. Als Galionsfigur schaute ein Häuptling auf die braunen Fluten des Mississippi.

Das goldene Zeitalter der Dampfer, das 1825 begonnen hatte, war damals bereits vorbei; es endete 1861, mit Ausbruch des Bürgerkrieges. Die Eisenbahn fuhr pünktlicher, hatte kein Problem mit dem Wasserstand der Flüsse, war zudem bequemer und schneller. Bereits 1857 brauchte ein Zug von New Orleans nach St. Louis nur noch 60 Stunden, ein Schiff 192. Doch auch nach dem Bürgerkrieg fuhren Dampfschiffe dank günstiger Frachtpreise weiterhin profitabel, dann jedenfalls, wenn sie lange genug fuhren; nach 18 Monaten hatten sich die Baukosten normalerweise amortisiert.

Ob das Steamboat-Rennen zwischen der Natchez und der Rob't E. Lee geplant war, ist zweifelhaft. Die Schiffe lagen Ende Juni 1870 in New Orleans und sollten am 30. des Monats stromauf nach St. Louis aufbrechen. John W. Cannon, der Kapitän der Rob't E. Lee, kündigte so oft an, er werde die Natchez schlagen, dass sich deren Kapitän Leathers gezwungen sah, in den örtlichen Zeitungen Anzeigen aufzugeben: »Ich bediene mich dieser Methode, die Öffentlichkeit darüber zu informieren, dass die Natchez kein Rennen fahren wird …« Trotzdem umschwärmten am Nachmittag des 30. Juni 1870 Dutzende von Ausflugsbooten die Liegeplätze

Der Mississippi mit seinen 54 Nebenflüssen führt 25-mal so viel Wasser wie der Rhein. Kein anderer Fluss hat so viele Windungen. Bei Hochwasser verändert der Fluss oft seinen Lauf und schafft sich ein neues Bett. Über Nacht können sich Farmen und Städte, die stets am Ufer gelegen haben, dreißig Kilometer weiter im Hinterland wiederfinden.

■ Raddampfer, so weit das Auge reicht, am Landungsplatz in New Orleans. Mitte des 19. Jahrhunderts boomte die Dampfschifffahrt auf dem Mississippi. Holzstich, um 1860

der beiden Schiffe. Punkt Viertel vor Fünf erklang die Schiffsglocke der Rob't E. Lee, fünf Minuten später die der Natchez. Beide Schiffe hissten die Stars and Bars, die Fahne der Südstaaten, und das Rennen begann – allerdings weder mit Flammen speienden Schornsteinen noch Schiff an Schiff, wie auf Darstellungen oft gezeigt. Wegen des späteren Ablegemanövers lag die Natchez zunächst eine Meile zurück. Auf der Rob't E. Lee ließ Kapitän Cannon mittlerweile alle verzichtbaren Decksaufbauten abmontieren, um den Windwiderstand zu senken; die Wände des Steuerhauses, auch Türen und Fenster am Bug wurden entfernt, sodass der Fahrtwind frei durch den langen Hauptsalon wehte. Auch Zwischenstopps vermied die Rob't E. Lee, Kohle lud sie im Fahren von herangeschleppten Schuten. Die Natchez dagegen setzte fahrplanmäßig Passagiere ab und nahm neue an Bord, legte auch zum Kohlebunkern an. Auch eine Wasserpumpe musste unterwegs repariert werden. Dreizehn Mal lief die Natchez auf Grund, der normale Tribut an ihre schmale Bauweise. Bei Devil's Island hinter der Stadt Cairo gerieten beide Schiffe in dichten Nebel. Die Rob't E. Lee hatte Glück: Vor ihr lichtete sich der Dunst, die Natchez dagegen verlor fünf Stunden und 55 Minuten.

Am Morgen des 4. Juli, am amerikanischen Unabhängigkeitstag, näherte man sich dem Ziel. Menschen drängten sich am Ufer, Eisenbahnzüge hielten auf freier Strecke und spieen jubelnde Zuschauer aus. Ihrem Gejubel antworteten die schwarzen Deckarbeiter an Bord der Rob't E. Lee »mit barbarischen, afrikanischen Siegesgesängen«, so ein Augenzeuge. Wie auf den Steamboats in dramatischen Momenten üblich, ließ Kapitän Cannon nun mit Pechtannenholz feuern, und das Schiff stieß schwarze Rauchwolken aus. Sechs Stunden und 28 Minuten vor der Natchez, nach einer Fahrtzeit von drei Tagen, 18 Stunden und 14 Minuten, erreichte die Rob't E. Lee den Pier in St. Louis – ein Rekord, der nie gebrochen werden sollte. Als die Gewinnerin am Ende der Walnut Street anlegte, stand einer der schwarzen Matrosen am Bug und schwenkte eine kleine weiße selbstgemachte Flagge – auf der einen Seite stand »Lee«, auf der anderen »Shoo fly, don't bodder me!« (Husch, hau ab, ärger mich nicht!)

Niemand hat das goldene Zeitalter der Schifffahrt auf dem Mississippi plastischer beschrieben als Samuel Langhorn Clemens, weltbekannt als Mark Twain. Wie kein anderer amerikanischer Schriftsteller kannte er den Mississippi. Von 1857 bis 1860 arbeitete er als Flusslotse auf verschiedenen Raddampfern. »Mark Twain« heißt »Marke Zwei«. Die Flusstiefe wurde mit der geknoteten Logleine gemessen; der Abstand zwischen den Knoten, eine »Marke«, entspricht 1,852 Metern.

# NATCHEZ

## DATEN UND FAKTEN

**Name:** Str. (= Steamer) Natchez, benannt nach der Heimatstadt des Eigners, die wiederum den Namen eines Indianerstamms adaptiert hatte. Fünf Dampfer des Reeders trugen zuvor denselben Namen.
**Baujahr**: 1869, auf der Cincinnati Marine Ways-Werft, Cincinnati, Ohio; Bauleiter: O. Perry Tharp; Eigner und Kapitän: Thomas P. Leathers; Jungfernfahrt am 6. Dezember
**Typ**: Seitenraddampfer
**Wasserverdrängung**: 1547 t (unklar, ob damit tatsächlich die max. Wasserverdrängung oder, wahrscheinlicher, Bruttoregistertonnen gemeint sind); eine Quelle beziffert die Zuladung auf 1000 t
**Maße**: Länge: 92,4 m; Breite: 13 m; Tiefgang: 3 m
**Antrieb**: Niles-Dampfmaschine mit 8 Dumont-Kesseln; Leistung: 2500–3000 PS (geschätzt, PS-Angaben gibt es für keins der historischen Steamboats); Geschwindigkeit rd. 17 Landmeilen/h (27,5 km/h); Durchmesser der 2 Schaufelräder: 13,1 m
**Besatzung**: 17 Mann
**Ladung**: Während des Rennens 90 Passagiere, Fracht-Tonnage unbekannt
**Verbleib**: Stillgelegt im Sommer 1879, diente zuletzt als schwimmender Pier bei der Refuge Oil Mill, südlich von Vicksburg. 1881 bei einem Unfall abgebrannt. Ihr Eigner und Kapitän Thomas P. Leathers wurde im Alter von 80 Jahren ein Opfer des Landverkehrs: Er starb am 14. Juni 1896, nachdem ihn ein Fahrradfahrer angefahren hatte.
**Die Maße der Rob't E. Lee**: Länge: 87 m; Breite: 14,6 m; Tiefgang: 2,7 m; Durchmesser der 2 Schaufelräder: 11,6 m
**Neuerung**: Hochdruck-Dampfmaschinen

## WISSENSWERTES

**Mississippi Steamboats:** Breit und flach, mit Heckschaufelrad und zwei schlanken Schornsteinen: so präsentieren sich die Mississippi Steamboats der Whiskey-Werbung. Doch die meisten Dampfer auf dem Mississippi hatten Seitenschaufelräder, wie auf den Flüssen und Seen Europas und anderswo auch. Sie waren leichter zu steuern. Anfang des 19. Jhs. werden sogar Transatlantikdampfer mit Schaufelradantrieb gebaut; uns erscheinen sie wie Flussdampfer, die sich auf hohe See verirrt haben. Die Schiffsschraube setzte sich erst in der zweiten Hälfte des 19. Jhs. durch. Auf den amerikanischen Binnenflüssen aber wurden wegen der geringen Wassertiefe weiterhin Schaufelraddampfer eingesetzt; erst die generelle Flussregulierung im 20. Jh. erlaubt den Schraubenantrieb.

## EMPFEHLUNGEN

**Lesenswert:**
Mark Twain: *Leben auf dem Mississippi*, Berlin 2001

Louis C. Hunter: *Steamboats on the Western Rivers. An economic and technological History*, Toronto 1993

**Besuchenswert:**
Ohio River Museum, Marietta, Ohio

Mississippi River Museum, Dubuque, Iowa

Mississippi River Museum, Mud Island, Memphis

**Anklickenswert:**
www.steamboats.org

www.twainquotes.com zeigt Twains Zeit als Lotse

**Erlebenswert:**
Übernacht-Fahrten mit der Mississippi Queen, American Queen oder Delta Queen

Tages-Fahrten mit der Natchez (New Orleans), Belle of Louisville (Louisville) und Julia Belle Swain (LaCrosse)

## AUF DEN PUNKT GEBRACHT

Die elegante Natchez ist die Queen aller Raddampfer-Fans, und sie ist ein Symbol für die Besiedlung Nordamerikas, die während des 19. Jahrhunderts im Wesentlichen über das viertgrößte Flusssystem der Welt erfolgte.

# Fram

## Fridtjof Nansens Expedition zum Nordpol

■ Der norwegische Polarforscher Fridtjof Nansen

Die Fram, gebaut 1882, war das erste Schiff, das eigens für eine Nordmeerexpedition entworfen und gebaut wurde. »Rund und schlüpfrig wie ein Aal sollte es sein, um dem Packeis des Nordpolarmeers keine Angriffsfläche zu bieten«, hatte der spätere Kommandant Fridtjof Nansen gefordert. Was dabei herauskam, war ein Schiff, das sehr stark der Knorre, dem Handelsschiff der Wikinger (s. S. 44), ähnelte, ja sogar an »primitive« Bauformen der Kreter und Phönizier erinnerte. Norwegens berühmtester Konstrukteur Colin Archer entschied sich für diesen »Doppelender«, bei dem Bug und Heck gleichermaßen spitz zuliefen. Der Rumpf glich einer spindelförmigen Gondel oder einem Kanu.

Nansen hatte vor, die Fram im Packeis des Nordpolarmeeres einfrieren und sich mit dem Schiff zum Nordpol driften zu lassen, den noch niemand erreicht hatte – ein Vorhaben, das der britische Admiral Sir Francis Leopold McClintock als den »kühnsten Plan, von dem die Geographische Gesellschaft in London je gehört hat«, bezeichnete. Folgendes Ereignis hatte Nansen auf die Idee gebracht. 1879 war der Dampfer Jeannette vor der sibirischen Küste gesunken; 1100 Tage später fand man an der Küste Grönlands eine Seemannskiste, in der eine wasserdichte Hose mit dem Stempel des Matrosen Louis Noros von der Jeannette steckte. 2861 Seemeilen, drei Jahre lang mit einer Geschwindigkeit von 2,5 Seemeilen täglich, war die Hose des Matrosen Noros auf einer Eisscholle am Nordpol vorbei nach Westen getrieben – nicht anders als das Treibholz aus Sibirien, aus dem die Wikinger auf Grönland 1000 Jahre zuvor ihre Häuser bauten. Nansens Plan begeisterte die Norweger, und die Fram, Norwegisch für »Vorwärts«, wurde, so ein zeitgenössischer Journalist, »zum Hätschelkind« der Nation. Noch nie war ein so starkes Holzschiff gebaut worden. Seine Wände waren 80 Zentimeter dick, der Rumpf

■ Nach ihrer Rückkehr von der Driftfahrt durchs Nordpolarmeer liegt die Fram im August 1896 vor der norwegischen Küste. Zeitgenössischer Holzstich

■ Die Fram nach der großen Eispressung im Januar 1895

dreifach beplankt und mehrfach isoliert. Nicht nur die Schiffsschraube konnte – wie einst bei Sir John Franklins Schiffen Erebus und Terror (s. S. 170) – in den Rumpf gezogen werden, sondern auch das Ruder. Man versuchte, an alles zu denken. So erhielt auch, zum ersten Mal in der Geschichte der Seefahrt, jedes Mannschaftsmitglied eine eigene Kabine, um die Jahre an Bord erträglicher zu machen. Die Bibliothek umfasste einige Tausend Bücher. Proviant für fünf Jahre nahm die Fram an Bord.

Am Tag der Sommersonnenwende 1893 verließ die Fram Norwegen, am 18. Februar 1894 fror sie ein. Im ersten Winter ging Nansens Idee auf, die glatt-runde Fram wurde, so Nansen, »wie ein Stück Seife aus dem Eis herausgepresst«. Im März, mittlerweile bis zum 83. Breitengrad gedriftet und noch 420 Seemeilen vom Nordpol entfernt, errechnete Nansen, dass es acht Jahre dauern könne, bis die Fram den Nordpol ereichen würde. Das Schneckentempo des Treibeises zehrte an den Nerven der Männer. Als Nansen im Januar 1895 feststellte, dass die Fram, nachdem sie den 84. Breitengrad erreicht hatte, zunächst wieder nach Süden trieb und sich vom Nordpol entfernte, entschieden sich Nansen und sein Bordkamerad Hjalmar Johansen, die Fram am 22. März 1895 zu verlassen. Sie hofften, den nur noch 356 Seemeilen oder 660 Kilometer entfernten Nordpol mit Hundeschlitten in dreißig Tagesmärschen zu erreichen. Anschließend wollten sie, ohne zur Fram zurückzukehren, das Festland auf eigene Faust er-

1892, wie die Fram, lief die RS1 vom Stapel, das Lotsen- und Rettungssegelboot des Fram-Konstrukteurs Colin Archer. Auch für dieses Schiff hat Archer die Rumpfform der Wikingerschiffe gewählt. 35 dieser Boote dienten der norwegischen Lebensrettungsgesellschaft. Sie werden, »Colin-Archers« genannt und bis heute gebaut. Ihr Ruf als solides Wander- und Wohnschiff entspricht dem eines VW-Bulli.

reichen. Schon nach vierzehn Tagen wusste Nansen, dass er es nicht bis zum Pol schaffen würde. Zerklüftetes Packeis, in dem Spalten über einem 3000 Meter tiefen Meer gähnten, und Tiefsttemperaturen bis zu 50 Grad minus reduzierten die Durchschnittsleistung der Tagesmärsche. So beschlossen die Männer, sich schnellstmöglich in Richtung Franz-Joseph-Land zurückzuziehen. Der Rückmarsch dauerte fünfzehn Monate.

Währenddessen befürchtete die Mannschaft, dass das stärkste aller Holzschiffe vom Packeis zerquetscht werden würde. Immer heftiger verzog sich der Rumpf, Schränke waren nicht mehr zu öffnen, das Knarren und Quietschen des Holzes raubte der Besatzung den Schlaf. Mehrmals wurde der Proviant im Sommer 1895 sicherheitshalber von Bord aufs Eis geschafft, weil man den Verlust der Fram befürchtete. Selbst Vorder- und Achtersteven, die aus härtestem, dreißig Jahre abgelagertem Eichenholz mit einer Kantenlänge von 1,3 Metern gezimmert waren, begannen sich wie Streichhölzer zu verbiegen.

■ Karte mit den Routen von Fridtjof Nansens Polarexpediton 1893–96 mit der Fram und Adolf Erik von Nordenskioelds Fahrt mit der Vega 1878/79

Ursprünglich wollte Roald Amundsen 1909 als erster den Nordpol erreichen. Als Expeditionsschiff diente wieder die Fram. Unterwegs hörte er, dass ihm die Amerikaner Frederick A. Cook und Robert Peary zuvorgekommen waren. Auf hoher See teilte er der Mannschaft den Kurswechsel mit.

Im Sommer 1896 erreichten Nansen und Johansen, die in der Zwischenzeit wie Eskimos in Iglus und von der Jagd gelebt hatten, die Inseln des Franz-Joseph-Landes. Nun lagen rund 230 Seemeilen offenes Wasser vor ihnen: die Barentssee. Mit ihren selbstgebauten leckenden Segeltuchkajaks würden sie die sibirische Insel Nowaja-Semlja niemals erreichen. Dann aber, am 16. Juni, stieß Nansen in dichtem Nebel auf einen Mann in kariertem Tweed-Anzug und Gummistiefeln, der den Norweger mit den Worten »Freue mich riesig, Sie zu sehen« begrüßte: Es war der englische Polarforscher Frederick Jackson. An Bord von Jacksons Schiff Windward traf Nansen am 13. August im norwegischen Hafen Vardö ein. Hier erfuhren er und Johanson, dass die Fram mit ihren elf Mann als verschollen galt. Seit drei Jahren hatte man kein Lebenszeichen von ihr erhalten. Dann aber, exakt eine Woche nach Nansens Ankunft, klopfte der Direktor des Telegraphenamts von Vardö kurz nach 9 Uhr morgens an Nansens Tür und überreichte strahlend ein Telegramm aus der Hafenstadt Skjärvö: »Fram heute in gutem Zustand angekommen. Alles wohl an Bord. Willkommen in der Heimat. Otto Sverdrup, Kapitän.«

# FRAM

## DATEN UND FAKTEN

**Baujahr**: 1892 in Larvik, Norwegen, auf der Werft von Colin Archer; Baukosten 440 000 Norwegische Kronen
**Typ**: Forschungsschiff, Schoner mit Maschine
**Ladefähigkeit**: 307 t; 402 BRT
**Maße**: Länge: 39 m; Breite: 11 m; Tiefgang: 4,8 m
**Antrieb**: Dreifachexpansionsmaschine mit Schraube, 220 PS; Geschwindigkeit ca. 6 kn
**Beseglung**: Topp-Segel-Schoner: 3 Masten mit Gaffelsegeln, am Fockmast 2 Rahsegel
**Besatzung**: 13 Mann, 50 sibirische Schlittenhunde
**Besonderheiten**: Die Fram ist ein »Doppelender« wie die Wikingerschiffe, gebaut nach dem Wasserlinienprinzip: Ende des 19. Jhs. hatte der britische Ingenieur John Scott experimentell nachgewiesen, dass Bug und Heck eines Schiffes während der Fahrt zwei verschiedenen Wellenformen ausgesetzt sind und diesen stromlinienförmig angepasst werden sollten.
**Zur Bauweise:** Der Kiel mit einer Kantenlänge von 36 cm ist zusammengesetzt aus zwei amerikanischen Ulmen; die fast identischen Vorder- und Achtersteven aus Virginia-Eiche mit Elementen aus Wacholderholz haben eine Kantenlänge von 1,3 m und sind mit Eisen verkleidet. Die 50 cm breiten Spanten sind aus italienischer Eiche, die 30 Jahre lang auf der Marinewerft von Horten gereift, also abgelagert worden war. Die Spantenhölzer sind nur wenig mehr als 3 cm von einander entfernt, die Zwischenräume zusätzlich mit einer 10 cm dicken Schicht aus amerikanischer Pechkiefer verkleidet sowie mit einer Mischung aus Steinkohlenteer, Pech und Sägemehl isoliert. Die 450 Kniehölzer sind aus dem Wurzelholz der Weißpinie geschnitten. Die Kraweelbeplankung besteht aus drei Schichten: die innere aus 8 cm starker amerikanischer Pechkiefer, die mittlere ebenfalls aus Pechkiefer, aber 10 cm stark; und die äußere aus südamerikanischem Lorbeerbaum, auch Grünholz genannt. Es weist eine so hohe Dichte auf, dass es für sich allein nicht schwimmfähig ist.
**Verbleib**: Von 1893 bis 1896 driftete die Fram, nachdem Nansen und Johansen sie verlassen hatten, weiter nach Norden und erreichte mit 86°14' nördlicher Breite den Nordrekord für Schiffe. 1898 erforschte sie Grönlands Nordspitze und lag bis 1902 als Basisschiff in den Fjorden rund um Ellesmere Island. 1910 brachte die Fram Roald Amundsen zu dessen erfolgreicher Südpol-Expedition in die Antarktis und erreichte mit 78° 41' südlicher Breite auch den Südrekord für Schiffe. Insgesamt legte die Fram 82 600 Seemeilen zurück. Seit 1935 liegt sie als Museumsschiff des Norsk Sjoefartsmuseum in Bygdeynes bei Oslo.

## EMPFEHLUNGEN

**Lesenswert:**
Fridtjof Nansen: *In Nacht und Eis. Die norwegische Polarexpedition 1893–1896*, Stuttgart 2001

*Schiffahrt und Kunst aus Norwegen*, Katalog, Hamburg 2001

Reinhard Hoheisel-Huxmann: »Adolf Hermann Schroer – Meereskunde als Steckenpferd«, in: *Zeitschrift des Deutschen Schiffahrtsmuseums*, Nr. 22, 1999

Valerian I. Albanov: *Im Reich des weißen Todes*, Berlin 2002

Charles Officer, Jake Page: *Die Entdeckung der Arktis*, Berlin 2002

Richard Parry: *Die Männer der Polaris. Die wahre Geschichte der tragischen Arktis-Expedition von 1871*, München 2002

**Besuchenswert:**
Das Originalschiff im Fram Museum, Oslo

Die RS1-Colin-Archer, das legendäre Rettungs- und Lotsenboot, zu besuchen in wechselnden Häfen

**Anklickenswert:**
Colin-Archer-Schiffe zu kaufen: www.home.online.no/~jeppe-jul/ColinArchersForSale.html

**Erlebenswert:**
Fahrt auf dem Colin-Archer-Schiff Aglaia in der Ostsee

## AUF DEN PUNKT GEBRACHT

Die Fram war eine norwegische Festung aus Eiche. Ein Spätprodukt der unvergleichlichen Schiffbaukunst der Wikinger und ihrer Tradition. Und sie überlebte eine Wahnsinnsfahrt – ein »lucky ship«.

# Spray
## Allein um die Welt

1851 gestiftet, ist der America's Cup der älteste Sport-Pokal der Welt – der Preis für eine Segelregatta, die bis heute ausgetragen wird. Im 19. Jahrhundert wurden die wohl schönsten Segelschiffe aller Zeiten gebaut: die Baltimore-Schoner und die Teeklipper. Gleichzeitig erlebten die Menschen, wie die Dampfmaschinen zunehmend auch die Meere beherrschten. Nun erst, als ihre Epoche zu Ende ging, begann man, Segelschiffe als etwas Besonderes zu betrachten; sie wurden zum Objekt romantischer Verklärung und zu einem Lieblingsthema in den Medien. Seit dieser Zeit sind auch sportliche Extremleistungen besonders honoriert worden, eine Möglichkeit, eine Existenz zubauen, so wie dies Reinhold Messner oder Arved Fuchs heute vorführen.

553 Dollar und 62 Cent Existenzgründungskapital investierte der arbeitslose amerikanische Kapitän Joshua Slocum im Jahr 1893 in das Wrack eines Fischerbootes mit Namen Spray. Eine Saison lang versuchte er sich als Küstenfischer. Dann fasste er den trotzigen Entschluss, als erster Einhandsegler die Welt zu umrunden. Die Spray war eine Nussschale, ihre Tonnage zehnmal kleiner als die von Magellans Victoria (s. S. 78). Als Slocum an einem Wintertag des Jahres 1892 das Boot zum ersten Mal sah, lag es seit sieben Jahren verrottet kopfüber auf einer Wiese. Antoine de Saint-Exupéry hat einmal gesagt, man dürfe, wenn man ein Schiff bauen wolle, die Menschen nicht zum Baumfällen antreiben, vielmehr müsse man ihre Sehnsucht nach dem Meer wecken. Slocums Sehnsucht musste nicht geweckt werden, er fällte als erstes einen Baum: die beste Weißeiche, die er für den neuen Kiel finden konnte. Es sollte ein starkes Schiff werden – Slocum war Nichtschwimmer. Dreizehn Monate lang restaurierte er das 11,2 Meter lange Schiff vollständig – und völlig alleine. Seine Mini-Werft auf der

■ Kapitän Joshua Slocum auf seinem Boot Spray

Wiese lag idyllisch, direkt neben dem Grab eines amerikanischen Pilgervaters in einem Hain aus Obstbäumen. Zur Apfelblüte setzte Slocum die Spanten der Spray. Als er die neuen Planken aus Georgia-Kiefer verlegt hatte, konnte er vom Deck der Spray Kirschen pflücken. Oft kamen Walfängerkapitäne von New Bedford über die Brücke nach Fairhaven spaziert und besuchten Slocum auf einen Plausch.

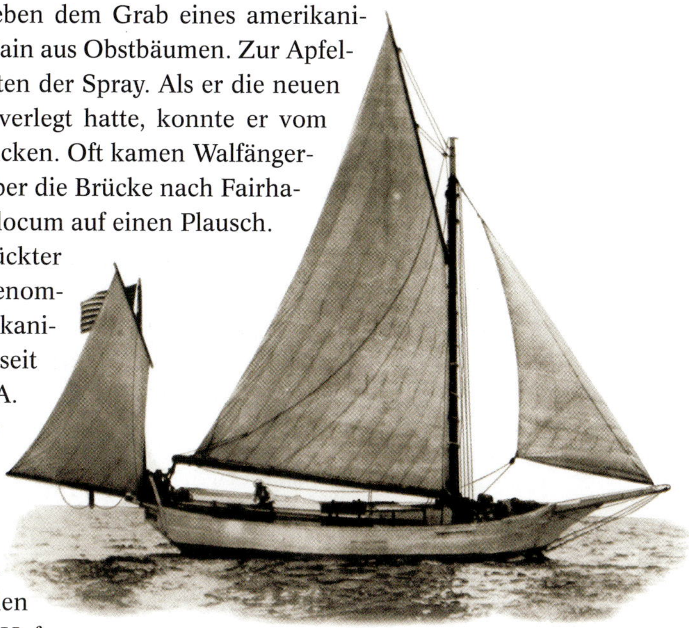

Dieser Mann war kein verrückter Fischer, sondern einer der renommiertesten Kapitäne der amerikanischen Handelsmarine – und seit 1888 eine Kultfigur in den USA. Nach dem Schiffbruch seiner Bark Aquidneck war er mit der Liberdade, einem grotesken, aus Abfallholz und Bambus zusammengezimmerten Schiff, knapp 5000 Seemeilen von Brasilien direkt in den Hafen von Washington gesegelt; die Liberdade steht heute im Washingtoner Smithsonian Institute.

■ Die Spray, mit der der erste Einhandsegler, Joshua Slocum, die Welt umrundete

Alle Kapitäne, mit denen Slocum plauschte, rieten, den Bug – wie bei Walfängern typisch – massiv zu verstärken. Am Ende war der Steven aus Steineiche so massiv, dass man damit, so Slocum, »hätte ins Packeis eindringen können«. Dennoch war die Spray ein elegantes Schiff, schnittig trotz ihrer extremen Breite, mit der sie an Schiffe der Phönizier (s. S. 20) erinnerte – kein Hochgeschwindigkeitssegler, aber die optimale Konstruktion eines hochseetauglichen Segelboots. 1893, im Baujahr der Spray, stellte in Norwegen Colin Archer sein berühmtes Rettungsboot RS1 in Dienst, das in seinen Proportionen der Spray stark ähnelte. Die Hightech-Regattajachten, die heute die Welt umrunden, haben ähnliche Maße wie die Spray und die RS1.

Am 24. April 1895 setzte Slocum die Segel für seine Weltumrundung. Bei seiner Restauration hatte er die Spray zunächst nur mit einem Mast ausgestattet; ähnlich den Segelbooten, die wir heute zu Tausenden in den Freizeit-Segelzentren sehen: Sie alle sind Nachkommen archaischer Fischerboote. Nur selten sieht man heute den sehr kleinen zweiten Extramast am Heck, wie

Wenigstens träumen wollten die Fans von einem Törn auf der Endeavour, die 1934 die amerikanische Rainbow im America's Cup herausgeforderte. 1989 wurde sie von der Multimillionärin Elizabeth Meyer für zehn Millionen Dollar renoviert. Jedermann konnte sie für 90 000 Dollar pro Woche und Person chartern. Empörend fand ausgerechnet *Wallstreet Journal*, dass ein Konzern diese Ikone des Segelsports 2003 aufkaufte und privatisierte.

■ Das Deck der Spray. Nach monatelangen Restaurierungsarbeiten durch Joshua Slocum sah das Boot aus wie neu. Am Heck brachte Slocum einen zweiten Mast an.

ihn Slocum für die Weltumseglung und abnehmbar anbrachte und wie ihn auch Colin Archers RS1 fuhr. Rumpf und Segel der Spray waren so genial abgestimmt, dass sie mithilfe einer von Slocum konstruierten primitiven Selbststeuerungsanlage aus Bindfäden einmal sogar 2000 Seemeilen in einem Stück »allein« segelte. In den dreiundzwanzig Tagen von Thursday-Island zu den Keeling-Cocos-Islands im Indischen Ozean nahm Slocum das Ruder insgesamt weniger als eine Stunde in die Hand.

Mit dem großen Mast und dem kleinen am Heck war die Spray eine Yawl. Slocum allerdings bezeichnete sein zweimastiges Schiff weiterhin stur als Sloop. Auf jeden Fall war sie eine Jacht, eine Bezeichnung, die an Luxus erinnert – und das nicht zufällig. Anfang des 17. Jahrhunderts entdeckten Europas Mächtige den Typ des kleinen Fischersegelboots als schnelles Fortbewegungsmittel. Prinz Moritz von Oranien, Preußens Großer Kurfürst und Zar Peter der Große ließen sich Staatsjachten bauen. Und auch Militär, Zoll und Schmuggler benutzten gerne einmastige Kutter, die allerdings einen größeren Tiefgang und einen spitzeren Rumpf hatten.

»Geduld ist die wichtigste Tugend eines Seglers.«
Joshua Slocum

An Bord der Spray allerdings war von Luxus nichts zu spüren. Manches war zusammengeschnorrt oder, wie die Schiffslaterne,

Seit 1968 veranstaltet sie Londoner *Sunday Times* den Golden Globe. Niemand wusste, was auf die damals acht Teilnehmer zukam. Kein Mensch zuvor hatte das geschafft: alleine nonstop um die Welt. Nur einer erreichte England wieder. Fünf gaben auf; einer sprang, geistig verwirrt, über Bord und ertrank. Und der Franzose Bernhard Moitessier stand kurz vor dem Sieg, als er sich gegen Presserummel und Vermarktung entschied. Allein segelte er weiter in den Pazifik: »Ich habe genug von den falschen Göttern, die wie Spinnen lauern und unsere Leber zernagen.« Moitessier war Buddhist.

ein Geschenk. Kartoffeln, Stockfisch und Zwiebeln bildeten den Basisproviant. Statt eines Chronometers, also einer hochpräzisen sekundengenauen Uhr – unerlässlich um die exakte Position eines Schiffes zu berechnen –, kaufte Slocum für einen Dollar einen Blechwecker, dem während der Fahrt der Minutenzeiger abfiel: Slocum hatte ihn in kochendes Wasser gelegt, um das Salz herauszulösen. So musste er den Längengrad durch die Berechnung der Monddistanzen ermitteln – eine Aufgabe für einen professionellen Astronomen. Die rund 36 000 Seemeilen lange Weltumrundung verlief ohne gravierende Zwischenfälle, nur einmal brach der Bugspriet. Slocum wurde zu einem globalem Medienstar. Gouverneure und Prominente empfingen ihn, der Afrikaforscher Stanley etwa oder der Burenführer Ohm Krüger; gern ließ er sich von ihnen mit Proviant versorgen.

Am 27. Juni 1898, nach drei Jahren und zwei Monaten, kehrte die Spray in die USA zurück und machte im Hafen von Newport fest. Ihr Rumpf war immer noch so dicht wie am ersten Tag, »kein einziger Tropfen eingedrungen«, so Slocum. Die Welt hatte zwei neue Helden, das Schiff und seinen Kapitän, der fortan als Autor arbeitete. Bis er am 4. November 1909 – es heißt, er habe an Depressionen gelitten – mit der Spray noch einmal

■ Klein wie eine Nussschale liegt die Spray in einem südamerikanischen Hafen.

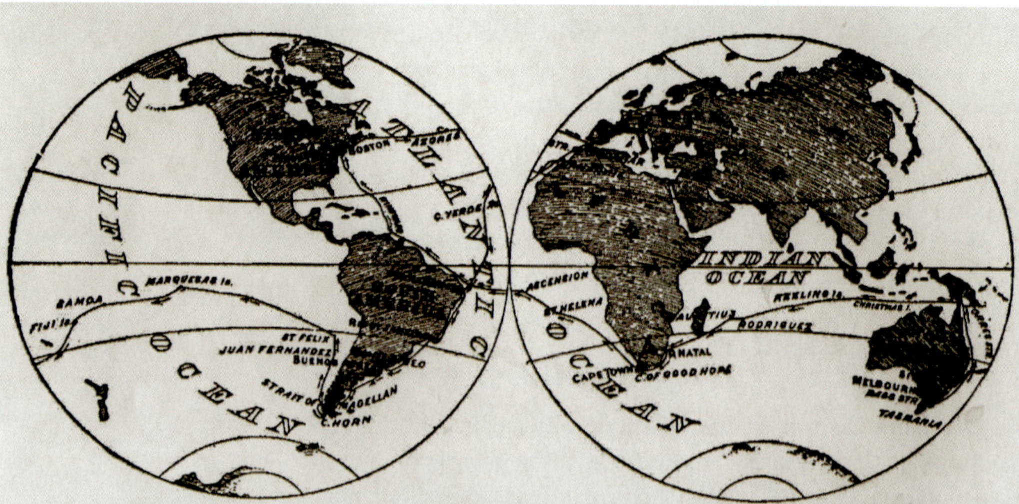


Chart of the *Spray's* course around the world—April 24, 1895, to July 3, 1898.

■ Reiseroute der Spray bei ihrer Weltumseglung

aufs offene Meer fuhr. Beide – Slocum sagte immer »wir« – blieben verschollen.

Die Sehnsucht, die Welt zu umrunden, die Faszination des Abenteuers, sind geblieben. Zwei Regatten für Segelboote werden heute ausgetragen: mit Zwischenstopps das Volvo-Ocean-Race für Mannschaften und die Vendée-Globe, nonstop für Einhandsegler. Hätte nicht kurz vor dem Ziel ein im Wasser treibender Container die Jacht Kingfisher gerammt, hätte die 24-jährige Ellen MacArthur 2001 als erste Frau diesen Pokal gewonnen. Sie kam als Zweite ins Ziel; nach 94 Tagen, 3 Stunden und 57 Minuten mit einem Rückstand von 25 Stunden. Immer wieder zieht es eigenwillige Menschen hinaus, so den Weltumsegler Norbert Sedlacek aus Wien, der seinen Posten als beamteter Straßenbahnfahrer aufgab und sich im Vorgarten das Segelschiff Oase II baute; oder Wilfried Erdmann, der die Welt gegen den Wind umsegelte. Das Segelboot bleibt Objekt der Liebe und Begierde – für Millionen Freizeitsegler ebenso wie für Prominente. So ließ sich der Software-Tycoon Jim Clark 1998/99 die bislang größte einmastige Segeljacht bauen: 47 Meter lang, 285 Tonnen schwer. Originalgemälde von Picasso und Chagall zieren den Salon. Seine Hightech-Jacht Hyperion schafft mithilfe von 40 000 Computersensoren das, was Slocums Spray mit einer Bindfaden-Konstruktion auch gelang: segeln wie von selbst.

# SPRAY

## DATEN UND FAKTEN

**Baujahr**: kurz nach 1800 in New Bedford;
**Restauration:** 1890
Das Schiff hat den Konstruktionsriss eines Nordseefischerbootes, wie es um 1700 auch vor der nordamerikanischen Ostküste als Austernfischer verwendet wurde.
**Typ**: Ursprünglich eine Sloop, während der Weltumseglung meist als Yawl gefahren
**Maße**: Länge: 11,2 m; Breite: 4,3 m; Tiefgang: 1,26 m
**Wasserverdrängung**: 9 t; 12,7 BRT
**Beseglung**: 2 Masten, 2 Vorsegel (Fock und Flieger); Großgaffelsegel; am Besanmast ein Luggersegel

## WISSENSWERTES

**Yawl, Ketch, Sloop und Kutter:** Das altskandinavische Wort »Yawl« bedeutet Fischerboot; bezeichnet wird damit eine Segeljacht mit zwei Masten, einem größeren und einem kleineren. Bei der Yawl steht dieser außerhalb, bei einer Ketch dagegen innerhalb der Wasserlinie auf dem Heck. Der hintere Mast wird auch Treiber genannt, denn er gibt zusätzlichen Druck auf das Ruder, fängt also achtern zusätzlichen Wind ein. Darum könnte sich die Bezeichnung »Ketch« vom englischen »to catch« ableiten. Andere führen das Wort auf »qaiq« (französisch »caique«) zurück, auf die türkischen Mörserschiffe des 16. und 17. Jhs. Für Slocum blieb die Spray eine »Sloop«, auch als er sie mit dem abnehmbaren Yawl-Mast fuhr. »Sloop«, »Slup« oder »Schaluppe« nennt man ein Schiff mit nur einem Mast, einem Großsegel, ein bis drei Vorsegeln und einem festen Bugspriet. Die Sloop ist der Urahn heutiger Freizeit-Segelboote. Der Name stammt aus Holland; im frühen 17. Jh. wurden dort Küstenschiffe dieser Art »sloepe« (Gleiter) genannt. Es gibt zwei einmastige Schiffstypen: Sloop und Kutter. Die Sloop ist breiter und flacher als ein Kutter. In seiner *Architectura Navalis Mercatoria* (1769) definiert Frederick Chapman Sloop und Kutter als Boote mit ein bis drei Vorsegeln, wobei die der Sloop an starren Befestigungen, den Stagen, die des Kutters dagegen fliegend, an Lieken, gefahren werden. Der weiter gefasste Begriff Jacht definiert nicht Zahl und Art von Masten und Segeln, sondern bedeutet nur: »ein kleines und schnelles Schiff«. Er stammt aus dem 17. Jh., abgeleitet vom holländischen »yaght« (Jäger). Außerhalb der Niederlande wurden kleine schnelle Schiffe meist als Pinassen bezeichnet: nicht zu verwechseln mit den Pinassschiffen, den großen Handelsschiffen, die diesen Namen wegen ihrer Rumpfform tragen. Heute haben Jachten meistens einen Ballastkiel, im Gegensatz zur flachen Jolle.

## AUF DEN PUNKT GEBRACHT

Ein einfaches Segelboot schrieb Geschichte. Die Spray markiert den Beginn des modernen Segelsports. Für Abermillionen von Freizeitseglern, die manchmal wirken wie eine weltweite Freimauer-Loge, sind Schiffe wie die Spray Kultobjekte.

## EMPFEHLUNGEN

**Lesenswert:**
Joshua Slocum: *Allein um die Welt*, Berlin 2000

Sir Francis Chichester: *Held der sieben Meere. Allein um die Welt in einer Einhandjacht*, München 2001

Joseph E. Garland: *Allein übers Meer*, München 2001

Peter Nichols: *Allein auf hoher See. Abenteuer einer Weltumseglung*, Hamburg 2002

Wilfried Erdmann: *Allein gegen den Wind. Nonstop in 343 Tagen um die Welt*, Bielefeld 2002

Ellen MacArthur: *Ich wollte das Unmögliche. Wie ich allein die Welt umsegelte*, München 2003

Morris Rosenfeld: *Ein Jahrhundert unter Segeln*, Bielefeld 2003

**Besuchenswert:**
Slocums Liberdade, im Smithsonian Institute, Washington, DC

The Museum of Jachting, Newport, Rhode Island

Chichesters Gypsy Moth IV, Cutty Sark Gardens, Greenwich, London

**Anklickenswert:**
www.mmbc.bc./source/schoolnet/adventure/slocum.html

**Erlebenswert:**
Karibik-Fahrten mit historischen America's Cup-Jachten à la Endeavour, in St. Thomas, Virgin Islands, USA

# Potemkin

## *Wacht auf, Verdammte dieser Erde*

»Wegen eines Löffels Suppe« – handgeschriebenes Schild an der Bahre des erschossenen Matrosen Wakulintschuk

Windstille, und die See ist so blau, wie sie es nur im Schwarzen Meer sein kann. Fette weiße Maden kriechen aus dem stinkenden Fleisch, das im Borschtsch der Matrosen schwimmt. Im Speisesaal der Besatzung steht die brütende Sommerhitze wie ein bleierner Block. Die 670 Mann des russischen Schlachtschiffs Knjas Potemkin Tawritscheski treten wortlos in den Hungerstreik. James Cook hatte Matrosen dafür auspeitschen lassen. An diesem 27. Juni 1905 lässt der Erste Offizier Giljarowski die Mannschaft zum Strafappell an Deck antreten – wer nicht esse, werde am Mast aufgehängt. Die aktiven Meuterer sind, wie auf Kapitän Blighs Bounty (s. S. 132), in der Minderheit. Doch dreißig Matrosen bleiben standhaft. Aus den Notizen des Torpedomaats Afanasi Matjuschenko: »Aus diesem schrecklichen Schweigen heraus hörte man den Kapitän schreien: Bootsmann, die Persenning!«

Eine Persenning, eine Plane, wurde auf zaristischen Kriegsschiffen bei Erschießungen über das Deck gelegt, damit die Holzplanken keine Blutflecken bekamen. In Eisensteins Film *Panzerkreuzer Potemkin* wird die Persenning hingegen wie ein Schmetterlingsnetz über die Köpfe der Meuterer gezogen.

Das Signal zum Aufstand gibt der Matrose Grigorij Wakulintschuk: »Brüder, vergesst nicht unseren Schwur, wir schießen nicht auf die eigenen Leute.«

Eben das war ein halbes Jahr zuvor, am 9. Januar 1905, am so genannten Blutsonntag, in St. Petersburg geschehen, als 500 friedliche Demonstranten auf offener Straße von Soldaten erschossen worden waren. Im Reich gärte die Revolution. Überall auf der Welt war die Sklaverei abgeschafft, nur die Bauern im Zarenreich blieben Leibeigene. Europas Intellektuelle – Auguste Rodin, Anatole France, Marie Curie – empörten sich. Einen Monat vor der Meuterei auf der Potemkin erreichte auch die Stimmung unter den Ma-

▪ Mannschaftsmitglieder an Bord der Potemkin während der Meuterei vor Odessa am 28. Juni 1905

▪ Die Potemkin

trosen den Siedepunkt. Am 27. Mai hatten japanische Kriegsschiffe bei Tsushima den Großteil der russischen Kriegsflotte versenkt. Dilettantisch ausgerüstet und erbärmlich ausgebildet, wie die Besatzungen waren, bedeutete der Befehl Zar Nikolaus' II., die japanische Flotte anzugreifen, den sicheren Selbstmord von 5000 russischen Seeleuten. Die Japaner hatten die hypermodernen Kriegsschiffe der Briten nachgebaut, waren von britischen Offizieren ausgebildet worden und benutzten in der Schlacht bei Tsushima sogar Englisch als Kommandosprache.

Hundert Matrosen dringen in die Waffenkammer der Potemkin ein und erobern das Schiff; sieben Offiziere und auch Grigorij Wakulintschuk, der Anführer des Aufstandes, werden im Feuergefecht getötet, der unbewaffnete Kapitän Golikow durch einen Kopfschuss hingerichtet und in Hemd und Unterhose über Bord geworfen. Der 25-köpfige Revolutionsrat beschließt, nach Odessa zu dampfen. Das kleine Torpedoboot No. 267 schließt sich der Meuterei an. Aus dem Tagebuch des Zaren: »Ein ruhiger und warmer Tag. Frühstück verspätete sich um eine Stunde. Ich machte eine große Bootsfahrt. Tante Olga kam zum Tee. Ich habe ein Bad im Meer genommen. Ich erhielt aus Odessa die verblüffende Nachricht, dass die Besatzung der Potemkin sich empört. Das ist doch nicht zu glauben!«

Die Revolutionäre in Odessa rufen die Potemkin zu Hilfe, zunächst und auch am nächsten Tag noch vergeblich, als 500 Demonstranten auf den 240 Stufen der Richelieu-Treppe, die zum Hafen hinunterführt, von kaisertreuen Truppen erschossen wer-

Am 22. Oktober 1918 – der Ausgang des Ersten Weltkriegs war längst entschieden – befahl die deutsche Marineleitung den 80 000 Mann der kaiserlichen Kriegsflotte, aus ihren Häfen auszulaufen und sich in einer finalen Vernichtungsschlacht mit den weit überlegenen Seestreitkräften Britanniens zu opfern und unterzugehen. Am 4. und 5. November aber wurde in Kiel auf den Schiffen des III. Geschwaders die Kaiserliche Flagge eingeholt und die rote Fahne der Revolution gehisst.

■ Sowjetisches Filmplakat zum Film *Panzerkreuzer Potemkin* von Sergej M. Eisenstein aus dem Jahre 1925

den. Ein Ereignis, das Eisenstein unvergesslich gemacht hat durch jene Szene mit dem Kinderwagen, der, von niemandem mehr gehalten, die Treppe herunterrollt. Am 29. Juni sterben weitere sechstausend Demonstranten. Erst als am 30. Juni einige Matrosen auf dem Rückweg vom Friedhof getötet werden, wo sie die Leiche Wakulintschuks bestattet hatten, erwidert die Potemkin das Feuer.

Sie war, nach dem Verlust von acht Schlachtschiffen bei Tsushima, das stärkste Schiff der russischen Flotte. Den Weg nach Japan hatte ihr die Türkei versperrt, die den Ausgang des Schwarzen Meeres, die Dardanellen, blockierte. Die mächtigen Geschütze der Potemkin jedoch verfehlten das Stadttheater, in dem sich der zaristische Generalstab befand. Am nächsten Tag erschienen zwei Schlachtschiffe vor Odessa – die Potemkin, die ihnen mit flatternder roter Fahne unter Volldampf entgegenfuhr, konnte sie vertreiben. Am darauf folgenden Tag erschienen fünf Kriegsschiffe; die Hafenpromenade war schwarz vor Menschen. Bugwellen rauschen, die Potemkin und die fünf fremden Schiffe pflügen mit knapp 35 Knoten aufeinander zu. Die Entscheidungsschlacht schien gekommen. Dann, in letzter Sekunde, so zeigt es Eisenstein im Film, jubeln die Matrosen des zaristischen Geschwaders der Potemkin zu, und die Revolution hat gesiegt.

In Wirklichkeit hingegen schlug sich nur das Linienschiff Georgi Pobedonossez auf die Seite der Meuterer, setzte sich aber bald absichtlich in flachem Wasser auf Grund. Die anderen vier Schiffe zogen sich ohne einen Schuss zurück. Doch nun wurde die Potemkin gejagt. Sie läuft das rumänische Konstanza, dann Feodossia auf der Krim und wieder Konstanza an. Dort öffneten die Meuterer am 8. Juli 1905 die Flutventile und versenkten das Schiff. »Nur das Schwarze Meer war Zeuge unserer gebrochenen Herzen und unserer Tränen«, heißt es bei Matjuschenko. Ein Teil der Mannschaft blieb in Rumänien, viele gingen nach Argentinien. Sie wurden 1907 durch eine zugesicherte Amnestie nach Russland gelockt, tatsächlich sind sechzig Matrosen in ihre Heimat zurückgekehrt. Sieben wurden verhaftet und gehenkt, darunter auch der Matrose Matjuschenko.

Sergeij Eisensteins Film *Panzerkreuzer Potemkin* – die wirkliche Potemkin war ein Linienschiff – wurde auf dem Minendepotschiff Bloksiw No. 8 gedreht, das 1905 noch als Panzerschiff Dwenacat Apostolow (Zwölf Apostel) zu den Verfolgern der Potemkin gehört hatte. Auf dem Deck der abgewrackten Bloksiw No. 8 ließ Eisenstein die Aufbauten der Potemkin aus Holz nachbauen.

# POTEMKIN

## DATEN UND FAKTEN

**Name:** Knjas Potemkin Tawritscheski, zu Deutsch: Fürst Potemkin (gesprochen Potjomkin) von Taurien; Taurien ist eine Bezeichnung für die Krim und Teile der ukrainischen Steppe.
**Baujahr**: Kiellegung 1898 auf der staatlichen Werft in Nikolajew am Schwarzen Meer; Stapellauf 1900, in Dienst gestellt 1903
**Typ**: Linienschiff, kein Panzerkreuzer, wie Eisensteins Film suggeriert
**Maße**: Länge: 115,5 m; Breite: 22,3 m; Tiefgang: 8,2 m
**Wasserverdrängung**: 12 600 t
**Antrieb**: 22 Belville-Kessel, 2 Dampfmaschinen mit insgesamt 11 300 PS, Kohlevorrat max. 970 Tonnen; max. Reichweite rund 3500 sm bei 9,7 kn; max. Geschwindigkeit 15,6 kn
**Besatzung**: 670 Matrosen und Soldaten, 19 Offiziere
**Bewaffnung**: Hauptbatterien in 2 Zwillingstürmen: 4 × 30,4-Zentimeter-Geschütze; weitere Geschütze: 16 × 15,2 cm, 14 × 7,6 cm, 6 × 4,7 cm, 2 Maschinen gewehre; 5 Torpedorohre, 18 Torpedos
**Panzerung**: bis 9 cm dicker Kruppstahl
**Verbleib**: Die Knjas Potemkin Tawritscheski musste den Hafen von Odessa im Juli 1905 verlassen, weil am Ufer immer mehr zarentreue Feldartillerie zusammengezogen wurde. Die Stadt Konstanza verweigerte Proviant und Kohlen. Beschattet vom Torpedobootzerstörer Stremitelny bemannt mit 40 freiwilligen zaristischen Offizieren, fuhr die Potemkin nach Feodossia, doch auch diese Stadt zögerte, Verpflegung und Brennstoff zu liefern. Es kam zu einem Scharmützel, bei dem einige Matrosen erschossen wurden. Die Meuterer fuhren zurück nach Konstanza, wo sie ihr Schiff versenkten. Noch im selben Jahr wurde es gehoben und wieder in Dienst gestellt, unter dem Mönchsnamen Panteleimon. Im November 1905 kam es erneut zu einer Meuterei an Bord, die aber schnell niedergeschlagen wurde. Nach der Abdankung des Zaren 1917 erhielt das Schiff endgültig den kurzen Namen Potemkin. Im Verlauf des Bürgerkrieges geriet sie nacheinander in den Besitz der Weißgardisten, der Deutschen, der Briten, 1920 endgültig in den Besitz der Roten Schwarzmeerflotte. 1923 wurde die Potemkin abgewrackt.

## EMPFEHLUNGEN

**Lesenswert:**
Sergeij M. Eisenstein: *Panzerkreuzer Potemkin*, Drehbuch, in: ders.: *Schriften*, Bd. 2., München 1973

Frank Thiess: *Tsuschima*, Reinbek 1987

Herman Wouk: *Die Caine war ihr Schicksal*, Bergisch Gladbach 1997

**Sehenswert:**
*Panzerkreuzer Potemkin (Bronenosez Potjomkin)*. Regie: Sergeij M. Eisenstein. Sowjetunion 1926

*Die Caine war ihr Schicksal (The Caine Mutiny)*. Regie: Edward Dymtryk; mit Humphrey Bogart. USA 1954

*Rebellion*. Regie: Lewis Gilbert; mit Alec Guiness. GB 1961

Video zum Kieler Matrosenaufstand 1918: www.kurkuhl.de/matrosenaufst/video_matrosenaufst.html

**Besuchenswert:**
Der Kreuzer Aurora in St. Petersburg. Er gab das Signal zur Oktober-Revolution (1918)

Deutsches Schiffahrtsmuseum, Bremerhaven

Schlachtschiff USS Texas aus dem Jahr 1914, in Houston, Texas

## AUF DEN PUNKT GEBRACHT

Meuterei gab es auf allen Flotten der Welt, Schiffe waren immer eine Brutstätte des Aufbegehrens – meist ohne Happy-End: Dafür steht der Name Potemkin. Doch symbolisiert das Schiff eben auch die schier unendliche Tragödie des russischen Volkes.

# Titanic

## *Die »Unsinkbare«*

»Das Meer ist so glatt wie ein Mühlenteich«, notierte ein Passagier am Abend des 14. April 1912. An diesem Sonntag schien der sonst so stürmische Atlantik wie verzaubert; auch der Heizer Hugh English hatte ihn in seinen 26 Jahren zur See nicht einmal so still erlebt wie in dieser Nacht. Im Ausguck starrte der Matrose Frederick Fleet auf die Wasserfläche, in der sich der sternenklare Himmel spiegelte. Er hatte kein Fernglas; es lag in einem Spind, den er bei Wachbeginn verschlossen gefunden hatte. Mit 21 Knoten, knapp 40 Stundenkilometern, pflügte das größte Schiff der damaligen Welt durch die Nacht: mit voller Kraft, obwohl Kapitän Edward J. Smith über Funk mehrere Eisbergwarnungen mit exakten Positionsangaben erhalten hatte.

Zu Beginn des 20. Jahrhunderts war der Bau solcher Riesenschiffe technisch kein Problem mehr; man war stolz auf die Sicherheitsvorkehrungen: Mit doppeltem Schiffsboden und sechzehn wasserdichten Schotten galt die Titanic als unsinkbar. Doch wurden auch diese technischen Wunderwerke von Menschen bedient. Warum Smith die Warnungen ignorierte, wissen wir nicht. Fast zwei Millionen Seemeilen war er gefahren, unfallfrei; es war sein

■ Das berühmteste Schiff der Welt: *Die Titanic*. Gemälde von J. H. Jansen, 1913

■ Exklusives Ambiente: Aufzüge der Erste-Klasse-Passagiere auf der Titanic. Zeitgenössische Zeichnung

letztes Kommando vor der Pensionierung. Noch nie hatte er ein so starkes schnelles Schiff geführt. Zwar hatte noch kein Eisberg seinen Kurs gekreuzt, doch er hätte wissen können, dass allein 1903 auf dem Atlantik zwanzig Schiffe mit Eisbergen kollidiert und zwölf von ihnen gesunken waren. 1898 hat der amerikanische Schriftsteller Morgan Robertson den Untergang des »größten Dampfers der Welt« imaginiert: nach der Kollision mit einem Eisberg. Der Roman hieß *Futility* (Unzulänglichkeit), das fiktive Schiff – Titan.

Um 23.40 Uhr sah Matrose Fleet im Krähennest etwas im Wasser schwimmen; Entfernung 300 Meter. Er läutete die Signalglocke, griff zum Telefon: »Eisberg steuerbord voraus.« Dreißig Sekunden später sah der Bäcker Walter Belford ein Blech mit frischen Brötchen vom Ofen rutschen; und Lady Cosmo Duff-Gordon, Reisende der Ersten Klasse, spürte ein Zittern, »als ob ein gigantischer Finger an der Bordwand entlang strich«.

In den meisten Lexika liest man von einem neunzig Meter langen Riss in der Bordwand. Im August 1996 konnte der Rumpf des wiedergefundenen Schiffs bei einem Tauchgang mit einem Sonargerät untersucht werden. Man fand keinen Riss, nur geringfügige Deformationen, an denen die Nieten aus den Stahlplatten herausgeplatzt waren – schmale Stellen, alles in allem vier Quadratmeter. Zwei der Nieten wurden geborgen und chemisch untersucht. Das Eisen hatte einen Schlackeanteil von 9,3 Prozent und war damit viel zu weich – üblich sind zwei Prozent. Außerdem waren

■ So dinierte man auf der Titanic. Diese Speisekarte für das 3. Klasse-Menü am 14. April 1912 wurde im Jahr 2000 bei Sotheby's für rund 60 000 Mark versteigert.

WHITE STAR LINE.

R.M.S. "TITANIC." APRIL 14, 1912.

THIRD CLASS.

BREAKFAST.

Oatmeal Porridge & Milk
Smoked Herrings, Jacket Potatoes
Ham & Eggs
Fresh Bread & Butter
Marmalade Swedish Bread
Tea Coffee

DINNER.

Rice Soup
Fresh Bread Cabin Biscuits
Roast Beef, Brown Gravy
Sweet Corn Boiled Potatoes
Plum Pudding, Sweet Sauce
Fruit

TEA.

Cold Meat
Cheese Pickles
Fresh Bread & Butter
Stewed Figs & Rice
Tea

SUPPER.

Gruel Cabin Biscuits Cheese

Any complaint respecting the Food supplied, want of attention or incivility, should be at once reported to the Purser or Chief Steward. For purposes of identification, each Steward wears a numbered badge on the arm.

■ Der Untergang der »Unsinkbaren«. Nur ein kleiner Teil der Passagiere kann sich in Rettungsbooten in Sicherheit bringen. Zeitgenössisches Aquarell

die Nietenköpfe brüchig, fehlerhaft produziert. Und an Bord der Titanic war ein Schwelbrand ausgebrochen, als sie Southampton in Richtung New York verließ. Man habe den Brand im Kohlenbunker Nummer 10, so Kapitän Smith, einen Tag vor dem Untergang löschen können. Doch Schwelbrände sind heimtückisch und können sich weiter fressen. Trifft Wasser auf glühende Kohle, kann die plötzliche Verdampfung explosive Kräfte freisetzen.

Im Augenblick der Kollision war der Passagierdampfer Californian in der Nähe. Dessen Kapitän hatte die Maschinen wegen der Eisbergwarnungen stoppen lassen. Die Titanic ließ CDQ (come quick, danger), dann SOS funken. Doch der Funker der Californian hatte seinen Apparat ausgeschaltet. Als keine Antwort kam, wurden auf der Titanic acht Raketen abgeschossen. Der Wachhabende auf der Californian ließ den Kapitän wecken. »Nur weiße Raketen?« war dessen Kommentar. Er glaubte, auf dem Luxusliner würde ein Feuerwerk abgebrannt. Nach internationaler Konvention hatten Notfall-Raketen rot zu leuchten; die Titanic hatte nur weiße Raketen an Bord. Dennoch versuchte die Californian mit einem Signalscheinwerfer Kontakt aufzunehmen. Als sie keine Antwort erhielt, fuhr sie weiter. Bis die sehr viel weiter entfernte

»Seit den Tagen Napoleons war nichts geschehen, was den Glauben der Menschheit an den ununterbrochenen Fortschritt hätte erschüttern können.« Walter Lord, Titanic-Buchautor

Carpathia, die den Notruf empfangen hatte, eintraf, waren 1517 Menschen ertrunken oder erfroren.

1942, im Dritten Reich, wurde auf der Cap Arcona ein Titanic-Film gedreht, der später von Propagandaminister Goebbels mit dem Prädikat »staatspolitisch wertvoll« ausgezeichnet wurde. Ende April 1945 wurden 4500 KZ-Häftlinge an Bord der Cap Arcona gebracht. Am 3. Mai versenkte ein britischer Jagdbomberverband das Schiff in der Lübecker Bucht. Im eiskalten Wasser gab es kaum Überlebende. Das NS-Film-Prädikat verlor seine Gültigkeit durch Verordnung am 30. April 1946.

Sie starben, so die *New York Post* 1997, »wegen ihres rührenden Vertrauens in die Schiffbauer, die Eigner…«. Der Schriftsteller und erfahrene Kapitän Joseph Conrad machte »falsche Leistungsmaßstäbe« für die Katastrophe verantwortlich, unbedingt habe man die »vulgäre Forderung einiger vermögender Menschen nach banalem Hotelluxus« befriedigen müssen. Zahlreiche Millionäre wollten sich das Ereignis dieser Jungfernfahrt der Superlative nicht entgehen lassen, darunter legendäre Bankiers wie Benjamin Guggenheim, J. Piermont Morgan und John Jacob Astor. Nur 711 der 2223 Menschen an Bord konnten gerettet werden. Auch vor dem Tod sind nicht alle Menschen gleich: Überlebt haben zwei von drei Passagieren der Ersten Klasse und nur jeder vierte der Reisenden Dritter Klasse.

So waren alle Voraussetzungen gegeben, dass diese Katastrophe mythisch-legendäre Züge annahm. Sie erschütterte den bis dahin ungebrochenen, auf technischer Machbarkeit basierenden Fortschrittsoptimismus, verdeutlichte die Fragwürdigkeit der Suche nach Rekorden und Superlativen, zeigte eine Kette aberwitziger Zufälle. In der menschlichen Tragödie offenbarten sich soziale Widersprüche; es gab Helden, Feiglinge und solche, die man für das eine oder andere halten konnte. Während Joseph Bruce Ismay, Direktor der Titanic-Reederei, den Grundsatz »Frauen und Kinder zuerst« missachtete und an Bord eines Rettungsbootes überlebte, wartete Thomas Andrews, der Konstrukteur des Schiffes, im Smoking statt mit Schwimmweste auf den Untergang. Die Kapelle an Bord spielte »Näher, mein Gott, zu Dir«. Der Untergang der Titanic wurde zum Sinnbild für die Träume und Besessenheiten, die strukturellen Widersprüche und Katastrophen, die das 20. Jahrhundert schließlich zum ersten »Zeitalter der Extreme« werden ließen. Dieser Un-

■ Im Rumpf des Schiffes steigt das Wasser immer höher, die Passagiere suchen den Fluchtweg aufs Schiffsdeck. Szenenphoto aus dem amerikanischen Kultfilm *Titanic* von 1997 mit Leonardo di Caprio und Kate Winslet in den Hauptrollen

tergang, so schreibt Hans Magnus Enzensberger, »ist etwas für Dichter«, will sagen, dieses Jahrhundert wurde nicht müde, sich die Geschichte der an einem Eisberg zerschellten Hoffnungen wieder und wieder zu erzählen: Der Untergang »läuft im Fernsehen gleich nach der Sportschau. Er ist unbezahlbar ... Er ist in den Massen verankert.« Und wo der Untergang nicht reicht, wird er zur Kulisse einer Liebe über alle sozialen Schranken hinweg, wie im jüngsten Hollywoodfilm.

Natürlich weckte auch diese Katastrophe groteske Verschwörungsphantasien. Telegramme ohne Absender erreichten tatsächlich amerikanische Zeitungen: Alle Passagiere seien gerettet und die Titanic gar nicht gesunken. Überlebende wollten Fischerboote an der Untergangsstelle gesichtet haben. Nicht die Titanic sei gesunken, sondern das Schwesterschiff Olympic, das man wegen einer anstehenden teuren Reparatur willentlich habe untergehen lassen. Bis heute erzählt man von einer Gangsterbande an Bord, die das Schiff durch Dynamit versenkt, im Chaos des Unterganges die Tresore geknackt und sich dann auf den angeblich gesichteten Fischerbooten abgesetzt habe.

■ Der Bug des Titanic-Wracks in etwa 3800 Meter Tiefe auf dem Meeresgrund, etwa 600 Meilen östlich von Neuschottland

Unstrittig ist, dass die Passagiere der Titanic hätten gerettet werden können, wenn ausreichend Rettungsboote an Bord gewesen wären. Doch selbst wenn die Zahl der Rettungsboote rechnerisch stimmt: Auch die größten Schiffe bleiben ein Spielball der Naturgewalten. Die 310 Meter lange Queen Mary, nach der Normandie das zweitgrößte Passagierschiff der Welt, wurde 1942 vor Schottland im Sturm von einer Monstersee getroffen. Sie schlug quer zu den Wellen und legte sich langsam auf die Seite. Nur zehn Zentimeter mehr, so ihr Kapitän später, und sie hätte sich nicht mehr aufgerichtet. Selten ist die See so glatt wie ein Mühlenteich.

Am 1. Mai 1915 verließ der 240 Meter lange amerikanische Passagierdampfer Lusitania den Hafen von New York in Richtung Liverpool. Noch waren die USA nicht in den Krieg eingetreten. Am 7. Mai versenkte das deutsche U-Boot U 20 den Luxusliner. Er sank so rasch, dass sich nur ein knappes Drittel der 1959 Passagiere retten konnte. Später stellte sich heraus, das der Torpedo von U 20 für Großbritanznien bestimmte Munition zur Explosion gebracht hatte.

# TITANIC

## DATEN UND FAKTEN

Am 30. April 1907, bei einem Dinner im Downshire House in London, beschlossen J. Bruce Ismay, Präsident der White-Star-Line, und Lord James Pirrie, Gesellschafter einer Werft, zwei Ozeandampfer mit Namen Titanic und Olympic zu bauen, um den Cunard-Liner Lusitania zu übertreffen, damals, mit 240 m Länge und 30 000 BRT, das größte Schiff der Welt.

**Baujahr**: Stapellauf am 31. Mai 1911, auf der Werft Harland & Wolff Ltd., Belfast; Indienstnahme: 2. April 1912; Baukosten: 1,5 Millionen Englische Pfund
**Typ**: Passagierdampfschiff
**Ladekapazität**: 21 831 t; 46 329 BRT
**Maße**: Länge: 269,1 m; Breite: 28,2 m; Tiefgang: 19,8 m
**Antrieb**: 3 Schrauben, angetrieben durch zwei Kolben-Expansionsmaschinen mit 30 000 PS und eine Abdampfturbine mit 16 000 PS. Max. Reisegeschwindigkeit: 22,5 kn (40 km/h)
**Besatzung**: 899 Personen: darunter 63 Offiziere, 322 Maschinisten und Heizer, 471 Servicebedienstete
**Besonderheiten**: 15 Querschotten in 16 Abteilungen
**Passagiere**: 1324 Personen; 1. Klasse: 329 (Preis einer Luxussuite nach heutiger Währung 50 000 Euro); 2. Klasse: 285; 3. Klasse: 710 (Passagepreis 350 Euro)
**Ladung**: Diverses Stückgut, u.a. 15 Kisten Alarmanlagen, 75 Kisten Anchovis, 2 Kisten Blumen, 3 Kisten Bruyère-Pfeifen, 86 Kisten Bücher, 2 Kisten Dichtungsmittel, 1 Kiste Eier, 1 Kiste Zahnpaste, 79 Ziegenfelle
**Ausstattung**: Tennisplatz, Turnsaal, elektrisch beheizte Schwimmbäder, türkisches Bad, tropische Wintergärten mit Palmen, 20 Fahrräder für Radrennen, 2 Reitkamele für Kinder, 7 Konzertflügel, davon einer in der Dritten Klasse, 1000 Austerngabeln, 400 Spargelzangen, 300 Nussknacker, 1500 Cocktail-Gläser, 3560 Schwimmwesten
**Neuerung**: Turbinenantrieb
**Gesunken**: 41°46' Nord, 50°14' West

## WISSENSWERTES

**Letztes 11-Gänge-Dinner der ersten Klasse:** Div. Hors d'Œuvre, Austern, Kraftbrühe Olga, Gerstencremesuppe, Lachs mit Mousselinsauce und Gurke, Filet Mignons à la Lilli, Huhn-Sauté à la Lyonnaise, Markkürbisfarce, Lamm mit Minzsauce, Entenbrust, Apfelmus, Rinderlende, Schlosskartoffeln, junge Erbsen, Sahnemöhrchen, Reis, Parmentier- und Salzkartoffeln, Punsch Romaine, gebratenes Täubchen mit Kresse, Spargel mit Vinaigrette, Gänseleberpastete, Sellerie, Dessert Waldorfpudding, Pfirsiche in Chartreusegelee, Schokoladen- und Vanille-Eclairs, Eiscreme. Das letzte Dessert 2. Klasse: Eiscreme, diverse Nusstorten, frisches Obst, Käsegebäck. Das letzte Dessert 3. Klasse: Plumpudding, süße Sauce, Orangen.

## EMPFEHLUNGEN

**Lesenswert:**
Wolf Schneider: *Mythos Titanic*, Hamburg 1996

John P. Eaton, Charles A. Haas: *Titanic – Triumph und Tragödie*, München 1997

Tom Kuntz (Hg.): *Titanic Protokolle. Die Berichte der Überlebenden*, Königswinter 1998

Robert D. Ballard: *Das Geheimnis der Titanic*, München 1999

Stephen Spignesi: *Titanic – Das Schiff, das niemals sank*, München 2000

David Foster Wallace: *Schrecklich amüsant – aber in Zukunft ohne mich*, Hamburg 2002

Hans Magnus Enzensberger: *Der Untergang der Titanic*, Frankfurt/M. 1978

**Sehenswert:**
*Titanic*. Regie: James Cameron; mit Leonardo di Caprio, Kate Winslet. USA 1997

**Riechenswert:**
»Vinolia Otto Toilet Soap«, die Original-Seife der ersten Klasse: www.english-scent.com

## AUF DEN PUNKT GEBRACHT

Die Titanic ist das bekannteste Schiff der Welt. Ihr Untergang kündigte das Ende einer Epoche an, in der Technik und Politik als beherrschbare Größen galten. Die folgenden Weltkriege haben die gleiche Ursache wie der Untergang der Titanic: menschliches Versagen.

# Endurance

## *Shackletons Expedition in die Antarktis*

»Optimismus ist wahre moralische Tapferkeit.«
Sir Ernest Shackleton

Die norwegische Dreimastbark Endurance war extrem stabil gebaut, ähnlich wie die Fram (s. S. 194). Das Schiff, das ursprünglich Polaris hieß, sollte reiche Eisbärenjäger in die Polarregion bringen. Als die Eigner in finanzielle Schwierigkeiten gerieten, wurde das gerade fertiggestellte Schiff 1914 an Sir Ernest Shackleton verkauft. Er war, nachdem Robert Falcon Scott den Wettlauf zum Südpol gegen Amundsen verloren und sein Leben gelassen hatte, Großbritanniens berühmtester lebender Antarktisforscher. Weil die Briten weder Nord- noch Südpol als erste erreicht, noch die Nordwestpassage gefunden hatten, wollte Shackleton die Antarktis durchqueren. Mit diesem Plan begeisterte er die Nation, die um ihren Entdeckerruf fürchtete. Nur Winston Churchill, damals Oberbefehlshaber der Royal Navy, vermochte die allgemeine Euphorie nicht zu teilen: »Der Pol ist schon entdeckt, was also bringt eine weitere Expedition?« Trotzdem stimmte er zu, dass die Navy ein Viertel der Kosten übernahm. König Georg V. überreichte persönlich einen Union Jack für den Südpol. Und die Schulen des Königreiches wetteiferten, Spenden zu sammeln, damit einer der 69 Schlittenhunde der Expedition den Namen ihrer Schule bekam.

■ Die Endurance im antarktischen Packeis

Die Endurance sollte die Expedition zu ihrem Ausgangspunkt bringen. Bereit auszulaufen, ankerte sie vor dem englischen Hafen Margate. Frühmorgens am 4. August 1914 ließ sich der Kommandant Sir Ernest Shackleton an Land rudern. Die Schlagzeilen der Zeitungen verkündeten die Mobilmachung der Streitkräfte: Der Erste Weltkrieg hatte begonnen. Sofort schickte Shackleton ein Telegramm an Churchill und bot die Endurance als Kriegsschiff an. Eine Stunde später kam die Antwort: »Proceed!« – Weitermachen! Am nächsten Tag erklärte Großbritannien dem Deutschen Reich den Krieg, am 8. August verließ die Endurance Plymouth – zu ihrer ersten und letzten Fahrt.

Die Besatzung der Endurance auf dem Eis während der Expedition

Bei einem Zwischenstopp in Buenos Aires wurden die Rahen des Großmasts entfernt und die Bark zu einer Barkentine umgetakelt. Wieder auf See, fand die Crew zwei blinde Passagiere an Bord, einen 18-Jährigen – 5000 Männer hatten sich ursprünglich für die Expedition beworben – und eine schwarze Katze, die Mrs. Chippy getauft wurde. Als die letzten Vorbereitungen im Hafen einer Walfänger-Station auf Südgeorgien abgeschlossen waren, lichtete die Endurance am 5. Dezember um 8.45 Uhr die Anker; es war windstill, der Himmel bedeckt. Ihr Ziel war das Wedell-Eismeer; an dessen südlichstem Punkt, in der 1350 Seemeilen entfernten Vahsel Bay, sollte die Polar-Expedition abgesetzt werden. Doch bereits am nächsten Tag wurden zwei Eisberge gesichtet, und nach einer Woche stieß die Endurance auf Treibeis. Durch das Labyrinth der Eiskanäle kämpfte sich das Schiff bis auf 70 Seemeilen an sein Ziel heran. Man konnte die Bucht von der Mastspitze aus sehen, als die Endurance am 19. Januar endgültig stecken blieb. Heute wagen sich nur 20 000 PS starke Eisbrecher in diese Region.

Da sich das Packeis des Wedell-Meers im Uhrzeigersinn dreht, hoffte Shackleton, mit der Eisdrift wieder nach Norden zum offenen Meer getrieben zu werden. So wurde das »Ritz« eröffnet, wie die Crew ihr Winterquar-

Am 24. April 1916 stach Shackleton mit dem 7,5 Meter langen Walfang-Boot James Caird von Elephant-Island aus in See, um Rettung zu holen. Die 1500 Kilometer lange Fahrt über das orkangepeitschte Meer südöstlich von Kap Horn gehört zu den größten nautischen Leistungen der Seefahrtgeschichte. Am 10. Mai steuerte der für die Navigation zuständige Kapitän Frank Worsley die James Caird direkt auf die Insel Südgeorgien zu. 2000 fuhr der Deutsche Arved Fuchs auf einem Nachbau die Strecke ein zweites Mal.

Da Shackleton die Antarktis durchqueren wollte, begann im Juni 1915 das Expeditionsschiff Aurora südlich des Pols Depots anzulegen. Als ein Blizzard das Schiff ins Packeis trieb, blieben zehn Mann an Land zurück. Nach einer dramatischen Odyssee erreichte die Aurora Neuseeland, wo sie der ebenfalls im Dezember 1916 eingetroffene Shackleton übernahm, um die Vermissten der Aurora zu finden. Als Shackleton am 7. Januar 1917 wieder die Antarktis betrat, sichtete er sieben Männer mit ihren Hunden.

tier, die von Eis umschlossene Endurance, von nun an nannte. Die Männer hielten sich mit Fußball, Schlittenhundrennen und Kostümbällen bei Laune. In 281 Tagen drifteten sie knapp 1200 Seemeilen weit mit dem Eis.

Am späten Abend des 22. Oktober 1915 tauchte neben der Endurance eine Gruppe großer Kaiserpinguine auf, die einen Gesang anstimmte, wie ihn selbst die in der Antarktis erfahrenen Seeleute an Bord noch nie gehört hatten. Am nächsten Tag hielt das Schiff dem Packeis nicht länger stand. Anders als Nansens Fram, deren bewusst rund konstruierter Rumpf dem Packeis keinen Angriffspunkt bot, war die Endurance für schweres Treibeis entworfen worden und hatte einen konventionellen, zum Kiel hin spitz zulaufenden Rumpf. Der Todeskampf des Schiffes, vom Australier Frank Hurley mit Film- und Photokamera minutiös dokumentiert, dauerte bis zum 21. November.

Aber erst nach dem Verlust der Endurance nahm die Expedition die unglaubliche Entwicklung, für die sie berühmt wurde. Die Mannschaft trieb solange auf einer Eisscholle weiter, bis diese ebenfalls unterging. Man musste die 69, nach englischen Schulen benannten Schlittenhunde und Mrs. Chippy erschießen, rettete sich dann in die drei mitgeschleppten Beiboote und erreichte die unbewohnte Elephant-Insel. Mit fünf Begleitern segelte Shackleton 800 Seemeilen weiter nach Südgeorgien, überquerte als Erster die Berge der Insel und erreichte die Walfangstation, von der sie aufgebrochen waren. Am 30. August 1916 endlich, nach mehreren Anläufen, gelang es ihm mit dem chilenischen Dampfschiff Yelco, die auf der Elephant-Insel Zurückgebliebenen zu erlösen – 625 Tage nach Beginn der Expedition. Die meisten der Geretteten gingen an die Front, zwei von ihnen fielen.

Shackleton kehrte am 4. Januar 1922 an Bord der Quest nach Südgeorgien zurück. »Ein wundervoller Abend«, heißt es in seinem Tagebuch. Nachts um drei Uhr starb er an einem Herzinfarkt und wurde auf der Insel beerdigt.

■ Die Endurance hat dem Druck der Eismassen nachgegeben. Ihr Untergang ist auf Filmen und Photos minutiös dokumentiert.

# ENDURANCE

## DATEN UND FAKTEN

**Baujahr**: 1912, auf der Framnaes-Werft in Sandefjord, Norwegen; Konstruktion: Aanderud Larsen
**Typ**: Ursprünglich eine Bark, von Shakelton als Barkentine getakelt
**Maße**: Länge: 43,9 m; Breite: 7,6 m
**Wasserverdrängung**: 350 t
**Antrieb**: Segel und Dampfmaschine mit einer Schraube, 350 PS; max. Geschwindigkeit 10,2 kn
**Besatzung**: 28 Mann; Jahreslohn zwischen 240 und 570 Dollar

## WISSENSWERTES

**Zur Bauweise:** Der insgesamt 2,16 m hohe Kiel entstand aus vier übereinander gelegten massiven Eichenstämmen; auch der Bugsteven war aus Eiche (Durchmesser 1,32 m). Die Beplankung aus Eiche und Gebirgskiefer war zwischen 45,7 und 76,2 cm stark und zusätzlich mit südamerikanischem Grünholz verkleidet. Nicht nur die Zahl der Spanten wurde gegenüber normalen Segelschiffen verdoppelt, mit 23,8 bis 28 cm waren sie auch doppelt so dick. Die Framnaes-Werft war auf den Bau von Walfangschiffen spezialisiert; auch für den Bau der Polaris stellte Bauleiter Christian Jacobsen nur Werftarbeiter ein, die selbst auf Walfängern gefahren waren.
**Zur Geschichte des Schiffs:** Eigner des am 17. Dezember 1912 als Polaris vom Stapel gelaufenen Schiffs waren zunächst Lars Christensen, der größte Walfangreeder Norwegens, und der belgische Baron Adriene de Gerlache, der 1897 auf seiner Belgica eine Antarktis-Expedition unternommen hatte, zu deren Mannschaft auch Roald Amundsen gehörte. Die Polaris sollte reiche Touristen zur Bärenjagd nach Grönland und Spitzbergen bringen, darum war ihre Inneneinrichtung vergleichsweise komfortabel. De Gerlache musste Konkurs anmelden, darum verkaufte Christensen die Polaris 1914 für 11 600 engl. Pfund an Shackleton, der weitere 2400 Pfund in ihre Ausrüstung investierte. Er taufte das Schiff nach dem Motto seiner Familie: Fortitudine vincimus (Durch Beharrlichkeit zum Sieg). Die Endurance wurde im Oktober/November 1915 im Packeis der Antarktis zerquetscht. 1959 schätzte die Framnaes-Werft die Kosten für einen Nachbau auf 1 Million Dollar. Frank Ballard, der das Wrack der Titanic gefunden hat, will auch die Überreste der Endurance wiederfinden.

## BIOGRAPHIE

**Ernest Henry Shackleton** wird am 15. Februar 1874 in Irland geboren. Als die elterliche Farm bankrott geht, studiert der Vater Medizin, wird Arzt und zieht mit der Familie nach London. Mit 16 Jahren geht Ernest zur Handelsmarine, wird später Reserveleutnant der Royal Navy. 1901 bis 1904 nimmt er an Scotts erster Antarktis-Expedition teil, 1907 bis 1909 leitet er die erste eigene Expedition, bei der er sich dem Südpol bis auf 185 km nähert. Für seine Leistung wird er geadelt. Er stirbt am 5. Januar 1922 während der Vorbereitung einer dritten Antarktisexpedition.

## EMPFEHLUNGEN

**Lesenswert:**
Sir Ernest Shackleton: *Mit der Endurance ins ewige Eis. Die Antarktisexpedition 1914–1917*, München 2000

Alfred Lansing: *635 Tage im Eis. Die Shackleton-Expedition*, München 2000

Frank Hurley: *Die Schicksalsfahrt der Endurance. Mit Shackleton in die Antarktis*, München 2000

Caroline Alexander: *Mrs. Chippys letzte Expedition in die Antarktis. Das bisher unentdeckte Tagebuch von Shackletons Schiffskatze*, Bern–München–Wien 1999

**Anklickenswert:**
www.jamescairdsociety.com

**Riechenswert:**
»Royal Court«, Shackletons After-Shave. www.english-scent.com

## AUF DEN PUNKT GEBRACHT

Nie ist das Sterben eines Schiffes so minutiös dokumentiert, fotografiert und gefilmt worden. Wie viele berühmte Schiffe sank sie auf ihrer Jungfernfahrt. Sie war ein Opfer des heroischen Zeitalters, und sie wurde zum Symbol des Überlebenswillens.

# Seeadler

## Das Piratenschiff des deutschen Kaisers

■ Der Hilfskreuzer Seeadler, das einzige größere Schiff, das in beiden Weltkriegen noch unter Segeln fuhr. Gemälde von Christopher Rave

11. März 1917 – zwischen Brasilien und Afrika, mitten im Atlantik sichtet Kapitän Luckner die Rauchfahne eines Dampfers, die sich am Horizont über die Kimm schiebt. An Deck des Dreimasters Seeadler herrscht gespannte Stille, nur die beiden Bordhunde – die Promenadenmischung Piperle und der Dackel Schnäuzchen – bellen nervös. Luckner wendet sich an einen seiner Matrosen und befiehlt wie üblich: »Jeanette, mak di kloar !« Fünf Minuten später steht der Matrose wieder an Deck, »klargemacht« als Jeanette – ein langes weißes Seidenkleid und die blonde Perücke leuchten hell in der Tropensonne.

Die SMS Seeadler fuhr als Hilfskreuzer. So nannte man im 20. Jahrhundert ein als ziviles Handelsschiff getarntes Kriegsschiff. Kaperfahrten mit solchen Schiffen hatten Tradition – man denke an die staatlich lizensierten Freibeuter Francis Drake (s. S. 84) und Robert Surcouf (s. S. 154) – und galten auch im Ersten und Zweiten Weltkrieg als völkerrechtlich legitim.

Als der fremde Dampfer, die britische Horngarth, auf die Seeadler zufuhr, waren deren zwei Kanonen schussbereit; diese waren durch Verschläge getarnt, die aussahen wie Schweineställe – auf Segelschiffen durchaus übliche Aufbauten. Der Kapitän der Horngarth konnte nicht ahnen, dass er in eine Falle gelockt wurde. Kein anderes Segelschiff diente als Hilfskreuzer, im Ersten Weltkrieg so wenig wie im Zweiten. Zudem galten Segelschiffe im Zeichen von Dampfmaschine und Dieselmotor als zu verwundbar, zu langsam, zu schwach für eine Kaperfahrt. Als die Wände der Schweineställe fielen und die Kanoniere dem Dampfer einen Schuss vor den Bug setzten, gab der britische Kapitän den Befehl zu fliehen – die Seeteufel hatte nur zwei Kanonen und das Dampfschiff war wesentlich schneller. So hatte es gute Chancen zu entkommen. Da hörten die Engländer vom deutschen Piratenschiff den Befehl: »Macht die Torpedos klar!« Die Horngarth gab auf. Der Ärger des britischen Kapitäns war groß, als er später erfuhr, dass die Seeadler gar nicht über Torpedos verfügte. Die Horngarth wurde mit einer Sprengladung versenkt; die Beute bestand aus luxuriösen Clubsesseln, 500 Kisten Cognac, 2000 Kisten Champagner der Marke Veuve Cliquot und einem Steinway-Flügel.

An Bord des 6 Meter langen Boots Kronprinzessin Cecilie, mit dem Luckner und fünf Besatzungsmitglieder von den 2300 Seemeilen entfernten Fidschi-Inseln Hilfe für die Gestrandeten holen wollten, befanden sich unter anderem ein Maschinengewehr, zwei Gewehre, Handgranaten, Dosenfleisch, Speck, Wasser, das Buch *Die Reise nach Jerusalem* des niederdeutschen Dichters Fritz Reuter, vier Matratzen, sechs Kaffeepötte, 20 000 Mark und eine nicht näher bezifferte Zahl von, so Luckner, »Klosettpapierrollen«.

Er wurde sofort in das international besetzte Bordorchester der Seeadler integriert, das in den letzten Wochen aus Besatzungsmitgliedern versenkter Schiffen gebildet worden war. Noch am Abend des 14. März eröffnete das Orchester mit dem Lied »Blas, Südwind, blas«. Die Gefangenen durften sich wie immer, wenn kein »feindliches« Schiff in der Nähe war, frei an Deck bewegen, seit diesem Tag mit Champagnergläsern in der Hand. Luckner führte Krieg auf seine eigene Art, die mit der Wirklichkeit der Schützengräben von Verdun und Ypern nichts zu tun hatte – und auch nichts mit dem Hunger, der in Berlin herrschte. Der groteske Plan der deutschen Admiräle, ausgerechnet ein Segelschiff zum Hilfskreuzer zu machen, passte zu dem aberwitzigen Realitätsverlust jener Epoche.

Dennoch: Die Seeadler versenkte vierzehn »feindliche« Handelschiffe mit einem Gesamtwert von 25 Millionen Dollar. Ob man dies, angesichts der Kosten und Opfer dieses Krieges, als Erfolg ansehen kann, sei dahingestellt. Eine seemännische Leistung war es gewiss, und diese war der Verdienst ihres Kapitäns Felix Graf von Luckner – eine Erscheinung, die Erich Kästner erdacht und Hans Albers gespielt haben könnte. Selbst seine ehemaligen Feinde feierten den »Seeteufel« – wie Luckner in aller Welt genannt wurde – nach Ende des Krieges als einen Gentlemanpiraten, der, so betonte Luckner selbst, keinen Menschen getötet hatte. Das stimmte

■ Der Kapitän der Seeadler Felix Graf von Luckner, 1952

■ Szenenphoto aus dem deutschen Film *Graf Luckner* von 1967, mit Heinz Weiss in der Rolle des Felix Graf von Luckner

nicht ganz, ein Opfer hatte es auf der Fahrt der Seeadler doch gegeben. Die Amerikaner liebten den »Showman«, während seiner Tournee durch die USA ernannten ihn mehrere Städte zum Ehrenbürger; Industrielle wie Ford und Vanderbilt luden den Mann ein, der 1884 als Kind auf dem Schoß von Queen Victoria hatte sitzen dürfen und der mit zwölf Jahren von zu Hause weglief und Schiffsjunge wurde, weil er in der Schule sitzengeblieben war. Noch in den 1960er Jahren war der über 80-jährige Luckner ein ständiger Stargast deutscher Fernsehshows – eine seiner Glanznummern bestand darin, ein Telephonbuch zu zerreißen.

Nach knapp sieben Monaten und einer Kaperfahrt von rund 35 000 Seemeilen im Auftrag des deutschen Kaisers lag die Seeadler am 29. Juli 1917 vor der Pazifikinsel Henderson vor Anker – genau dort, wo die Rettungsboote der von »Moby Dick« versenkten Essex 1821 Zwischenstopp eingelegt hatten (s. S. 158). Am 3. August setzte die Flut extrem schnell und heftig ein, der Anker brach aus den Korallen, der Wachhabende Leutnant Kling machte einen Fehler bei der Bedienung der Schiffsmaschine, und die Seeadler lief auf das Riff des Atolls. Bis zu seinem Tode schützte Luckner seinen Offizier: ein Tsunami, eine Monsterwelle, so erzählte er, habe die Seeadler auf das Riff geschleudert. Am 23. August stach Luckner mit einem kleinen Beiboot der Seeadler zu einer Fahrt à la Captain Bligh (s. S. 132) in See, nach 22 Tagen und 2300 Seemeilen erreichte er die Fidschi-Inseln, wurde verhaftet und unternahm am 13. Dezember einen Fluchtversuch – natürlich auf einem Schiff. Der auf der Insel Henderson verbliebene Teil der Mannschaft erfreute sich am geretteten Steinway-Flügel, bis die britische Brigg Gleana A die auf dem Atoll Gestrandeten gefangen nahm. Als einzigen Verlust beklagte die Seeadler-Besatzung den Dackel Schnäuzchen. Er hatte einen Herzinfarkt erlitten, als ihn eine Riesenkrabbe angriff.

Eine der schönsten und prunkvollsten Segeljachten, die je gebaut wurde, tat im Zweiten Weltkrieg Dienst als amerikanischer U-Boot-Jäger: die Dreimastbark Sea Cloud. Die amerikanische Multimillionärin Marjorie Merriwether hatte sie 1931 bei der Krupp-Germania-Werft Kiel in Auftrag gegeben. Sie wurde originalgetreu restauriert. Eine achtwöchige Karibikreise in der Chippendale-Kabine mit massivgoldenen Wasserhähnen und Himmelbett kostet heute ab 3950 Euro.

# SEEADLER

## DATEN UND FAKTEN

**Baujahr**: 1888 in Glasgow
**Typ**: Vollschiff; Hilfskreuzer, getarnt als Holzfrachter
**Ladekapazität**: 1852 BRT
**Maße**: Länge: 84 m; Breite: 11,8 m; Tiefgang: 5,5 m
**Beseglung**: 3 Masten, max. Masthöhe 50 m, Segelfläche 2600 qm, max. Geschwindigkeit 14,8 kn
**Maschine**: Dieselmotor mit 1000 PS
**Besatzung**: 64 Mann, Platz für max. 400 Gefangene. Von Zeit zu Zeit wurden die Gefangenen auf gekaperten Schiffen abgesetzt, mit denen sie weiterfahren konnten.
**Bewaffnung**: Zwei 10,5-Zentimeter-Geschütze
**Besonderheiten**: Das Schiff verfügte aus Tarnungsgründen über eine perfekt Holländisch sprechende Stamm-Mannschaft und über diverse Geheimgänge zu den Unterdecks, mit Zugang z. B. durch einen Kleiderschrank.
**Zur Geschichte des Schiffs**: In Glasgow gebaut, hieß das Schiff beim Stapellauf Pass of Balmaha. 1916 wurde der Segler, der unter amerikanischer Flagge Baumwolle in den russischen Hafen Archangelsk bringen sollte, von einem britischen Kriegsschiff gestoppt und mit britischer Besatzung zur Kontrolle nach Kirkwall geschickt, unterwegs aber von einem deutschen U-Boot aufgebracht und von einer deutschen Mannschaft nach Cuxhaven gefahren. In Bremerhaven-Geestemünde auf der Tecklenborgschen Werft wurde das Schiff zum Hilfskreuzer umgebaut; Tarnnamen waren zunächst Maletta und Carmoe, auf Fahrt dann Irma. Im Dezember 1916 stach die Seeadler in See, segelte durch den Atlantik, um Kap Horn und in den Pazifik. Sie sank am 29. Juli 1917 vor der Insel Henderson. Auf ihrer einzigen Kaperfahrt versenkte die Seeadler Schiffe mit einer Gesamttonnage von 28 140 Bruttoregistertonnen.
**Verbleib**: Die Seeadler ist mit 100 kg Gold an Bord gesunken; das Wrack liegt ungehoben in der Taihaaru vahine-Spalte des Mopelia-Atolls.

## BIOGRAPHIE

**Felix Graf von Luckner** wird am 9. Juni 1881 als Sohn eines sächsischen Gutsbesitzers geboren. Einer seiner Vorfahren, Nikolaus von Luckner, war Marschall von Frankreich. Der Mann, dem Rouget de Lisle, der Komponist, die *Marseillaise*, das Lied der Französischen Revolution, persönlich gewidmet hatte, starb unter der Guillotine. Mit 12 Jahren wird Luckner Schiffsjunge, er arbeitet in Australien als Gehilfe der Heilsarmee und eines Fakirs, kurz auch als Känguru-Jäger. 1902 kehrt er ins Deutsche Reich zurück, wird Kapitän der Kaiserlichen Marine und kämpft 1916 in der Skagerrak-Schlacht. 1916/17 führt er die Seeadler. 1919 darf er kurz das Schulschiff Niobe übernehmen, der Kriegsmarine ist er jedoch zu populär und muss gehen. 1926 bis 1933 bereist er als gefeierter Autor und Vortragsredner in einem Wohnmobil die USA. 1938 überredet er die Nationalsozialisten, ihm ein Propaganda-Schiff zu geben. Damit startet er eine Tour nach Australien, treibt aber nicht die Propaganda, die man von ihm erwartet hat. Darum wird er in Deutschland 1939 vor ein Marinegericht gestellt und auf das Gut seiner Familie verbannt. 1953 erhält er das Bundesverdienstkreuz. Immer wieder überrascht er mit Seemannsgarn – er erzählte etwa, er sei für den Friedensnobelpreis nominiert. Luckner stirbt am 13. April 1966 in Malmö.

## EMPFEHLUNGEN

**Lesenswert:**
Felix Graf von Luckner: *Seeteufel*, Hamburg 2001

Norbert von Frankenstein: »*Seeteufel*« *Felix Graf Luckner*, Hamburg 1997

Saint-Loup: *Hitlers Geisterschiffe*, München 2003

**Sehenswert:**
*Graf Lückner*. Regie: Jürgen Stumpfhaus. BRD 1967

**Besuchenswert:**
Von Luckners Grab auf dem Ohlsdorfer Friedhof, Hamburg

**Erlebenswert:**
Fahrt mit der Sea Cloud II

## AUF DEN PUNKT GEBRACHT

Die Seeadler war ein Anachronismus, eine Art Fliegender Holländer aus der Zeit der Segelschiffe – ein Gentlemanpirat, der sich in den Ersten Weltkrieg verirrt hatte: Kapitän Graf Luckner machte das Schiff zu einem deutschen Mythos.

# Arizona

## *Untergang in Pearl Harbor*

»Wir haben einen schlafenden Riesen geweckt und ihn zu einem schrecklichen Entschluss angestachelt.«

Der japanische Admiral Yamamoto nach dem Angriff auf Pearl Harbor

Makellos blau der Himmel über Hawaii, ein wundervoller Sonntagmorgen. Um 7.55 Uhr waren an diesem 7. Dezember 1941 1358 Besatzungsmitglieder in weißen und khakifarbenen Uniformen auf dem Deck der USS Arizona zum Fahnenappell angetreten. Die Bordkapelle setzte ein. Langsam stieg die Fahne am Mast empor, da, plötzlich, tauchten japanische Bomber über Pearl Harbor auf und griffen das Schiff an. Die USS Arizona, die »alte Lady«, die während ihrer 27 Dienstjahre nur Übungsschüsse abgegeben hatte, sank von acht Bomben getroffen und riss 1177 Menschen mit in den Tod, mehr als bei jeder anderen Schiffskatastrophe in der Geschichte der USA. Mit dem Untergang dieses Schlachtschiffs ging eine Epoche zu Ende.

Um 1900 glaubte man unbeirrt an die Beherrschbarkeit der Technik und strebte auch auf See nach Superlativen. 1914, nur zwei Jahre nach dem Untergang der Titanic (s. S. 208), wurde der Bau der USS Arizona begonnen, damals eines der mächtigsten Schlachtschiffe der Welt mit zwölf gigantischen Geschützen, die mülltonnengroße Granaten 34 Kilometer weit schießen konnten; ein Ungetüm aus Stahl, eine schwimmende Stadt, wie für Fritz Langs Film *Metropolis* entworfen. Die für die USS Arizona so charakteristischen hohen Gittertürme, die sich wie von Jules Verne erdachte Sendemasten in den Himmel reckten, passten perfekt zur Skyline der New Yorker Wolkenkratzer. Dort, vor den mächtigen Pfeilern der East-River-Bridge, lag die USS Arizona 1916 vor Anker.

1941 war es mit dem Nimbus der unschlagbaren Schlachtschiffe endgültig vorbei. Flugzeuge waren zum Schrecken der stählernen Dinosaurier geworden. Die Bismarck, der Stolz der Reichsmarine in NS-Zeiten, wurde am 27. Mai 1941 versenkt, nachdem eine zerbrechliche Swordfish, ein Doppeldecker mit Flügeln aus Segeltuch, das Schiff manövrier-

■ Bei dem verheerenden Luftangriff auf Pearl Harbor am 7. Dezember 1941 versenkten japanische Flugzeuge auch die Arizona. Verleihplakat des Films *Pearl Harbor* aus dem Jahr 2001

unfähig torpediert hatte. Ein halbes Jahr später folgten in Pearl Harbor die USS Arizona zusammen mit sechs anderen Schlachtschiffen, ein weiteres wurde im Trockendock zerstört. Drei Tage nach dem Angriff auf Pearl Harbor versenkten japanische Flugzeuge in Südostasien auch zwei britische Superschlachtschiffe, HMS Repulse und HMS Prince of Wales.

■ Die USS Arizona in den 1930er Jahren

Flugzeugträger entschieden fortan die Schlachten. Schon im Ersten Weltkrieg hatten die Regierungen ihre teuren Schlachtschiffe nach Möglichkeit geschont. Es kam nur zu wenigen Einsätzen, der bekannteste fand 1916 statt: In der Schlacht im Skagerrak bestätigten sich Briten und Deutsche eine Pattsituation und vermieden eine Vernichtungsschlacht, denn die Hauptaufgabe der Schlachtschiffe waren Abschreckung und Machtdemonstration.

Begonnen hatte die im Grunde erfolglose Ära der Schlachtschiffe am 10. Februar 1906 im englischen Portsmouth. Der Stapellauf von HMS Dreadnought, des ersten modernen Superkriegsschiffes, löste international einen gigantischen Rüstungswettlauf aus, der Unsummen verschlang. Der deutsche Kaiser Wilhelm II. ließ eigens eine Sektsteuer – offiziell Flottensteuer genannt – erfinden, um seine neue Kriegsflotte zu finanzieren. Der Kaiser musste gehen, die Steuer blieb – noch 2000 bezahlt jeder Deutsche pro Flasche 1,02 Euro »Flottensteuer«.

1906 lief HMS Dreadnought (zu deutsch: Fürchtedichnicht) vom Stapel, das erste moderne Schlachtschiff der Welt. Mantel-Panzerung, stromlinienförmiger Birnenbug und zehn schwere 30,5-cm-Geschütze sollten das Schiff unschlagbar machen. Alle Großmächte bauten daraufhin Dreadnoughts: Der Name war zum Synonym für militärisch-technischen Fortschritt geworden.

Als die USS Arizona am 19. Juni 1916 vom Stapel lief, wurde sie nicht mit Sekt, sondern mit Wasser aus dem

■ Das Wrack des völlig zerstörten amerikanischen Schlachtschiffs Arizona, in dem 1177 Menschen den Tod fanden

gerade in Arizona fertiggestellten Roosevelt-Staudamm getauft. Die Werftarbeiter prophezeiten Unglück. Zunächst aber schien die USS Arizona ein »lucky ship« zu sein. Während des Ersten Weltkriegs gab sie keinen Schuss ab, und berühmt wurde sie durch eine Friedensmission, als sie im Dezember 1918 Präsident Woodrow Wilson auf seinem Weg zur Friedenskonferenz von Versailles geleitete. Anschließend wurde die USS Arizona ins Mittelmeer geschickt, um amerikanische Interessen zu demonstrieren, wie bereits 1803 bis 1806 die Superfregatte USS Constitution (s. S. 136). Der letzte Auftritt eines US-Schlachtschiffes dort fand 1983/84 statt; wie ein Augenzeuge berichtet, blieben die Badegäste am Strand von Beirut, über die hinweg die USS New Jersey libanesische Armeestellungen beschoss, angesichts der artilleristischen Präzision entspannt auf ihren Liegestühlen. Den vermutlich historisch letzten Einsatz eines Schlachtschiff fuhr die USS Missouri 1991 im Golfkrieg; 1992 wurde das letzte Prestigefossil der US Navy – auf dem am 2. September 1945 die japanische Kapitulation unterzeichnet worden war – außer Dienst gestellt. Seit 1999 liegt sie als Museum in Pearl Harbor neben dem Wrack der Arizona.

Zweiundzwanzig Dienstjahre ohne einen einzigen kriegerischen Schuss: Das Gleichmaß dieser Jahre wurde nur 1934 unterbrochen. An Bord der USS Arizona wurde die Hollywood-Komödie *Here Comes the Navy* gedreht. Über dem Wrack der als Totalverlust aus dem Register der US-Navy gelöschten Arizona wurde 1950 eine Gedenkstätte für die Opfer des Krieges eingerichtet. Am Fundsraising beteiligte sich Elvis Presley mit einem Konzert: In einer blauen Pazifiknacht in Pearl Harbor begann er mit dem Lied »Love me tender«. 1962 konnte das Arizona Memorial eingeweiht werden. Millionen von Hawaii-Besuchern haben seither auf dem schwimmenden Ehrenmal gestanden, unter dem das Wrack der USS Arizona liegt – in seinem Rumpf eingeschlossen die sterblichen Überreste von mehr als tausend Marinesoldaten. Bis heute tritt Öl in schillernden Regenbogenfarben aus dem Schiff aus. »Das Schiff blutet noch«, sagen die Seeleute.

Eine Woche nachdem die Arizona gesunken war, stellte Japan die Yamato, das größte je gebaute Schlachtschiff der Welt, in Dienst. Mit 71 659 Tonnen Wasserverdrängung mehr als doppelt so groß wie die Arizona verfügte die 283 Meter lange Yamato über neun 46-cm-Geschütze. 21 266 Tonnen Stahl panzerten die Yamato bis zu 80 Zentimeter dick. Sie wurde am 7. April 1945 von amerikanischen Flugzeugen versenkt: Mehr als 2000 Mann kamen dabei ums Leben.

# ARIZONA

## DATEN UND FAKTEN

**Baujahr**: Kiellegung 16. März 1914 auf der New York Navy Yard-Werft; Stapellauf 19. Juni 1916; in Dienst gestellt 17. Oktober 1916; Baunummer BB 39 (die US-Schlachtschiffe waren durchnummeriert)
**Typ**: Schlachtschiff, Pennsylvania-Klasse
**Maße**: Länge: 185,3 m; Breite: 1916: 29,6 m, 1941: 32,3 m; Tiefgang: 8,84 m
**Wasserverdrängung**: 1916: max. 32 567 t; 1941: max. 37 654 t
**Antrieb**: 4 Schiffsschrauben, getrieben von 4 Parson-Doppelturbinen; 12 ölgefeuerte Babcock & Wilcox-Kessel; Bunkervorrat 2332 t; Leistung: 33 375 PS; max. Geschwindigkeit: 21 kn; 1929 wurden 6 Bureau Express-Kessel eingebaut, der Ölbunker auf 4630 t erhöht
**Besatzung**: 1358 Mann; 1941: 1731 Mann: 92 Offiziere und Unteroffiziere, 1639 Mannschaften; am 7. Dezember 1512 Mann
**Bewaffnung**: Geschütze: 12 × 35,56 cm in 4 Drillingstürmen; 22 × 12,7 cm; 4 × 7,62 cm, 2 Torpedos 53,3 cm; Panzerung: Stahl, bis 46 cm
**Besonderheiten**: Das Schiff wurde 1929 bis 1931 umgebaut, verbreitert und erhielt statt seiner typischen Gittermasten Dreibeinmasten.
**Geschichte und Verbleib:** Am 16. November 1916 lief die USS (United States Ship) Arizona zu Trainingsfahrten aus, kehrte am 24. Dezember nach New York zurück, wo sie noch einmal überholt wurde. Weil der Nachschub des Brennstoffs Öl nicht sicher war, wurde sie nicht vor Europa eingesetzt, sondern fuhr Patrouille vor der amerikanischen Ostküste. 1929 bis 31 wurde sie umgebaut und war anschließend bis zu ihrem Untergang in der Karibik und im Pazifik stationiert. Das Wrack liegt ungehoben unter dem Arizona Memorial in Pearl Harbor.
**Neuerungen**:
- Typus des modernen Schlachtschiffs
- Schiffsturbinen
- Öl als Brennstoff
- Unterwasserbug in Birnenform

## WISSENSWERTES

**Schlachtschiffe:** Boom des Schlachtschiffbaus 1906 bis 1918: Nach dem Stapellauf der britischen HMS Dreadnought 1906 setzte ein weltweiter Rüstungswettlauf ein. Italien baute zwei Schlachtschiffe, Österreich-Ungarn und Japan drei, Russland vier. Brasilien bestellte in England zwei Schiffe für zusammen 3,64 Millionen Pfund, woraufhin Argentinien in den USA ebenfalls zwei für 21,3 Millionen Dollar orderte. Brasilien konterte mit dem Auftrag für ein drittes Schlachtschiff, das die Staatskasse endgültig ruinierte und nicht mehr bezahlt werden konnte. Deutschland verfügte 1914 über 33 Schlachtschiffe, Großbritannien über 57. Die USA besaßen 1917 vierzehn Schlachtschiffe.

## EMPFEHLUNGEN

**Lesenswert:**
Dan van der Vat: *Pearl Harbor*, München 2001

Paul Stilwell: *Battleship Arizona*, Annapolis 1991

David Howart: *Die Schlachtschiffe*, Amsterdam 1980

Cecil S. Forester: *Die letzte Fahrt der Bismarck*, Hamburg 1959

**Sehenswert:**
*Here Comes the Navy*. Regie: Lloyd Bacon; mit James Cagney. USA 1934

*Pearl Harbor*. Regie: Michael Bay. USA 2001

*Tora! Tora! Tora!* Regie: Richard Fleischer. USA 1970

**Besuchenswert:**
Das USS Arizona Memorial und das Schlachtschiff USS Missouri, in Pearl Harbor, Hawaii

Weitere Schlachtschiffe:
Die USS Texas aus dem Jahr 1914; die USS Massachusetts; die USS Alabama

Das Wissenschaftliche Institut für Schiffahrt und Marinegeschichte in Hamburg

**Anklickenswert:**
www.nps.gov/usar/

## AUF DEN PUNKT GEBRACHT

Die USS Arizona war einer jener nutzlosen Dinosaurier, die martialisch Schlachtschiffe genannt wurden. Das Schiff, das nie einen Schuss im Krieg abgab, ist heute Massengrab und Mahnmal. Der Untergang der USS Arizona weckte den schlafenden Riesen USA.

# U 96
## *Schwimmender Sarg*

»Zu leben verstehen wir Deutsche vielleicht schlecht, aber sterben können wir fabelhaft.«
Ein U-Boot-Kommandant des Ersten Weltkrieges

»Alarm!« Februar 1943, der Ausguck von U 96 sprang ins Turmluk, aus den Augenwinkeln erkannte er noch das Emblem am Bug des angreifenden Lancaster-Bombers der Royal Airforce – Micky Mouse mit Kapitänsmütze. Den Turm von U 96 zierte ein schnaubender Stier. Auf dem Atlantik tobte ein Krieg der Welten, westliches High-Tech gegen den deutschen Glauben an ein höheres Wesen. Nur auf seinen Glauben vertrauend, hatte 1588 auch Spaniens König Philipp II. seine Armada gegen England geschickt. Erst von 1943 an ließ sich die deutsche Marineführung von Wissenschaftlern beraten. Doch da waren Briten und Amerikaner längst in der Lage, U-Boote mit Radar bei Tag und Nacht aufzuspüren und zu vernichten. Schon im Frühjahr 1940 hatte der britische Mathematiker Alan Turing mit seinem selbstentwickelten Computer Ultra den Funkcode der Deutschen entschlüsselt. Deren U-Boote schlichen wie Blinde über die Meere. Von 1943 an konnten sich die U-Boot-Fahrer oft nicht einmal mehr zur Wehr setzen, sie liefen aus und wurden versenkt, ohne einen Torpedo abgeschossen zu haben. Auf diese Weise gingen über dreihundert Boote verloren. Die Lebenserwartung eines U-Boot-Fahrers lag bei durchschnittlich 62 Tagen auf See.

U 96 hingegen war ein »lucky ship«. Nach elf Feindfahrten wurde es am 31. März 1943 aus dem Frontdienst genommen – einen Monat vor jenem atlantischen Stalingrad im Mai 1943, als 42

■ U-Boot in stürmischer See. Szenenphoto aus dem deutschen Film *Das Boot* von 1981. Der Film basiert auf der Romanvorlage des Kriegsberichterstatters Lothar-Günther Buchheim, der an Bord von U 96 mitfuhr.

deutsche U-Boote der so genannten Wolfsrudel auf einen Schlag versenkt wurden. U 96 hatte noch die »sonnigen« Jahre 1941/42 erlebt, ihre Schwesterschiffe konnten die Karibik bewundern und die Lichter New Yorks. In dieser Zeit versenkte U 96 im Atlantik 29 Frachter mit 199 182 Bruttoregistertonnen. 1171 deutsche U-Boote wurden im Zweiten Weltkrieg versenkt, nur zehn davon waren erfolgreicher als U 96. Mindestens 200 zivile Seeleute fielen den Torpedos von U 96 zum Opfer.

■ Nachdem das U-Boot von einer Wasserbombe getroffen worden ist, beginnt ein dramatischer Kampf ums Überleben. Szenenphoto mit Erwin Leder in dem Film *Das Boot*

U 96 war eines von 658 Booten des Typs VII C, dem Standard-U-Boot der deutschen Marine. Von außen waren dies durchaus elegante Schiffe, ihre Technik jedoch entsprach im Wesentlichen noch dem Stand des Ersten Weltkrieges. Die Torpedos, ihre Hauptwaffe, versagten oft kläglich. Dass die deutsche U-Boot-Waffe, wie der britische Historiker Lowell Thomas behauptet, nahe daran gewesen sei, »den Lebenskampf der Völker zu entscheiden«, stimmt so nicht. Aber sie hätte ihn möglicherweise entscheiden können, wären Planung, Beschaffung und Strategie der deutschen Führungseliten nicht von Bürokratie, Korruption und maßloser Selbstüberschätzung geprägt gewesen.

Zu Kriegsbeginn 1939 verfügte Großbritannien über achtzehn Millionen Bruttoregistertonnen Schiffsraum und konnte eine Million jährlich neu bauen. 1941 sanken die britischen Importe um 56 Prozent. 1942 versenkten 300 U-Boote 5,8 Millionen BRT alliierten Schiffsraum. 1943 dann bauten die Alliierten bereits 14,8 Millionen Frachtraum – zur Montage eines amerikanischen Liberty-Standardfrachters brauchte man am Fließband 80 Stunden. Mit 57 U-Booten begann Deutschland den Krieg: Hitler und seine Admiräle setzten auf so monströse wie nutzlose Schlachtschiffe. Hätten die Werftkapazitäten vorrangig der U-Boot-Produktion gedient, hätte das Deutsche Reich Großbritannien möglicherweise von der Versorgung abschneiden können. Immerhin konnten die Deutschen 1944, nachdem Rüstungsminister Speer die Kriegsproduktion professionalisiert hatte, monatlich noch

Nur ein Schwesterschiff von U 96 hat den Krieg überlebt: U 995 kann in Laboe bei Kiel besichtigt werden. Eine Woche nach Kriegsende exekutierten drei Offiziere von U 995 ihren Kameraden, den österreichischen Maschinenmaat Karl Brachmann, weil der sich zu seiner norwegischen Freundin absetzen wollte.

■ Eine Einheit der britischen Royal Navy jagt deutsche U-Boote im Südatlantik: Detonation einer Wasserbombe, 1941

144 Boote bauen. Die technisch revolutionären XXI-Boote, die erst gegen Ende des Krieges fertiggestellt wurden, waren ihrer Zeit um zwanzig Jahre voraus.

Den kritischen Film *Das Boot* – nach den Erinnerungen des U 96-Kriegsberichterstatters Lothar-Günther Buchheim gedreht – kommentierten überlebende U-Boot-Kommandanten als ehrverletzende »Hetzjagd«. So sei das nie gewesen. Sie hatten Recht – die Wirklichkeit war schrecklicher als der Film. Die Männer lebten in ihren U-Booten über Monate wie Roboter in schwankenden Bergwerken unter Wasser. 1944 fuhr U 978 endlose 73 Tage mit Schnorchel, ohne einmal aufzutauchen; die meisten U-Boot-Fahrer sahen nach Kriegsende zum ersten Mal ein feindliches Schiff. Von 1171 Front-U-Booten überlebten 378.

Als der Ausguck von U 96 nach dem Angriff des Micky-Mouse-Bombers das Turmluk geschlossen hatte, tauchte er wieder hinab in den Alltag des Schiffes. Nackte Glühbirnen machten die Nacht zum Tag, es stank, waschen war Tabu, der schwüle Duft von »Kolibri«, dem Eau-de-Toilette der U-Boote, mischte sich mit dem Geruch des Dieselöls; manchmal dudelte Musik. Die Koje, eine für zwei, war bei Wachwechsel noch warm. Für fünfzig Mann gab es eine Toilette, in der anderen lagerten Lebensmittel, zentimeterdick von Schimmel überzogen. So etwas ist nur zu ertragen, wenn man eisern Kameradschaft hält. Dazu der britische Admiral Peter Gretton: »Es hat in der Welt wohl kaum eine andere Truppe gegeben, die von 39 000 Mann 32 000 verlor und die dennoch in den Zeiten der fürchterlichsten Niederlage ihren Zusammenhalt und ihre Disziplin bewahrte.«

Auf alliierter Seite starben 20 000 Seeleute. Nach der Kapitulation der deutschen Streitkräfte im Mai 1945 befahlen die Alliierten, dass die deutschen U-Boote zum Zeichen der Aufgabe statt einer weißen eine schwarze Fahne zu hissen hätten – wie Piratenschiffe. Ein einmaliger Vorgang in der Seekriegsgeschichte. Da war U 96 war bereits gesunken, am 30. März 1945 bei einem amerikanischen Bombenangriff in Wilhelmshaven.

1940 hatte der britische Geheimdienst den deutschen Funk-Code geknackt, am 9. Mai 1941 fiel ihm dann eine der legendären Enigma-Verschlüsselungsmaschinen in die Hände – mit allen Unterlagen. Ein Kommando von HMS Bulldog hatte U 110 geentert, bevor es die Mannschaft versenken konnte. Bis Kriegsende änderte die deutsche Admiralität die Verschlüsselung nicht: Ein deutsches Schiff in Feindeshand – einfach unvorstellbar!

# U 96

## DATEN UND FAKTEN

**Baujahr**: Kiellegung am 16. September 1939; Stapellauf 1. August 1940, auf der Krupp-Germania-Werft in Kiel; in Dienst gestellt 14. September 1940; Baukosten 10 Mio. Reichsmark
**Typ**: VII C, Doppelhüllenboot, das Standard-U-Boot der Reichsmarine. Von den 1171 gebauten Booten gehörten 658 zur Klasse VII C; die Vorgänger-Typen A und B waren Einhüllenboote. Die Hülle war aus max. 2,2 cm starkem Walzstahl.
**Maße**: Länge: 67,1 m lang; Breite: 6,2 m; Tiefgang: 4,8 m
**Wasserverdrängung**: 769 t über Wasser, 871 t getaucht
**Antrieb**: Zwei Sechszylinder-Viertakt-MAN-Diesel, je 1400 (1600) PS, übersetzungslos auf die Antriebswellen gekoppelt. 2 Elektro-Motoren, je 375 PS. 2 Schrauben. Geschwindigkeit: über Wasser max. 17,3 kn; Reichweite mit einem Dieselvorrat von 114–180 t max. 7800 sm; unter Wasser: max. 7,6 kn, Reichweite max. 80 sm. Bei Schleichfahrt hielten die Batterien max. 3 Tage, bei Äußerster Kraft eine Stunde.
**Tauchzeit**: bei Äußerster Kraft bestenfalls 20 Sekunden, sonst 50 Sekunden; max. Tauchtiefe 250 m und mehr
**Besatzung**: Stammbesatzung 50 Mann: 4 Offiziere, 15 Unteroffiziere, 31 Mannschaften. Oft zusätzlich 2 Fähnriche, 1 Ingenieurschüler, 1 Kommandantenschüler oder Kriegsberichterstatter; ab Herbst 1943 noch 3 Flakkanoniere. Der Jüngste an Bord von U 96 war 16 Jahre alt.
**Bewaffnung**: 4 Bugtorpedorohre, ein Hecktorpedorohr, 14 Torpedos oder 22–39 Minen. Bei Kriegsausbruch G7A-Torpedos mit Pressluftantrieb, später G7E mit Elektroantrieb, Durchmesser 53 cm, Stückpreis 6000 Reichsmark, beide Typen mit 350 kg Trinitrotoluol-Sprengstoff. Bis Ende 1943 ein 8,8 cm-Bordgeschütz (120 Schuss) und eine 3,7 cm-Flak (4380 Schuss); ab Herbst 1943 wird das 8,8 cm-Geschütz ersetzt durch zusätzliche Flak: eine 3,7 cm-Einzel- bzw. eine 2 cm-Vierling- und zwei 2 cm-Zwillingskanonen.
**Geschichte**: U 96 unternahm elf Frontfahrten, zwischen September 1940 und März 1942 acht unter Kapitänleutnant Heinrich Lehmann-Willenbrock, Spitzname »der Recke« (er wurde nach dem Krieg Kapitän des deutschen Nuklearforschungsschiffes NS Otto Hahn); und zwischen April 1942 und März 1943 drei unter Oberleutnant Hans-Jürgen Hellriegel. U 96 gehörte zur 7. Unterseebootflottille, die im Juni 1941 von Kiel ins französische St. Nazaire verlegt wurde. Ab 1. April 1943 diente U 96 als Trainingsboot, ab 1. Juli 1944 als Schulboot in Wilhelmshaven. Je nachdem, wie viele der von U 96 beschädigten Schiffe als versenkt betrachtet werden, belegt U 96 Platz 11 oder Platz 9 auf der Liste der »erfolgreichsten« deutschen U-Boote des Zweiten Weltkriegs.

## AUF DEN PUNKT GEBRACHT

Kein Schiffstyp der Welt ist in ähnlich hoher Stückzahl gebaut worden. Kein anderer Schiffstyp erfährt bis heute soviel Aufmerksamkeit in der Bundesrepublik. U 96 ist hoffentlich keine Metapher für die Identität einer Nation.

## EMPFEHLUNGEN

**Lesenswert:**

Lothar-Günther Buchheim: *Das Boot*, München 2001

Ders.: *Zu Tode gesiegt. Der Untergang der U-Boote*, München 2001

Georg Ernst: *Bis zur letzten Stunde*, München 2003

Peter Huchthausen, Igor Kurdin, R. Alan White: *In feindlichen Gewässern. Das Ende von K 219*, Hamburg 2000

Sherry Sonntag, Christopher Drew: *Jagd unter Wasser. Die wahre Geschichte der U-Boot-Spionage*, München 2000

Bettina Sengling, Johannes Voswinkel: *Die Kursk*, Stuttgart–München 2001

**Sehenswert:**

*Das Boot*. Regie: Wolfgang Petersen. BRD 1981

**Besuchenswert:**

U 995, Bootstyp VII C, Marineehrenmal Laboe, Möltenort, Kieler Bucht

U 2540, Bootstyp XXI, Alter Hafen, Bremerhaven

U 505, Bootstyp IX C, Wissenschaftsmuseum, Chicago

U 96, Bootstyp VII C, die Filmkulisse, Bavaria Filmstudios, München

U Biber, Deutsches Technikmuseum, Berlin

**Anklickenswert:**

www.u-boot.net/boats/u96

# Wilhelm Gustloff

## *Auf einem Traumschiff ins Inferno*

»Wenn vor Capri die rote Sonne im Meer versinkt ...« Das Orchester spielt, eine weiche Sommerbrise weht über den Golf von Neapel, Lampions spenden lauschiges Licht, Paare drehen sich auf dem Sonnendeck.

Ein Jahr zuvor, im Mai 1937, war die Wilhelm Gustloff in Hamburg vom Stapel gelaufen, das Traumschiff Nazi-Deutschlands. Die Passagiere – viele waren lebenshungrige Singles, die meisten einfache Arbeiter und Angestellte – genossen den Urlaub an Bord, alkoholische Getränke gab es billig zu kaufen. »Kraft durch Freude«: so das offizielle Ertüchtigungs- und Propagandaprogramm. Man war wieder wer, konnte sich was leisten. Deutschland, eine Diktatur?

Dreizehn Schiffe fuhren für die KdF-Traumfabrik, elf davon gechartert wie die Cap Arcona, ein echter Luxusliner der Hamburg-Südamerika-Linie. Zwei aber waren eigens gebaut worden: die Robert Ley und die Wilhelm Gustloff. Mit den eleganten Luxuslinern der Franzosen und Briten, der Normandie und der Queen Mary, waren sie nicht zu vergleichen, diesen schwimmenden Hollywood-Inszenierungen, die in den 1930er Jahren die große Blütezeit des Reisens auf See symbolisierten. Die Gustloff mochte im Vergleich mit der elegant schnittigen Silhouette eines echten Lu-

■ Die Wilhelm Gustloff

xusliners bauchig und langsam, eher wie ein Volkswagen wirken (auch der ein KdF-Produkt), doch sie war ein hübsches Schiff, mit ihrem sandbeigen Rumpf das Inbild eines friedlichen Kreuzfahrtschiffes. Und anders als auf jenen Luxusschiffen reisten alle erster Klasse: Es gab ausschließlich Außenkabinen. (Auch eine »Führer-Suite«, die jedoch blieb leer, Hitler neigte zur Seekrankheit.)

■ Stapellauf des KdF-Schiffes Wilhelm Gustloff in Hamburg am 5. Mai 1937: Schiffstaufe durch die Witwe Wilhelm Gustloffs in Anwesenheit von Adolf Hitler, Reichsorganisationsleiter Robert Ley, Werft-Betriebsführer Blohm und Großadmiral Erich Raeder

Die erste Fahrt des Jahres 1938 führte die Themse hinauf – eine Propagandatour, um Demokratie zu demonstrieren. In einem an Bord installierten Wahllokal durften 2000 Londoner mit deutschem oder österreichischem Pass über den »Anschluss« Österreichs an das Deutsche Reich abstimmen. Vier stimmten mit »Nein«. Im gleichen Jahr wurde in der polnischen Hafenstadt Gdingen, von der aus die Wilhelm Gustloff ihre letzte Schicksalsfahrt antreten sollte, ein Kind namens Winfried Harthun geboren. Aber noch herrschte Frieden. In Genua, im faschistischen Bruderland stationiert, unternahm die Wilhelm Gustloff zehn sechstägige Italienfahrten. Auch Professor Porsche – Konstrukteur des Volkswagens – war unter den Gästen.

Die ersten 1000 Passagiere des Jahres 1939 trugen ausschließlich Uniformen. Zusammen mit sechs anderen Schiffen der KdF-Flotte holte die Gustloff die Soldaten der Legion Condor, die dem spanischen Diktator zur Macht verholfen hatten, zurück ins Reich: »Bombenstimmung an Bord«, so ein Augenzeuge. Der Sommer des Jahres 1939 war märchenhaft warm und sonnig. Sechs Norwegen-Kreuzfahrten unternahm die Wilhelm Gustloff, fünf Tage zum Einheitspreis von 45 Reichsmark. Am schönsten soll die Mitternachtssonne im Juli im Sognefjord gewesen sein. Die letzte Reise im August führte nach Stockholm zu einem Turnfest: an Bord Mädchen der NS-Organisation Glaube und Schönheit, die Nationalmannschaft der Reckturner und treue Hitlerjungen, die in der bordeigenen Jugendherberge wohnten.

Die nächste Reise fiel aus: Am 1. September ließ Hitler Polen angreifen. Genau dort, wo die ersten Schüsse gefallen waren – an der

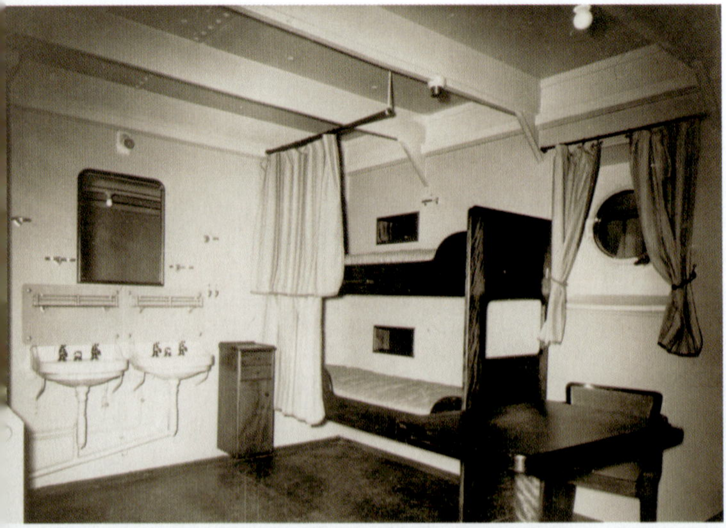

Westerplatte in der Danziger Bucht –, machte die Wilhelm Gustloff am 27. September 1939 fest, umgebaut zum Lazarettschiff. Bei ihrer nächsten Fahrt stammten die Verwundeten aus Norwegen. Im November 1940 und für die nächsten vier Jahre wurde das Schiff vor den Toren Danzigs in Gdingen, das nun Gotenhafen hieß, am Kai des Hafenbeckens IX auf der Oxhöfter Seite vertäut: als schwimmende Kaserne. Vier Kompanien der 2. Unterseeboot-Lehrdivision wohnten an Bord und lernten, wie man Schiffe torpediert und versenkt.

■ Schlicht, aber mit allem Notwendigen ausgestattet: Außenkabine für zwei Personen auf der Wilhelm Gustloff

Vier Jahre später lag Europa in Schutt und Asche. Die Rote Armee hatte Ostpreußen eingeschlossen. Millionen deutscher Flüchtlinge und Soldaten warteten darauf, über die Ostsee nach Westen gebracht zu werden; die Rettungsaktion trug den Namen »Operation Hannibal«. 2,5 Millionen Menschen mussten aus dem Kriegsgebiet evakuiert werden. So wurde auch die Wilhelm Gustloff wieder seeklar gemacht.

»In allen Sälen hingen Bilder des Führers, der über uns weg ernst, aber entschlossen in die Zukunft sah«.
aus Günter Grass, *Im Krebsgang*

Am 30. Januar 1945 war es so weit. Hagel, Außentemperatur minus 18 Grad, die Kajüten schwülfeucht und überheizt. Möglicherweise waren es 8000 Menschen – viermal so viel wie auf der Titanic –, darunter Tausende von Kindern, die sich auf dem Schiff zusammendrängten und auf dem Tanzparkett unter Kristalllüstern, im Frontkino, oder im trocken gelegten Schwimmbecken lagerten. Aus den Lautsprechern dudelten Schlager wie »… das Karussell, das dreht sich immer rundherum«, der Hit des Jahres 1944 von Evelyn Künneke. Eine Entbindungsstation wurde eingerichtet, drei Babys kam noch im Hafen zur Welt. Doch sind auch 918 Elitesoldaten an Bord, U-Boot-Männer, bereit, nach der Fahrt wieder Schiffe zu versenken. Um 13 Uhr werden die Anker gelichtet. An Bord befinden sich vier Kapitäne. Wilhelm Zahn, der militärische Kommandant, möchte sich angesichts der Gefahr durch russische U-Boote an der Küste entlangschleichen; Kapitän Petersen aber, ein Zivilist, entscheidet sich für den »Zwangsweg 58«, der durch Tiefwasser führt. Die Gustloff stampft mit etwa zwölf

Die drei nach Zahl der Opfer größten Katastrophen in der Seefahrtsgeschichte waren menschengemacht: Ende des Zweiten Weltkriegs sanken in der Ostsee die Wilhelm Gustloff, am 16. April 1945 die Goya mit 7000 bis 8000 Menschen an Bord, und am 3. Mai wurde die Cap Arcona mit 4000 KZ-Häftlingen von britischen Bombern versenkt. Winfried Harthun, Überlebender der Wilhelm Gustloff: »Es war kein Kriegsverbrechen. Wir sind anfangs abgedunkelt gefahren, hatten Geschütze an Bord, und es waren Soldaten auf dem Schiff.«

Knoten durch die Wellen. Viele der Flüchtlinge werden seekrank, der säuerliche Geruch von Erbrochenem hängt in den Räumen. Es wird Abend. Dann knistern die Radios, aus den Volksempfängern krächzt die Stimme Hitlers: »Heute vor 12 Jahren, am 30. Januar 1933, hat mir die Vorsehung das Schicksal des deutschen Volkes in die Hand gelegt.« Ausgerechnet an diesem Tag wäre auch der Namensgeber der Wilhelm Gustloff 50 Jahre alt geworden.

»Als wir erfuhren, dass so viele Menschen ertrunken waren, hatten wir großes Mitleid. Wenn wir uns geweigert hätten zu schießen, wären wir an die Wand gestellt worden.«
Alexej Astachow von dem U-Boot S 13

Korvettenkapitän Zahn schlägt wegen der U-Boot-Gefahr einen Zickzackkurs vor, Petersen lehnt ab. Ein Funkspruch trifft ein: Schiffe liegen auf Gegenkurs. Petersen lässt die Positionslichter setzen, meilenweit sichtbar wie in Friedenszeiten. Um 21.15 Uhr löst das russische U-Boot S13 aus 700 Metern Entfernung vier Torpedos. Sie tragen die Aufschriften »Für das Mutterland«, »Für Stalin«, »Für das sowjetische Volk«, »Für Stalingrad«. Rohr 2, »Für Stalin«, klemmt. Drei Treffer. Der erste am Bug. Die sich hydraulisch schließenden Schotten werden für die Seeleute zur Falle, die die Rettungsboote bedienen könnten. Der Torpedo »Für das sowjetische Volk« schlägt unter dem E-Deck im Bereich des Schwimmbads ein. Die dort untergebrachten Marinehelferinnen werden durch die Splitter der Bassinkacheln zerfetzt. Torpedo Nummer 3 trifft den Maschinenraum.

Die Schiffspapiere werden vorschriftsmäßig vernichtet, und die Kapitäne trinken einen letzten Cognac. Um die Panik an Deck zu kanalisieren, werden tausend Menschen in den 106 Meter langen Wintergarten, das

■ Deutsche Flüchtlinge in Ostpreußen auf dem Weg zur Wilhelm Gustloff. Szenenphoto aus dem deutschen Film *Nacht fiel über Gotenhafen* von 1959/60

■ Beim Torpedoangriff auf die Wilhelm Gustloff wird auch der Bereich des Schwimmbeckens getroffen. Kurz darauf sinkt das völlig überbelegte Schiff, mehrere tausend Menschen sterben. Szenenphoto aus dem deutschen Film *Nacht fiel über Gotenhafen*

Promenadendeck, getrieben und von Offizieren mit vorgehaltenen Pistolen bewacht. Als das Schiff um 22.15 Uhr hell erleuchtet und mit klagender Sirene sinkt, merken die eingeschlossenen Menschen, dass die Scheiben aus Panzerglas sind. 1252 Menschen werden gerettet, auch die vier Kapitäne.

Einen der letzten Überlebenden findet ein Beiboot des Dampfers Göttingen gegen 4.00 Uhr früh. Er sitzt auf einem Stapel zusammengefrorener Rettungsflöße, ganz allein: Winfried Harthun, geboren 1938, in dem Jahr, als die Gustloff im Golf von Neapel lag und das Bordorchester das Lied der Capri-Fischer spielte. Als das Beiboot der Göttingen gerade im Nebel verschwinden will, ruft der Siebenjährige: »Onkel, nimm mich mit.«

Das russische U-Boot S 13 ist im Rahmen des Hitler-Stalin-Paktes von Deutschen entworfen worden, im holländischen Büro der Krupp-Germania-Werft: Der Versailler Vertrag verbot dem Deutschen Reich derartige Konstruktionen. Nach der Wilhelm Gustloff versenkte das Boot am 9. April 1945 noch den Dampfer General von Steuben mit 2700 Menschen an Bord. Als einziges von dreizehn Booten der Stalinez-Klasse überstand es den Krieg. Kapitän Marinesko, Kommandant von S 13, wurde später wegen Disziplinlosigkeit nach Sibirien verbannt.

# WILHELM GUSTLOFF

## DATEN UND FAKTEN

**Name**: Vermutungen zufolge sollte das Schiff zunächst auf den Namen »Adolf Hitler« getauft werden. Der Plan sei geändert worden, als Wilhelm Gustloff, Schweizer Landesgruppenleiter der Auslandsorganisation der NSDAP, am 4. Februar 1936 in Davos von David Frankfurter erschossen wurde. Die Schiffstaufe hat die Witwe Gustloffs, Hedwig Gustloff, vollzogen, die bis 1923 Hitlers Sekretärin war.
**Baujahr**: Kiellegung 4. August 1936 auf der Werft Blohm & Voss, Hamburg, Baunummer 501; Stapellauf 5. Mai 1937; Baukosten 25 Millionen Reichsmark
**Typ**: Passagierdampfer
**Tonnage**: 25 484 BRT
**Maße**: Länge: 208,5 m; Breite: 24 m; Tiefgang: 6–7 m; Höhe vom Kiel zur Mastspitze: 55 m
**Antrieb**: Dieselmotor mit 10 000 PS, der Schornstein war Attrappe; max. Geschwindigkeit 16,5 kn; beladen wie am Tag der Katastrophe: max. 12 kn
**Besatzung**: als Passagierschiff 417, als Flüchtlingsschiff 173 Personen
**Ausstattung**: als Passagierschiff nur Außenkabinen, Schwimmbad, 7 Bars, Tanzsäle, Bücherei, Wintergarten, Musiksaal, Rauchsalon, Bordkino, Jugendherberge
**Passagiere**: als KdF-Schiff 1463 Plätze. Im Mai 1945: Nach der letzten offiziellen Liste waren 6050 Menschen an Bord, davon 918 Offiziere und Soldaten der Kriegsmarine, 173 Besatzungsmitglieder, 373 Marinehelferinnen, 162 Verwundete, 4424 Flüchtlinge, die Hälfte Kinder. Vor der Ausfahrt kletterten im Hafen weitere Flüchtlinge von kleinen Booten aus unkontrolliert an Bord. Rudi Lange, überlebendes Besatzungsmitglied, erinnert sich, den Befehl bekommen zu haben, über Funk durchzugeben, dass weitere 2000 Menschen an Bord waren. Eine Quelle spricht von insgesamt 7956 Personen; möglicherweise waren es 10 000.
**Rettungsmittel**: 12 Rettungsboote für je 60 Personen (das Passagierschiff hatte 22); 18 Rettungsboote der Marine, Kutter für je 30 Personen; 30 Rettungsflöße für je 10 Personen – insgesamt 4000 Plätze
**Bewaffnung 1945**: sechs 2-cm-Vierlingsflaks. Damit galt die Wilhelm Gustloff offiziell als bewaffnetes Schiff, auch wenn die Geschütze nur an Bord gebracht, aber nicht fest installiert waren.
**Verbleib**: Das Wrack liegt in 60 m Tiefe bei 55°07' Nord, 17°42' Ost, 23 Seemeilen vor der Küste.

## AUF DEN PUNKT GEBRACHT

Der Untergang der Wilhelm Gustloff war die größte Schiffskatastrophe aller Zeiten. Und die Wilhelm Gustloff ist bis heute eine Art Schicksalsschiff deutscher Geschichte: auf einem Traumschiff ins Inferno.

## EMPFEHLUNGEN

**Lesenswert:**

Heinz Schön: *Die Gustloff-Katastrophe*, Stuttgart 1999

Ders.: *Hitlers Traumschiffe. Die »Kraft durch Freude«-Flotte 1934–1939*, Kiel 2000

Günter Grass: *Im Krebsgang*, Göttingen 2002

Arnold Kludas: *Vergnügungsreisen zur See. Eine Geschichte der deutschen Kreuzfahrt.* Bd.1: *1889–1939*, Hamburg 2001

Thomas Mann: *Meerfahrt mit Don Quijote*, Frankfurt/M. 2000

Gerhard Hynitzsch: »Die letzten Tage der Cap Arcona«, in: *Deutsches Schiffahrtsarchiv* Nr. 22, 2000, Hamburg

**Hörenswert:**

Günter Grass: *Im Krebsgang*. Gelesen von Günter Grass. München 2002. 9 CDs

**Sehenswert:**

*Nacht fiel über Gotenhafen*. Regie: Franz Wisbar; mit Brigitte Horney, Sonja Ziemann, Günter Pfitzmann. BRD 1959/60

**Besuchenswert:**

Wissenschaftliches Institut für Schifffahrt und Marinegeschichte in Hamburg

Deutsches Schiffahrtsmuseum, Bremerhaven

Schiffsglocke der Wilhelm Gustloff auf dem Museumsschiff Albatros, im Hafen des Ostseebads Damp

# Exodus 1947

## *Das »Kriegsschiff« des jüdischen Volks*

»Mein erster Eindruck an Bord war schlimm, es war, als würde ich eine Gaskammer betreten.«
Flüchtling Dov Freiberg

»Zwei riesige Fahnen mit dem Davidstern flatterten am Masttop, von unseren 20-Inch-Scheinwerfern angestrahlt. Ihre jammernde Sirene klang wie eine verwundete Kuh, die vor einem unbekannten Schrecken flieht.« So beschrieb der Kommandant des britischen Zerstörers HMS Childers den Beginn des ungleichen Kampfs, der am 18. Juli 1947 vor der Küste Palästinas stattfand und am Ende drei Menschenleben kostete. An Bord der Exodus 1947, des jüdischen »Kriegsschiffes«, wie es der Sprecher der Flüchtlinge Mordechai Rossmann nannte, befanden sich Überlebende des Holocaust: 1282 Frauen und Alte, 655 Kinder und 1017 Jugendliche. Die Kinder waren Waisen, die während der NS-Zeit in Klöstern und bei Privatpersonen versteckt worden waren. »Als ich sie sah, wusste ich, dass uns nichts aufhalten würde. Ich hatte nur eins vor Augen: die Blicke der Kinder«, notierte Yossi Harel, der 28-jährige Kapitän der Exodus 1947.

Insgesamt drängten sich 4554 Menschen an Bord des Schiffes, das im Jahr 1928 für 300 Passagiere gebaut worden war; 26 mal kleiner als die Titanic (s. S. 208), hatte es doppelt so viele Menschen an Bord wie diese. Seinen 1960 produzierten Spielfilm drehte Regisseur Otto Preminger auf einem so genannten Liberty-Ship, dem amerikanischen Standardfrachter aus der Zeit des Zweiten Weltkriegs. Wahrscheinlich hätten die Kinobesucher ungläubig den Kopf geschüttelt, hätte Preminger ein dem Original ähnlicheres Schiff genommen.

Die President Warfield, von den jüdischen Flüchtlingen am 14. Juli 1947 vor Sizilien in Exodus 1947 umbenannt, war ursprünglich ein reiner Vergnügungsdampfer, der in amerikanischen Küstengewässern verkehrte. Mit Schaufelrädern hätte er als Mississippi-Steamboat (s. S. 190) durchgehen können. Zwischen 1945 und 1948 hat die Jewish Agency for Palestine 64 Schiffe gekauft, um im Rahmen der Operation »Alija Beth« – Einwanderung B – 70 000 Juden nach Paläs-

■ Überlebende des Holocaust an Bord der überfüllten Exodus 1947 auf dem Weg nach Palästina. Szenenphoto aus dem amerikanischen Film *Exodus* von Otto Preminger, 1960

tina zu bringen. Sie sollten durch ihre bis zur Staatsgründung Israels illegale Einwanderung in das Mandatsgebiet Palästina Realitäten schaffen, in der Hoffnung, dass die Vereinten Nationen den Überlebenden des Holocaust schließlich doch einen eigenen Staat zusprechen würden. Die Regierung Großbritanniens hatte am 14. Februar 1947 beschlossen, ihr UN-Mandat niederzulegen. Dennoch wurden viele der Immigrationsschiffe von der Royal Navy gestoppt und deren Passagiere in Auffanglager gebracht. Mit der Exodus 1947 nun wollte die Haganah, militärischer Arm der Jewish Agency und Selbstschutzorganisation der jüdischen Siedler, ein Fanal setzen: Das Schiff sollte sich entweder bis zur Küste Palästinas durchkämpfen oder mit Mann und Maus untergehen.

■ Das Wrack der Exodus 1947 am 22. Juli 1947 im Hafen von Haifa

Der Kampf war ungleich, sechs britische Kriegsschiffe, fünf Zerstörer und der Kreuzer HMS Ajax brachten die Exodus 1947 auf. Deren mit Eisenstangen und Holzlatten bewaffnete Passagiere hatten das Schiff verbarrikadiert; Öl wurde ausgegossen, um die britischen Enterkommandos zu behindern; als Wurfgeschosse dienten Fässer, gegen Ende des Kampfs sogar Kartoffeln. Immer wieder rammten die Kriegsschiffe die Exodus 1947, schnitten mit ihren scharfen Steven in die hölzernen Aufbauten des ehemaligen Vergnügungsdampfers. Drei Tote lagen an Deck, zwei Immigranten, darunter ein Sechzehnjähriger und der amerikanische Freiwillige Bill Bernstein; zweihundert jüdische Kämpfer waren verletzt, davon siebenundzwanzig schwer, unter ihnen eine Frau, die den Todesmarsch von Auschwitz überlebt hatte.

Auch die Nerven der Briten lagen blank. In den vergangenen Monaten hatten Briefbomben der jüdischen Terrororganisation Irgun Zwai Leumi das British Empire erschüttert. Als drei Soldaten endlich bis auf die Brücke der Exodus 1947 vorgedrungen waren, hielt ihnen einer der amerikanischen Freiwilligen, der Methodistenpriester John Grauel, seine Krawatte entgegen, die aus einer amerikanischen Flagge geschneidert war und protestierte: Man befinde sich in internationalen Gewässern. Die Briten strit-

Im Juni 1948 lief die Altalena in die Küstengewässer Israels ein, an Bord Waffen der jüdischen Guerillagruppe Irgun. Die israelische Regierung forderte die Herausgabe der Waffen. Als die Irgun sich weigerte, ließ Ben Gurion das Schiff am 22. Juni 1948 vor Tel Aviv versenken.

■ Das jüdische Flüchtlingsschiff Exodus 1947 wird 1948 in Haifa, das nun zum neu gegründeten Staat Israel gehört, zerlegt und verschrottet.

ten dies ab. So ging der Kampf auf dem Schiff weiter, das mittlerweile von einem Behelfsruder am Heck gesteuert wurde.

Gegen fünf Uhr früh bekam es Schlagseite und schlingerte so stark in der an diesem Morgen rauen See, dass Kapitän Harel befürchten musste, die Exodus 1947 könnte binnen Sekunden untergehen – wie in einer Falle saßen unter Deck 3000 Kinder, Frauen und Alte. Gegen seine Anweisung, im Notfall auch kollektiven Selbstmord zu begehen, strich Harel die Fahne mit dem Davidstern und gab auf. Das kaum noch schwimmfähige Wrack wurde in den Hafen von Haifa geschleppt. Nur die Schwerverletzten durften im Gelobten Land bleiben, die anderen 4524 wurden mit einem britischen Schiff ausgerechnet nach Deutschland, nach Hamburg und nach Pöppendorf bei Lübeck gebracht, in zwei Lager, die schon vom NS-Regime genutzt worden waren. Der Aktion, die drei Monate dauerte, hatten die Briten den Namen eines amerikanischer Filmstars gegeben – Unternehmen »Mae West«.

Fast alle Passagiere der Exodus 1947 gelangten nach ihrer Entlassung auf Schleichwegen in den in der Zwischenzeit gegründeten Staat Israel. Tatsächlich hatte der Widerstand, den die Exodus 1947 den Briten geliefert hatte, die Hauptversammlung der UNO am 29. November 1947 dazu bewogen, Palästina in einen arabischen und einen jüdischen Staat Israel aufzuteilen. Offiziell wurde der Staat Israel am 14. Mai 1948 ausgerufen; doch viele sagen, er sei geboren worden, als das zerschlagene Wrack der Exodus am 18. Juli 1947 in den Hafen von Haifa einlief und aus den Lautsprechern an Bord die Hatikwah, die Hymne Israels, über das Wasser klang: »So lange noch im Herzen eine jüdische Seele sich regt …«

Am 13. Mai 1939 verließ die MS St. Louis Hamburg, an Bord 936 jüdische Flüchtlinge mit einem Visum für Kuba. Doch die Kubaner verweigerten die Einreise. Nach einer Odyssee vor der Küste der USA erhielt Kapitän Gustav Schröder den Befehl zurückzukehren. Doch nahmen verschiedene europäische Länder die Flüchtlinge auf, von denen die Hälfte dennoch Opfer des Holocaust wurde.

# EXODUS 1947

## DATEN UND FAKTEN

**Baujahr**: 1928 auf der Pusey & Jones Shipbuilding-Werft in Wilmington, Delaware, USA
**Typ**: Ausflugsdampfer für max. 300 Personen mit 4 Decks. Bei der Umrüstung zum Flüchtlingsschiff wurden in jedes davon 4 Zwischendecks für Schlafkojen eingezogen, die Kopffreiheit betrug 60 cm.
**Maße**: Länge: 104 m; Breite: 18,6 m; Tiefgang: 2,4 m
**Wasserverdrängung**: max. 1800 t; Ladekapazität 700 t
**Antrieb**: 4-Zylinder-Dampfmaschine mit 2800 PS; Reisegeschwindigkeit: 11,5 kn; max. 19 kn
**Besatzung 1947**: 40, zum Teil jüdische Freiwillige aus den USA
**Passagiere**: 4515 Flüchtlinge: 1282 Frauen und Alte, 655 Kinder, 1017 Jugendliche, 1561 Männer
**Geschichte und Verbleib**: Ursprünglich hieß das für die Baltimore Steam Packet Company gebaute Schiff President Warfield: nach seinem Eigner, einem der größten Reeder für Ausflugsdampfer auf dem Potomac River und in der Chesapeake Bay. Warfields Nichte Wallis Simpson heiratete den Herzog von Windsor, Englands ehemaligen König Eduard VIII., der die Krone an seinen Bruder Georg VI. übergeben hatte. Solange sie als Amüsierdampfer fuhr, trug die luxuriöse President Warfield den Beinamen »Perle der Chesapeake Bay«. In der Prohibitionszeit wurde sie wegen Alkoholschmuggels aktenkundig. Im September 1942 überquerte sie, zum Truppentransporter USS President Warfield IX–169 umgerüstet, zusammen mit ähnlichen Schiffen – der Verband wurde auch Badewannenflotte genannt – den Atlantik und wurde in England der Royal Navy unterstellt. Dort diente sie zunächst als Kasernenschiff, nahm am 6. Juni 1944 aber auch an der Invasion in der Normandie teil. Ende 1946 kaufte die Jewish Agency for Palestine, die 1922 gegründete offizielle Vertretung der jüdischen Einwanderer in Palästina, auf Drängen der Haganah, der militärischen Selbstschutzorganisation der jüdischen Siedler und Vorläufer der israelischen Armee, das Schiff in Baltimore: für 60 000 Dollar. Man hoffte, dass das Schiff mit seinem »Badewannenrumpf« den britischen Kriegsschiffen in die flachen Küstengewässer vor Haifa oder dem Gaza-Streifen entkommen könnte. Am 18. Februar 1947 wurde das Schiff unter honduranischer Flagge ins internationale Schiffsregister eingetragen; am 24. Februar 1947 fuhr es in Richtung Mittelmeer. In der Nacht des 10. Juli übernahm die Exodus 1947 in der französischen Hafenstadt Sète 4515 Flüchtlinge. In den Jahren nach der Schlacht lag das Schiff im Hafen von Haifa vertäut; 1952 brach ein Brand aus, das Wrack wurde ausgeschlachtet und vor Haifa im Meer versenkt.

## AUF DEN PUNKT GEBRACHT

»Wie ein KZ auf See«, so ein ehemaliger Häftling über seine Fahrt auf dem Ausflugsdampfer, der zum »Kriegsschiff« wurde. Die Exodus 1947 symbolisiert den Überlebenswillen des jüdischen Volkes. Fahrt und Schicksal des Schiffs bewogen die UNO, der Gründung des Staates Israel zuzustimmen.

## EMPFEHLUNGEN

**Lesenswert:**
Yoram Kaniuk: *Und das Meer teilte sich. Der Kommandant der Exodus*, München 2001

Leon Uris: *Exodus*, München 1988

Ruth Gruber: *Exodus 1947. The Ship that launched the Nation*, New York 1999

Horst Siebecke: *Operation Oase. Die wahre Geschichte der Exodus*, München 1984

**Sehenswert:**
*Exodus*. Regie: Otto Preminger. USA 1960

*Voyage of the Damned*. Regie: Stuart Rosenberg. USA 1976

**Besuchenswert:**
The Mariner's Museum, Newport, Virginia

The Marine Museum at Fall River, Fall River, Massachusetts

The Museum of Jewish Heritage, New York

**Anklickenswert:**
www.rrz.uni-hamburg.de/rz3a035/exodus1947.html

www.us-israel.org/jsource/Immigration/exodus.html

www.us-israel.org/jsource/History/Altalena.html

www.aufbauonline.com/2000/issue12/pages12/17.html

# Kon-Tiki
## *Auf dem Floß über den Pazifik*

■ Mit diesem Balsafloß segelte Thor Heyerdahl von Peru nach Französisch-Polynesien. *Kon-Tiki*, sein Dokumentarfilm über diese Unternehmung, wurde 1951 mit einem Oscar ausgezeichnet. Filmplakat von 1950

»Schwere See. Guter Wind. Heute bin ich Koch und fand sieben fliegende Fische auf Deck, einen Tintenfisch auf dem Dach und einen unbekannten Fisch in Torsteins Schlafsack …«, so die Eintragung im Logbuch der Kon-Tiki vom 17. Mai 1947.

Der Plan, mit einem Floß aus Balsaholz von Peru aus den Pazifik zu überqueren, galt bei Fachleuten als Selbstmordunternehmen. Doch den norwegischen Expeditionsleiter Thor Heyerdahl konnte das nicht beirren. Sein maritimes Projekt wurde allenthalben belächelt; aber der smart plaudernde Gentleman – so lernte ihn auch das Film- und TV-Publikum später kennen – hatte während des Zweiten Weltkrieges als Widerstandskämpfer in Norwegen gekämpft, und das verschaffte ihm Respekt. Zwei Männer seiner Crew waren hochdekorierte Kriegshelden, Torstein Raaby hatte als norwegischer Partisanen-Funker in britischen Diensten maßgeblich an der Versenkung des deutschen Schlachtschiffes Tirpitz mitgewirkt; Knut Haugland hatte die Produktionsstätten für schweres Wasser in Rjukan bombadiert, wodurch man den Bau einer deutschen Atombombe zu verhindern hoffte.

Außerdem kam die verwegen-romantische Idee einer archaischen Expedition zur rechten Zeit: Nach den Schrecken des Krieges galt sie als Symbol der Hoffnung auf eine neue Welt friedlicher Abenteuer. Nicht zuletzt deswegen gehört die Kon-Tiki mit der Arche Noah und der Titanic zu den weltweit bekanntesten Wasserfahrzeugen; Heyerdahls Dokumentarfilm erhielt 1951 einen Oscar. Ohne weiteres öffneten sich Heyerdahl die Türen zu den Regierungen Perus und Ecuadors, zu Vertretern der UN. Pentagon und Royal Navy lieferten die komplette Ausrüstung: von Schlafsäcken über Sonnencreme bis hin zu 684 Survival-Ananas-Konserven der US Air Force. Auch ein noch nicht erprobtes Anti-

»Niemals, niemals! Sie dürfen ethnographische Probleme nicht wie ein Detektiv angehen!«
Ein Museumsdirektor vor der Fahrt zu Thor Heyerdahl

Hai-Pulver aus England kam mit an Bord. Im ecuadorianischen Quevedo-Urwald schlug Heyerdahl mit seiner Crew zwölf Balsastämme, flößte sie den Palenque und den Rio Guayas hinab nach Guayaquil und von dort zur peruanischen Marinewerft in Callao, wo das Floß gebaut und mit Kokosmilch getauft wurde.

Am 28. April 1947 begann die Fahrt. Mit seinem Projekt wollte der Völkerkundler Heyerdahl die Schulmeinung widerlegen, der Pazifik sei ausschließlich von Westen aus besiedelt worden. Bekannt war, dass in vielen polynesischen Stämmen ein Ur-Vater namens Tiki verehrt wird. In den Legenden der Inkas fand Heyerdahl Berichte über den Sonnenkönig Virakocha, der nach einer verlorenen Schlacht am Titicaca-See an Perus Küste zog und um 500 n. Chr. von dort verschwand. Wie sich herausstellte, war der Name Virakocha aus der Inka-Sprache Ketchoua neueren Ursprungs, ursprünglich hieß der verschwundene Sonnenkönig Kon-Tiki.

Trotz aller Unkenrufe funktionierte das Floß perfekt. Konstruiert wurde es nach Abbildungen, die man in der Inka-Ruinenstadt Tiahuanaco gefunden hatte. Fachleute hatten prophezeit, das Balsaholz werde sich im Lauf der Wochen voll Seewasser saugen und untergehen. Heyerdahl hat darauf nicht viel Gedanken verwendet, aber zum Glück stellte sich heraus, dass der Saft der frisch geschlagenen Stämme das Holz imprägnierte. Die andere Befürchtung, die tonnenschweren Stämme würden die Hanftaue, mit denen sie verbunden waren, langsam zerreiben, stellte sich als unbegründet heraus. Die Taue rieben vielmehr tiefe Rillen in das weiche Holz, in denen sie vollkommen geschützt lagen. Dass die Vertäuungen während der Fahrt nachgaben, machte das Floß eher seetüchtiger. Je beweglicher die Stämme gegeneinander waren, desto besser passte sich die Gesamtkonstruktion auch schwersten Wellen an. Selbst als diese acht Meter hoch waren, zerbrach das Floß nicht. Erstaunlich gut funktionierten die Schwerter: 1,50 Meter lange Holzbretter, die man beliebig zwischen die Stämme stecken konnte, um den Hebelpunkt des Floßes zu verändern. Dadurch waren Kurskorrekturen bis zu 20° nach Back- oder Steuerbord möglich. Die Technik der Seitenschwerter wurde auch von den Zeesen-

1969 versuchte Heyerdahl mit dem Papyrusboot Ra zu beweisen, dass die alten Ägypter nach Amerika hätten fahren können; aber erst die Ra II erreichte 1970 Barbados. 1978 wollte er mit dem Schilfboot Tigris zeigen, dass die Sumerer, die um 2900 v. Chr. die Ur-Arche gebaut hatten, in der Lage waren, vom Irak bis ins Rote Meer zu fahren, das Heyerdahl aber wegen Kriegsunruhen versperrt blieb. Aus Protest verbrannte er die Tigris.

■ Der norwegische Forscher Thor Heyerdahl 1947 auf der Kon-Tiki

■ Die Kon-Tiki wird im Mai 1947 vom peruanischen Callao mit einem Marineschiff in den Bereich des Humboldtstroms geschleppt, damit sie dort die Westwinddrift ausnutzen kann.

1973 startete der mexikanische Anthropologe Santiago Genovés mit dem Floß Acali zu einem verhaltenspsychologischen Experiment. An der Fahrt von den Kanarischen Inseln nach Barbados nahmen elf Frauen und Männer teil. Es zeigte sich, dass die Schamtabus verschwanden, dass die Selbsteinschätzung der meisten Teilnehmer falsch war und dass die Mutigen an Bord mehr Angst zeigten als die eigentlich Ängstlichen. Der Japaner Kamiko: »Ich habe an Selbstmord gedacht.«

Booten, Küstenseglern der Nord- und Ostsee, benutzt. Die 4300 Seemeilen lange Fahrt verlief ohne Probleme, auch wenn sie bei stürmischer See nicht ungefährlich war; doch nur der Bordpapagei Lorita wurde von einem Brecher erfasst und ertrank.

97 Tage, so hatte Heyerdahl berechnet, würde die Kon-Tiki im günstigsten Fall unterwegs sein. Nach 93 Tagen sichtete die Crew über der opalblauen See eine Kumulonimbuswolke, die auf eine Insel hindeutete. Am 97. Tag sichteten sie ein Atoll, und am 101. Tag der Reise, am 7. August, erreichten sie wohlbehalten den Strand von Rairoia, einer Insel im französisch-polynesischen Tuamoto-Archipel. Damit hatte Heyerdahl bewiesen, dass der Pazifik auch von Südamerika aus besiedelt worden sein könnte. Auch die Legende vom Inka-König Tupak Yupanqui, der mit einer Armada von Balsaflößen zu den Galapagos-Inseln und zurück nach Ecuador gefahren sein soll, konnte einen realen Kern haben.

Ungeklärt blieb dagegen, warum die Polynesier jene Urahnen, die über das Meer kamen, als weißhäutig, rotblond, bärtig und grau- oder blauäugig beschreiben. Als James Cook Hawaii entdeckte (s. S. 126), meinten die Inselbewohner in ihm ihren weißen Gott Lono wiederzuerkennen, der sie einst besucht hatte. Auf den Osterinseln trägt Lono den Namen Rongo-Rongo und wird als »Langohr« beschrieben. In jedem Fall aber hatte es Heyerdahl geschafft, die Menschen nach einem traumatischen Krieg mit Geschichten von fliegenden Fischen auf einem Bambusdach zu erfreuen.

# KON-TIKI

## DATEN UND FAKTEN

**Baujahr**: 1947, auf der Marinewerft von Callao, Peru
**Typ**: Seetüchtiges Floß aus Balsaholz
**Maße**: Länge über alles: 14 m; Seitenlänge: 10 m; Breite: 5,48 m; Tiefgang: ca. 1 m
**Wasserverdrängung**: max. 12 t; Ladekapazität ca. 2 t
**Bauweise**: 9 geglättete Balsaholzstämme, je 1 t schwer, getauft auf die Namen Tiki, Ku, Kane, Kama, Ilo, Mauri, Ra, Rangi und Papa, wurden mit 300 fünfviertelzollstarken Hanfseilen parallel zusammengebunden. Darauf kam in Querrichtung eine Schicht dünnerer Balsastämme, auf denen das Deck aus gespaltenem Bambus lag. Die Deckskajüte war 4,27 m lang und 2,44 m breit.
**Beseglung**: Zweibein-Mast aus Mangle-Eisenholz, Rah aus 2 Bambusstangen; 1 quadratisches Rahsegel. Geschwindigkeit: durchschnittlich 1,8 kn, max. 2,9 kn; 6 m langes Ruder aus Mangle-Holz
**Besatzung**: die Norweger Thor Heyerdahl, Knut Haugland, Erik Hesselberg, Torstein Raaby, Herman Watzinger und der Schwede Bengt Danielsson
**Besonderheiten**: 1,5 m lange, variable Kielschwerter aus 2,4 cm dickem Kiefernholz
**Verbleib**: Der Schoner Tamara schleppte die Kon-Tiki in vier Tagen nach Tahiti. Die Zurrings, die Vertäuungen des Floßes, das bei der Strandung am 7. August zu einem Wrack geworden war, hielten immer noch. Von Tahiti aus transportierte der 4000-Tonnen-Frachter Thor das Floß nach Oslo, wo es heute im Museum steht, neben Heyerdahls Papyrusboot Ra II.
**Neuerungen:**
- Steuern mit Kielschwertern
- Abschied von der Schulmeinung, die Ozeane hätten die Menschen der Frühzeit voneinander isoliert

## BIOGRAPHIE

**Thor Heyerdahl** wird am 6. Oktober 1914 im norwegischen Larvik geboren. Schon als Kind träumt er davon, Forscher zu werden. Nach dem Universitätsstudium in den Fächern Biologie, Geographie und Anthropologie beginnt der Zweite Weltkrieg. Heyerdahl flieht aus dem besetzten Norwegen, wird in Großbritannien zum Widerstandskämpfer ausgebildet und kehrt zu verschiedenen Sabotage-Unternehmen in seine Heimat zurück. Die Fahrt mit der Kon-Tiki macht ihn schlagartig berühmt, seine Reisebeschreibung wird in 70 Sprachen übersetzt und verkauft weltweit über eine Million Exemplare. Der Häuptling von Tahiti verleiht ihm den Ehrennamen »Te Rai ma te ata«, Spiegelung des Himmels. Weitere maritime Expeditionen folgen, Heyerdahl wird Leiter des Kon-Tiki-Museums und weiterer Expeditionen: 1953 auf den Galapagos-Inseln, 1954 in Peru, Bolivien und Kolumbien und 1955/56 auf den Osterinseln. Er stirbt in Italien am 18. April 2002.

## EMPFEHLUNGEN

**Lesenswert:**
Thor Heyerdahl: *Kon-Tiki. Ein Floss treibt über den Pazifik*, Wien 1949

Ders.: *Aku-Aku. Das Geheimnis der Osterinseln*, Berlin 1958

Ders.: *Wege übers Meer. Völkerwanderungen der Frühzeit*, München 1990

Santiago Genovés: *Die Arche Acali. Sechs Frauen und fünf Männer vier Monate auf einem Floß über den Atlantik – das größte Gruppenexperiment der modernen Verhaltensforschung*, Bern–München 1977

Gavin Menzies: *1421. Als China die Welt entdeckte*, München 2003

Wolfgang Ebert, Georg Graffe, Günther Klein: *Unterm Kreuz des Südens. Entdeckungsfahrten ans andere Ende der Welt*, Hamburg 2000

**Sehenswert:**
*Kon-Tiki*. Regie: Thor Heyerdahl. Norwegen/USA 1951

**Besuchenswert:**
Kon-Tiki-Museum, Oslo

## AUF DEN PUNKT GEBRACHT

Die Kon-Tiki gehört neben der Arche Noah und der Titanic zu den drei weltweit bekanntesten Schiffen, denn sie wurde nach den Schrecken des Zweiten Weltkrieges ein Symbol des Friedens. Zugleich markiert sie den Beginn der modernen Experimentalseefahrt.

# Pamir
## *Untergang eines Windjammers*

Als Erzbischof Kardinal Frings am 10. Januar 1952 einen Altar an Bord der Viermastbark Pamir aufbauen ließ, um das neue Segelschulschiff der jungen Bundesrepublik zu segnen, verließen drei Matrosen auf der Stelle das Schiff und musterten ab. Geistliche an Bord eines Schiffes bringen Unglück – das weiß jeder Seemann.

Fünf Jahre später, am 2. September 1957, treibt südlich der Kapverden ein harmloses Gewitter hinaus aufs Meer. Hurrikane entstehen aus solchen afrikanischen Gewittern; warum manche zu Wirbelstürmen werden, andere nicht, ist auch im Computer-Zeitalter nicht zu erklären. Chaostheoretiker wollen nicht ausschließen, dass es genügt, »wenn ein Schmetterling in einem westafrikanischen Regenwald … zur linken und nicht zur rechten Seite eines Baumes fliegt«. Am 9. September kreuzt die Pamir mit argentinischer Gerste an Bord ebendieses Gewitter vor Afrikas Küste, Kurs Nordwest. Bald darauf wird aus dem Gewitter ein Hurrikan, der den Namen Carrie erhalten wird und sich auf die Bermudas zu bewegt. Am 17. September, zwischen den Bermudas und New York, dreht sich Carrie und rast mit 200 Stundenkilometern die 1300 Seemeilen zurück in Richtung Afrika. Kapitän Johannes Diebitsch hat die Bahn des Hurrikans richtig berechnet und sieht die Pamir außer Gefahr, doch am 21. September macht Carrie einen 90°-Schwenk, holt die Pamir mittags ein und versenkt sie südöstlich der Azoren. Von 86 Mann überleben sechs. Unter den Toten sind zwanzig Schiffsjungen.

▪ Die Pamir. Der Großsegler war fünf Jahre lang als Segelschulschiff der deutschen Handelsmarine unterwegs.

Die Pamir ist 1905 in Hamburg vom Stapel gelaufen, ein stolzer Neubau der Hamburger Reederei Ferdinand Laeisz, die 61 ihrer Schiffe einen Namen mit dem Anfangsbuchstaben »P« gab. Den ersten Laeisz-Bau taufte Carl Laeisz 1857 auf den Namen Pudel – es war der Kosename seiner Gattin Sophie, die wegen ihrer Fri-

■ *Der Untergang der Pamir.* Gemälde von Enno Kleinert, 1982

sur so genannt wurde. Die Laeisz-Segler waren außergewöhnlich schnell, hießen darum bald nur noch »Flying P-Liner«. Die aus Holz gebauten Tee- und Weizenklipper (s. S. 184) verschwanden gegen Ende des 19. Jahrhunderts von den Meeren, an ihre Stelle traten die stählernen Windjammer, so genannt nach dem englischen Wort »to jam« (pressen): Es sind Segler, die den Winddruck optimal umsetzen. Deswegen konnten sie sich gegen die Konkurrenz der Dampfschiffe behaupten. 1881 bestand die europäische Handelsmarine aus 10 507 Dampfern und 114 641 Segelschiffen; unter deutscher Flagge liefen 4246 Segelschiffe mit 966 000 Tonnen Ladekapazität; mehr als je zuvor. Fünfzehn Jahre später waren es nurmehr 591 000 Tonnen. Dafür stieg die Zahl der Dampfer zwischen 1871 und 1896 von 147 auf 1068. Nur die Reedereien Rickmers und Laeisz bauten weiterhin reine Großsegler. Durch moderne Technik wie Motorwinden für die Handhabung der Segel konnte die Besatzung auf dreißig Mann reduziert werden (ein Klipper brauchte sechzig Mann), was die Schiffe rentabel machte.

Die Pamir gehörte zu den letzten acht Schiffen, die Laeisz zwischen 1903 und 1926 bauen ließ, ihre Schwesterschiffe waren die Viermastbarken Pangani, Petschili, Passat, Peking, Pola, Priwall und zuletzt die Padua, die als einzige bis heute fährt – unter dem Namen Kruzenshtern als Schulschiff der russischen Marine. Wie

1902 ließ die Reederei Laeisz das erste Fünfmastvollschiff der Welt bauen. Mit ihren 18 Knoten Geschwindigkeit war die 133 Meter lange Preußen den Dampfern bei der Fahrt um Kap Horn immer noch überlegen (der Panamakanal wurde erst 1914 eröffnet). 1910, auf ihrer dreizehnten Reise, kollidierte die Preußen im Ärmelkanal mit einer Fähre und strandete. Erst 2000 lief das zweite Fünfmastvollschiff der Welt vom Stapel: die Royal Klipper, ein Luxusliner für 250 Touristen.

risikoreich die Fahrten von Großseglern waren, zeigt, dass fünf der acht Schiffe der Pamir-Baureihe Unglücken zum Opfer fielen: eins strandete, zwei sanken, zwei verbrannten.

Am 31. Oktober 1905 verließ die Pamir zum ersten Mal den Hamburger Hafen und erreichte in 79 Tagen Valparaíso. Bis zum Ersten Weltkrieg pendelte das Schiff zwischen Hamburg und den chilenischen Städten Tocopilla und Valparaíso; es brachte Salpeter, den Rohstoff für Kunstdünger und Sprengstoff. Auf der Rückfahrt von Südamerika vom Kriegsausbruch überrascht, lief die Pamir am 1. Oktober 1914 den neutralen Hafen von Santa Cruz auf La Palma an und blieb dort bis Kriegsende. 1921 fiel das Schiff als Reparationsleistung an Italien, wurde 1924 von der Reederei Laeisz zurückgekauft und 1931 vom finnischen Reeder Gustaf Erikson erworben. Bis 1939 fuhr die Pamir bei den so genannten Weizenrennen mit, holte Getreide aus Südamerika und Australien. 1941 beschlagnahmte Neuseeland das Schiff. 1943 stoppte das japanische U-Boot A-12 die Pamir, doch brachte dessen Kapitän Kudo es nicht übers Herz, den Segler zu versenken. 1951 sollten die Pamir und die Passat in Belgien abgewrackt werden. In letzter Minute jedoch kaufte der Lübecker Reeder Heinz Schliewen beide Schiffe. Als Fracht fahrende Schulschiffe der deutschen Handelsmarine wurden sie wieder in Dienst genommen, ab 1955 für die Reederei-Stiftung Pamir und Passat.

■ Die US-Küstenwache rettet am 24. September 1957 Günther Hesselbach (Pfeil), einen der sechs Überlebenden der Katastrophe.

1936 gründeten französische Seeleute in Saint-Malo die Vereinigung Amicale Internationale des Capitaines au Long Cours Cap-Horniers. Aufgenommen wurde nur, wer als Kapitän auf einem Segelschiff Kap Horn umfahren hatte, ab 1950 nahm man auch Steuerleute auf. Am 14. Mai 2003 wurde der Freundschaftsbund in Saint-Malo feierlich aufgelöst – ein Akt, den die letzten noch lebenden Cap Horniers nicht Fremden überlassen wollten.

Der Untergang der Pamir war ein Medienereignis in der jungen Bundesrepublik, die Ursache wurde heftig diskutiert. Da die Passat einmal wegen einer verrutschten Getreideladung fast gesunken wäre, nahm man an, nun habe die Pamir dieses Schicksal ereilt; die Schuld trage der ertrunkene Kapitän Diebitsch, der mit zu viel Segelfläche gefahren sei. Erst in den 1980er Jahren konnte man nachweisen, dass Seeschlag die Untergangsursache war: Die mächtigen Orkanwellen hatten die alten Stahlplatten des Rumpfs eingeschlagen und das altersschwache Schiff voll laufen lassen. Wie sich herausstellte, erlitt die Pamir am 16. Februar 1952, auf jener Fahrt, die drei Matrosen nicht mitmachen wollten, schon einmal einen ähnlichen Wassereinbruch. Die Risse waren im letzten Moment mit allen in der Proviantlast vorhandenen Speckseiten verstopft worden.

# PAMIR

## DATEN UND FAKTEN

**Baujahr**: Stapellauf am 29. Juli 1905, auf der Werft Blohm & Voss in Hamburg. Baunummer 180. Eigner: die bis heute bestehende Reederei Ferdinand Laeisz
**Typ**: Viermastbark
**Ladefähigkeit**: 4106 t, 3103 BRT. Leergewicht: 2248 t.
**Maße**: Länge über alles: 114,5 m, Deck: 96,34 m, Rumpf: 105,5 m; Breite: 14,14 m; Tiefgang: 7,26–7,99 m
**Baumaterial**: Rumpf aus genieteten Stahlplatten, Masten und Rahen aus Stahl. Decksplanken aus kanadischem Pitchpine-Holz
**Beseglung**: 34 Baumwollsegel, max. 4000 qm Segelfläche. Höhe des Großmasts: 51,2 m über Deck; Länge der Unterrahen: 28 m; der Royalrahen: 14 m. Gewicht der Großrah: 9 t. 5000 m Stahlseile. Max. Geschwindigkeit 16 kn. Ab 1951 ein Krupp-Diesel, 900 PS
**Besatzung**: Bis 1951 28–35 Mann; als Schulschiff hatte die Pamir noch zusätzlich Auszubildende an Bord; von den 86 Mann beim Untergang 1957 waren 51 Auszubildende: 29 Jungmänner und 22 Schiffsjungen.
**Ladung**: 3780 t Gerste, 4285 Sack und Schüttladung
**Neuerungen**:
· Windjammer, komplett aus Stahl gebaut
· Motorwinden als Hilfe bei der Segelabstimmung

## WISSENSWERTES

**Zur Geschichte der Hamburger Segelschiff-Reedereien:** Um 1800 und bis in die 1820er Jahre hinein gehörten Hamburger Reedern kaum mehr als 100 Segler; 1845 waren es 203; 1851 sogar 432. Trotz der Konkurrenz durch die Dampfschiffe fuhren 1905, im Jahr des Stapellaufs der Pamir, noch 437 Segler unter der Flagge der Hansestadt. Der erste Segler mit Stahlrumpf der Reederei Ferdinand Laeisz war die 1874 vom Stapel gelaufene Polynesia mit einer Ladekapazität von 1010 t.

## EMPFEHLUNGEN

**Lesenswert:**
Karl-Otto Dummer: *Viermastbark Pamir. Die Geschichte eines legendären P-Liners geschildert von einem Überlebenden des Untergangs*, Hamburg 2001

Horst Willner: *Pamir. Ihr Untergang und die Irrtümer des Seeamtes*, Hamburg 1997

Kerstin von Stürmer, Kurt Grobecker: *Sea Cloud II*, Bremerhaven–Hamburg 2003

**Besuchenswert:**
Museumsschiffe, Flying P-Liner: die Passat in Lübeck–Travemünde

die Peking im South Street Seaport Museum, New York

die Pommern in Mariehamn, Insel Åland, Finnland

Deutsches Schifffahrtsmuseum, Bremerhaven

Museum für Hamburgische Geschichte, Hamburg

Institut für Schifffahrts- und Marinegeschichte, Hamburg

**Anklickenswert:**
www.pamir.chez.tiscali.fr/Voiliers/Classe_A/Pamir/Pamirwg.htm

**Erlebenswert:**
Fahrt mit dem russischen Schulschiff Kruzenshtern, der Ex-Padua, einem Schwesterschiff der Pamir

Fahrt mit den Luxusseglern Royal Klipper und Sea Cloud II

## AUF DEN PUNKT GEBRACHT

Der Windjammer Pamir war ein Relikt aus den stolzen Zeiten Deutschlands vor den Weltkriegen. Die tragischen Begleitumstände des Untergangs erlebte die junge Bundesrepublik als nationale Katastrophe.

# Exxon Valdez
## *Ölkatastrophe vor Alaska*

»Die Fähigkeit, so ein Schiff zu beherrschen, besteht zu fünfzig Prozent aus deinem erlernten Wissen, die andere Hälfte ist Kunst – reines Bauchgefühl.« Michael O'Hara, Lotse

Ausgerechnet einen Tag vor der Ölkatastrophe gab Michael O'Hara, einer der örtlichen Schiffslotsen, den *Anchorage Daily News* ein Interview. »No mistakes!« war sein Resümee: »Ein Fehler, und deine Karriere ist zu Ende.« Der Prince-William-Sund in Südalaska ist eine der schmalsten Meerengen der Welt, wird aber von Supertankern befahren. Ein grandioses Naturschauspiel erhöht die Gefährlichkeit des Ölhafens: Vom gigantischen, nur dreizehn Kilometer entfernten Columbia-Gletscher kalben Eisberge, die durch das Fahrwasser der Tanker treiben. Michael O'Hara: »Jeder, der zur See geht, weiß, was der Titanic passiert ist. Unsere jungen Lotsen sind da manchmal etwas paranoid. Mir meldet mein geistiges Auge, wenn da unten so ein dickes Ding ist.«

Am nächsten Tag, am 24. März 1989, neun Minuten nach Mitternacht, lief der Supertanker Exxon Valdez auf ein Riff, und kein Eisberg hatte Schuld. Der Kapitän war betrunken, sein Dritter Offizier überfordert. Wie hatte der Lotse Michael O'Hara gesagt: »Jede Sekunde kann entscheiden. Selbst wenn ich auf Toilette muss: nie länger als 45 Sekunden. Zur Not gehe ich in Etappen.« Jede falsche Entscheidung kann fatale Folgen haben: Ein 323 Meter langer Supertanker mit 1,27 Millionen Barrel Öl an Bord hat einen »Bremsweg« von zehn Kilometern.

■ Riesige Ölteppiche schwimmen auf dem Wasser: Das Tankerunglück der Exxon Valdez hatte verheerende Folgen für die Küste Alaskas.

In der Nacht der Katastrophe kam einiges zusammen. Die Schifffahrt wurde durch ein Treibeisfeld in der Fahrrinne behindert. Die örtliche Leitzentrale, die elf Jahre fehlerfrei gearbeitet hatte, war wegen einer Personalreduzierung überlastet. Niemand verfolgte die Exxon Valdez auf dem Radar. Nachdem der Lotse planmäßig von Bord gegangen war, beschloss Kapitän Joseph Hazelwood um 23.25 Uhr, das Treibeis in einem eleganten Ausweichmanöver zu umfahren. Zu dieser Zeit hatte er einen Blutalkoholspiegel von zwei Promille. Um 23.36 Uhr ließ er die Geschwindigkeit erhöhen und die Steueranlage von Handbetrieb auf Automatik stellen, was sonst nur auf offenem Meer geschieht. Mit 16 Knoten schob sich die Exxon Valdez auf das keine Seemeile breite Nadelöhr zwischen Treibeisfeld und Bligh Riff zu. Um 23.52 Uhr verließ Hazelwood die Brücke. Vorher befahl er dem Dritten Offizier, ihn rufen zu lassen, wenn die Exxon Valdez das Leuchtfeuer Busby-Island erreicht hätte; dort war der Kurs zu ändern. Der Dritte Offizier hatte erst ein Jahr Berufserfahrung, zudem in der Nacht zuvor nur vier Stunden geschlafen. Um 24.00 Uhr sollte ihn der Zweite Offizier ablösen. Um 23.55 Uhr passierte die Exxon Valdez das Leuchtfeuer: noch drei Seemeilen zum Bligh Riff. Der Dritte Offizier befahl, auf Handsteuerung zurückzuschalten und sich zur Kursänderung bereitzuhalten. Eine Minute später informierte er den Kapitän. Das Schiff schob sich mit 460 Metern pro Minute durch die Nacht. Noch acht Minuten bis zum Riff. Der Dritte Offizier befahl die notwendige Kursänderung, ohne das Erscheinen des Kapitäns abzuwarten. Doch die Exxon Valdez reagierte angeblich nicht. Keiner auf der Brücke hätte dies bemerkt, schließlich, so die Zeugen später, hätten die Kontrolllampen angezeigt, dass die Handsteuerung in Betrieb sei. Jeder erfahrene Rudergänger hätte eine Fehlfunktion wahrgenommen. So aber dauerte es zwei Minuten, bis klar war, dass das Schiff steuerlos war – wenn es sich denn so zugetragen hat. Der Dritte Offizier befahl »Hart Steuerbord«. Noch knapp zwei Seemeilen bis zum Riff.

Noch einige Sekunden habe er wie versteinert auf den Radarschirm gestarrt, den Kapitän erst gegen 23.59 Uhr angerufen: »Ich glaube, wir sind in ernsten Schwierigkeiten.« Das Telefonat dauerte noch an, da waren die ersten Grundberührungen zu spüren. Der pünktlich zur Wache erschienene Zweite Offizier konnte

■ Der Tanker Baton Rouge (links) pumpt Öl aus der havarierten Exxon Valdez.

Die Meere der Welt sind ein rechtsfreier Raum – keine UNO, keine Polizei. Am 17. Januar 1980 ließ der Eigner des 300 Meter langen Supertankers Salem sein Schiff von der Mannschaft versenken, um 80 Millionen Dollar Versicherungsprämie zu kassieren. Der Betrug wurde entlarvt, weil die Salem nicht schnell genug sank.

■ Joseph Hazelwood, der für die Ölkatastrophe verantwortliche Kapitän der Exxon Valdez, verlässt am 5. April 1989 das Suffolk County Gerichtsgebäude in Hauppage, New York. 2003 war der Prozess immer noch nicht abgeschlossen.

nichts tun, das Schiff war nicht mehr zu stoppen. Um 00.09 Uhr ist die Exxon Valdez auf dem Bligh Riff aufgelaufen, unmittelbar danach erschien der Kapitän auf der Brücke.

42 000 Tonnen Rohöl liefen aus, eine im Vergleich mit der Gesamtladung und auch zu anderen Tankerunglücken geringe Menge. 1967 verlor die Torrey Canyon 117 000 Tonnen, 1978 die Amoco Cadiz vor Brest 223 000 Tonnen, 1979 die Atlantic Empress und die Aegean Captain in der Karibik zusammen 276 000 Tonnen, 2002 die Prestige vor der spanischen Nordostküste 70 000 Tonnen. Doch der Unfall der Exxon Valdez verschmutzte einen Küstenstreifen von 1700 Kilometern und tötete eine halbe Million Vögel. Der Exxon-Konzern wurde zivilrechtlich zu einem Schadensersatz von fünf Milliarden Dollar verurteilt; strafrechtlich hatte der Unfall bis 2003 noch keine Konsequenzen. Doch das Desaster der Exxon Valdez stärkte weltweit das Umweltbewusstsein und führte zu neuen Sicherheitsbestimmungen. So müssen Tanker seit 1992 mit einer doppelten Rumpfhülle ausgestattet werden. Doch dürfen einwandige Schiffe noch bis 2026 weiterfahren; noch 4400 solcher alten Tanker sind unterwegs. Eine zweite Ruderanlage ist bis heute Forderung geblieben.

Die Exxon Valdez wurde weltweit zum Symbol für Umweltverbrechen. Im Science-Fiction-Film *Waterworld* trägt das »Schiff des Bösen« den Namen des verunglückten Tankers. 1912 resümierte Joseph Conrad den Untergang der Titanic (s. S. 208): »Größe ist zu einem gewissen Grad ein Element von Schwäche. Je größer das Schiff, desto sorgsamer muss damit umgegangen werden.« Am Tag vor der Havarie der Exxon Valdez hatte der Lotse O'Hara in einem Interview gesagt: »Wenn man mit diesen rohen Eiern am Kai anlegt, darf sich nicht mal eine Schneeflocke an Deck bewegen.« 1,45 Milliarden Tonnen Rohöl werden derzeit jährlich über die Weltmeere transportiert.

Trotz der hochmodernen und präzisen Bordelektronik wie Radar, Echolot, Sonar und GPS bleiben Riffe und Sandbänke eine Gefahrenquelle für die Seefahrt. Am 7. August 1992 lief die Queen Elizabeth 2, die Ikone der Passagierschifffahrt mit 2827 Menschen an Bord 135 Seemeilen nordöstlich von New York im Vineyard-Sund auf Grund. Dem 61 000 PS starken Schiff mit einem Tiefgang von 9,94 Meter fehlten nur dreißig Zentimeter unter dem Kiel.

# EXXON VALDEZ

## DATEN UND FAKTEN

**Name**: Valdez heißt der Ölhafen, von dem die Exxon Valdez auslief.
**Baujahr**: am 11. Dezember 1984 in Dienst gestellt; gebaut von der National Steel and Ship Building Company, San Diego, Kalifornien: der bis dahin größte an der amerikanischen Westküste gebaute Tanker
**Typ**: Rohöl-Tanker
**Maße**: Länge: 323,6 m; Breite: 54,4 m; Tiefgang: 28,9 m
**Ladekapazität**: max. 214 860 t, das sind 1,48 Millionen Barrel Rohöl; Ladung am Tag der Katastrophe: 1,26 Millionen Barrel
**Antrieb**: Turbine mit 32 200 PS, max. Geschwindigkeit 16,25 kn
**Besatzung**: 21 Mann
**Verbleib**: Die Exxon Valdez wurde repariert, als Exxon Mediterranean an die Sea River Maritime Inc. verkauft, die ihr den Namen Sea River Mediterranean gab. Sie fährt bis heute.

## WISSENSWERTES

**Zur Geschichte der Tankschiffe:** 1859 wurde in Pennsylvania die weltweit erste Ölquelle angebohrt. 1865 produzierten die USA 70 000 Tonnen, Russland 16 500 Tonnen. Das erste transatlantische Tankschiff, die Glückauf, wurde 1886 von der deutschen Reederei Riedemann in Dienst gestellt. Das 3000-Tonnen-Dampfschiff fuhr noch teilweise unter Segeln. 1887 waren bereits 17 Tanker unterwegs. 1902 lief die Thomas W. Lawson vom Stapel, Anachronismus und Unikum zugleich: Dieser Tanker, ein reines Segelschiff, war der größte je gebaute Schoner mit sieben Masten. Je größer das Schiff, desto niedriger die Transportkosten pro Barrel. 1952 reichten dem Tanker Tina Onassis 45 270 Tonnen für den Platz Nummer eins. Das erste 100 000-Tonnen-Schiff, die 1959 gebaute Universe Apollo, fuhr, verglichen mit einem 20 000-Tonnen-Schiff, mit 35 Prozent niedrigeren Kosten. Die Entwicklung vollzog sich rasant. 1966 lief der erste »Very Large Crude Carrier«, die Idemitsu Maru mit 206 106 Tonnen vom Stapel, inzwischen fahren 1000 Schiffe dieses Typs; 1968 wurde der erste von 208 »Ultra Large Crude Carriern« gebaut, die Universe Ireland mit 326 585 Tonnen. 1980 wurde der bislang größte Tanker in Dienst gestellt, die 458 m lange Seawise Giant (564 839 t). Sie machte nur zwei Fahrten: Die Materialbelastung des Rumpfes erwies sich als zu hoch. Seit 1952 beziehen sich alle Tonnage-Zahlen bei Tankern auf das Gesamtgewicht, international als DWT (Dead Weight Tonnage) bezeichnet. Zwischen 1987 und 1996 kam es zu 147 Totalverlusten von Tankern; von 1992 bis 1996 waren es 73 (Gesamttonnage 1,27 Millionen t), davon 8 durch Kollision, 33 durch Feuer/Explosion, 5 durch Strandung, 5 durch Maschinenschaden, 11 durch Schlechtwetter, die restlichen 11 aus anderen Ursachen.

## AUF DEN PUNKT GEBRACHT

Die Ölkatastrophe der Exxon Valdez mobilisierte weltweit ein radikaleres Umweltbewusstsein – weiterhin aber haben der Planet wie jedes Schiff zwei Hauptfeinde: den Sturm und menschliches Versagen.

## EMPFEHLUNGEN

**Lesenswert:**

Günter Bossow: *Mayday, Mayday ... Schiffshavarien der 80er und 90er Jahre*, Stuttgart 1999

Douglas Stewart: *Piraten. Das organisierte Verbrechen auf See*, Hamburg 2002

Nikos Kavvadias: *Die Wache*, Berlin 2001

Janwillem van de Wetering: *Ölpiraten*, Hamburg 2002

Jan Brokken: *Die blinden Passagiere*, Wien 1998

Peter Landesman: *Meereswunden*, München 1997

**Sehenswert:**

*Waterworld*. Regie: Kevin Reynolds; mit Kevin Costner. USA 1995

**Anklickenswert:**

www.virtualpet.com/bright/ref/ref.htm

www.people.hofstra.edu/geotrans/eng/ch3en/conc3en/ch3c3en.html

# Cap Anamur
## *Die deutsche Arche Noah*

»Wir müssen eine wertvolle Gesellschaft wiederfinden, in der Menschen für die anderen und für sich leben können … nur in der Aktion.«
Jean-Paul Sartre zu Rupert Neudeck, im Mai 1979

30. Januar 1945, klirrende Kälte, 18 Grad unter Null. Ein fünfjähriger Junge schaut bibbernd auf den großen Dampfer. Er hört, wie jemand zu seiner Mutter sagt: »Warum seid ihr nicht zwei Stunden früher gekommen, ich hatte noch Karten für das Schiff!« Das Kind schaut die zwanzig Meter hohe Schiffswand hinauf. Dahinter ist es warm, doch die Wärme bleibt unerreichbar. Noch am Nachmittag legt das Schiff vom Kai in Gotenhafen ab. Wilhelm Gustloff steht in altdeutscher Schrift am Bug (s. S. 230). Einige Stunden später sinkt die Gustloff mit wahrscheinlich siebentausend Flüchtlingen an Bord. Der frierende Junge war Rupert Neudeck. Der Ort in der Danziger Bucht heißt heute wieder Gdynia.

1979 ertranken täglich bis zu 2000 Vietnamesen im südchinesischen Meer. Im April 1975 war Vietnam unter Führung des kommunistischen Nordens wiedervereinigt worden. In den folgenden Jahren flohen eine Million Menschen auf überladenen kleinen Booten, in der vagen Hoffnung, ein anderes Land zu erreichen oder von einem vorbeifahrenden Schiff aufgenommen zu werden. Jeder fünfte Flüchtling ertrank; andere verdursteten oder wurden von Piraten getötet; Frauen wurden verschleppt und an Bordelle verkauft. Die mafiaähnlichen Organisationen, Schlepper und Menschenhändler nutzten die Not der Boatpeople aus, eine Folge des Vietnam-Kriegs. Eine Überfahrt über den Golf von Thailand nach Malaysia kostete vier Unzen Gold, das entsprach in den 1970er Jahren etwa tausend US Dollar; der Jahresverdienst eines

■ Die Cap Anamur

Kleinbauern lag bei 150 Dollar. Insgesamt 200 000 Vietnamesen sind auf der Flucht über die See ertrunken, doch die Kapitäne der Handelsschiffe befolgten die Anweisung ihrer Reedereien: »Nach backbord schauen, wenn steuerbord Flüchtlingsboote auftauchen.« Auch die UN und andere Welthilfsorganisationen reagierten nicht. Das Meer ist rechtsfreier Raum.

■ Rupert Neudeck, Gründer und langjähriger Vorsitzender der deutschen Hilfsorganisation Deutsches Notärzte-Komitee Cap Anamur, 1996. Neudeck, der seit 2003 »Rentner« ist, bleibt rastlos: Er gründete die Hilfsorganisation Grünhelme e.V.

Nur eine private Initiative französischer Notärzte hatte ein Lazarettschiff geschickt, die Île de Lumière. Als das Geld verbraucht war, Anfang 1979, mobilisierte der Journalist Rupert Neudeck die deutsche Öffentlichkeit. Am 6. Februar bot der Literaturnobelpreisträger Heinrich Böll seine Hilfe an: »Neudeck, wir müssen das tun.« Nach einer Sendung des Nachrichtenmagazins *Report* am 24. Juli 1979 wurden innerhalb von drei Tagen 1,2 Millionen DM gespendet. Am 28. konnte Neudeck die Cap Anamur chartern. Sie wurde zum einzigen Schiff weltweit, das sich auf den Weg machte, um Bootsflüchtlinge auf offenem Meer aufzufischen – die Île de Lumière arbeitete nur stationär. Als Hommage an das französische Schiff ließ Neudeck noch in der Nacht des 8. August Port de Lumière (Hafen des Lichts) an die Bordwand seines Schiffs pinseln. Am 9. August, ausgestattet mit vagen Zusagen deutscher Behörden, Deutschland werde gerettete Flüchtlinge aufnehmen – um dies zu erreichen, mussten Rupert Neudeck und seine Frau Christel sogar mit einem politischen Hungerstreik drohen –, verließ die Cap Anamur das japanische Kobe mit Kurs auf Singapur.

Am Ruder stand, gerade eingeflogen, Kapitän Harry Voss aus Eckernförde, ein Nordsee-Fahrensmann: Die Cap Anamur brauchte Profis auf der Brücke. Das Schiff war ein ganz normaler Frachter, allerdings einer mit Konstruktionsfehlern. Krumm und schief gebaut, etwas eleganter als »falsch vermessen« bezeichnet, war sie in Japan zwangsversteigert worden. Die Cap Anamur war nicht einfach zu steuern; sie war geradezu störrisch, manchmal lief sie stur aus dem Kurs, oder in Rolf »Papa« Wangnicks – der am längsten als Kapitän auf der Brücke stand – Worten: »Sie eierte!«

In Singapur wurde in den vorderen Frachtraum ein Operationssaal eingebaut. Die Ärzte und Krankenschwestern kamen aus Deutschland, für ihren unbezahlten Dienst auf der Cap Anamur

■ Vietnamesische Flüchtlinge werden auf offener See an Bord der Cap Anamur genommen.

opferten sie ihren Jahresurlaub. Zur Verbesserung der Bordhygiene stiftete der Chemiekonzern Bayer Leverkusen drei Tonnen Rattengift. Im hinteren Frachtraum entstanden Unterkünfte für die Flüchtlinge.

Am 10. Februar 1980 begann die Cap Anamur mit ihrer ersten Rettungsaktion. Sobald sie auf offener See auf ein Flüchtlingsschiff traf, wurden Enternetze ausgebracht, der vietnamesische Dolmetscher Nguyen Huu Huan rief durchs Megaphon: »Keine Angst, dies ist ein deutsches Schiff!« Unter den Geretteten war auch die junge Vietnamesin Mhi. Huan und Mhi heirateten, sie leben heute in Hamburg. Nicht immer ging alles glatt. Manchmal versuchten Piratenschiffe mit Waffengewalt, vor den Augen der Cap-Anamur-Besatzung menschliche Beute zu machen. »Bewaffnet? Am Anfang nicht…«, so Kapitän Wangnick, »später hatten wir aber auch 'ne Menge so'n Kram. Brauchten wir aber gar nicht, einfach volle Kraft auf die Piraten zu, wie zum Ramming, dann haben die schon die Nerven verloren. Das waren ja nur Halbprofis.«

10 395 Menschen konnte die Cap Anamur retten. Das hat pro Person rund 1000 DM gekostet, aufgebracht durch Einzelspenden, die meist nicht über 30 DM lagen. Rechnerisch haben sich 33 333 »Omas«, wie man die Kleinspender in Neudecks Hauptquartier liebevoll nannte, an der Aktion beteiligt; dazu kamen viele freiwillig geleistete Einsatzstunden von Ärzten und Schwestern. Das »Hauptquartier« der Jahre 1979 bis 1982 übrigens wurde von Neudecks Ehefrau Christel geleitet, im Wohnzimmer des Paars. Heute hat das Komitee Cap Anamur/Deutsche Not-Ärzte e.V. ein eigenes Büro, von dem aus weiterhin Hilfsprojekte organisiert und finanziert werden: im Jahr 2003 zum Beispiel drei Ambulanzen, zwei Schulen, 100 Wohnhäuser und ein Kinderkrankenhaus in Al-Thaura, Bagdad.

Im August 2001 rettete das norwegische Containerschiff Tampa in internationalen Gewässern vor Australiens Küste 433 afghanische, pakistanische und ceylonesische Wirtschaftsflüchtlinge. Australien weigerte sich, die Geretteten aufzunehmen und enterte die Tampa.

Die Piratenprofis von heute lassen große Containerfrachter mit Unterhaltungselektronik verschwinden. Über 100 Schiffe werden jedes Jahr gekapert, geplündert, die Ladung und meist auch das Schiff verkauft. Das Hauptbetätigungsfeld der modernen Piraterie ist Südostasien. 2001 führten indonesische Piraten die Statistik an – mit 90 Überfällen. Das Meer ist bis heute ein rechtsfreier Raum ohne Polizei.

# CAP ANAMUR

## DATEN UND FAKTEN

Die Cap Anamur war im Auftrag der deutschen Reederei Hamburg-Südamerikanische-Dampfschifffahrts-Gesellschaft – kurz Hamburg-Süd – gebaut worden, die ihren Schiffen traditionsgemäß Namen von Küstenorten oder Kaps gibt. So erhielt der Frachter, der im östlichen Mittelmeer fahren sollte, den Namen des türkischen Ortes Cap Anamur. Traurige Berühmtheit erlangte ein anderes Schiff der Hamburg-Süd, die Cap Arcona. Während der NS-Zeit fuhr sie als gechartertes KdF-Schiff; am 3. Mai 1945 wurde sie in der Lübecker Bucht mit 4000 KZ-Häftlingen an Bord von britischen Jagdbombern versenkt.

**Baujahr**: 1977/78 auf der Watanabe Zosen K. K.-Werft in Hakata, Japan

**Typ**: Mehrzweckfrachter

**Ladekapazität**: 3000 t; 5300 BRT; der Laderaum kann 177 Container à 20 Fuß aufnehmen

**Maße**: Länge: 118,7 m; Breite: 17 m; Höhe Mastspitze über Kiel: 5,5–9 m, Seitenhöhe: 43 m

**Antrieb**: 1 Kawasaki/MAN-Diesel mit 6 400 PS; Dienstgeschwindigkeit 14,5 kn, max. 17,5 kn

**Besatzung**: 28 Mann seemännisches Personal, meist 3 deutsche Offiziere und philippinische Mannschaft

**Ausrüstung**: Zwei große stützenfreie Laderäume, der vordere, mit einer Grundfläche von 40 m × 17 m der größere, diente als Hospital. Je zwei 50- und 15-Tonnen-Ladebäume, Laderaumventilation, 2 Decca-Radar

**Besonderheiten**: Operationssaal, Hubschrauberlandeplatz

**Geschichte und Verbleib**: Die Reederei Hamburg-Süd, die den Neubau nach den Vorschriften des Germanischen Lloyds und der deutschen Seeberufsgenossenschaft für den Einsatz unter deutscher Flagge in Auftrag gegeben hatte, hat das Schiff nicht abgenommen, wegen, wie es offiziell hieß, »überhöhter Bruttovermessung im Verhältnis zur Tragfähigkeit«. Die Cap Anamur war in sich windschief und wurde daraufhin vom japanischen Imabari-Court zwangsversteigert. Mit 4,15 Millionen DM erhielt die Hamburger Reederei Hans Voss den Zuschlag. Neudecks Hilfsorganisation »Cap Anamur/Ein Schiff für Vietnam« charterte das Schiff für 210 000 DM monatlich. Die Aktion der Cap Anamur endete am 30. Juli 1982 im Hamburger Hafen, als das bundesdeutsche Aufnahmekontingent für Flüchtlinge erfüllt war. Das Schiff fährt heute unter Flagge der VR China. Spätere Hilfsschiffe des Komitee Cap Anamur/Deutsche Not-Ärzte e. V. erhielten die Namen Cap Anamur II, III und IV. Zum Förderkreis der Hilfsorganisation gehören unter anderen Alfred Biolek, Norbert Blüm, Heiner Geißler, Helmut Schmidt, Peter Scholl-Latour; der verstorbene Heinrich Böll wird weiter als Ehrenmitglied geführt.

## EMPFEHLUNGEN

**Lesenswert:**

Rupert Neudeck: *Die Menschenretter der Cap Anamur*, München 2002

Ders.: (Hg.): *Wie helfen wir Asien? Oder: Ein Schiff für Vietnam*, Hamburg 1980

Bernard Moitessier: *Der verschenkte Sieg*, Bielefeld 2003

Clint Willis (Hg.): *Überleben auf dem Wasser*, München 2000

Michael Koepf: *Orion tief im Westen*, Hamburg 2000

Anthony C. Winkler: *Das bemalte Kanu*, Bern–München–Wien 2000

Eduardo Belgrano Rawson: *Schiffbruch der Sterne*, München 2001

Douglas Stewart: *Piraten. Das organisierte Verbrechen auf See*, Hamburg 2002

Cecil S. Forester: *Eine Bootsfahrt in Deutschland*, Hamburg 1999

**Anklickenswert:**

www.cap-anamur.org

## AUF DEN PUNKT GEBRACHT

»Keine Angst, dies ist ein deutsches Schiff !« Auf diesen historischen Satz haben Deutschland und die Welt lange gewartet. Die Cap Anamur ist ein Ausdruck moderner Humanität von unten, geschaffen von Piraten des Idealismus.

# GLOSSAR

**Bark** Uraltes Wort für »Schiff«, das seit dem 18. Jh. einen Schiffstypen mit bestimmter Beseglung bezeichnet. Eine Bark fährt mit Rahsegeln an den vorderen Masten, nur am Besanmast mit Gaffelsegel (s. S. 258f.). Berühmte Barken sind die 3-Mast-Bark Gorch-Fock und die 4-Mast-Bark Pamir.

**Barkentine** Sonderform der ► Bark, die nur am Vormast Rahsegel führt

**Bilge** Tiefster Punkt des Schiffsinnenraums über dem Kiel, in dem zu Segelschiffzeiten meist (Bilgen-) Wasser stand

**Blinde** Vorderstes Rahsegel unter dem Klüverbaum (s. hintere Buchklappe), das dem Steuermann die direkte Sicht nach vorne versperrt

**Bombarde** Mörser, eine schwere, steil feuernde Kanone

**Brigg** Sehr schneller Zweimaster mit Rahsegeln (s. S. 258f.); der Name wurde abgeleitet von »Brigant« = Pirat

**BRT (Bruttoregistertonne)** Raummaß, das den sogenannten Bruttoraumgehalt eines Schiffes angibt. 2,8316 cbm entsprechen 1 BRT. Der Berechnung wird der gesamte vom Schiff umschlossene Raum (Rumpf plus Aufbauten) zugrunde gelegt. Die Erfahrung hatte gezeigt, dass man für 1 Tonne Ladung durchschnittlich 2,83 cbm Raum brauchte. So ist die BRT ein sehr unpräzises Maß, das von der tatsächlichen Ladekapazität eines Schiffes, der Nettoregistertonne, stark abweichen kann; der Laie denkt bei »Tonne« zudem eher an Gewichte. Die Ladekapazität wird heute offiziell mit Bruttoraumzahl (BRZ) und Nettoraumzahl (NRZ) angegeben.

**Bug** Vorderer Teil des Schiffs

**Dolle** Eiserne oder hölzerne »Gabel«, in denen die Ruder (Riemen) beim Rudern beweglich verankert sind.

**Einhandsegler** Eine Person allein fährt ein Schiff. »Hand« ist abgeleitet vom Englischen »hand« = Mann, Arbeiter; »ten hands« an Bord sind entsprechend zehn Mann.

**Fleute** Dreimastsegler, dessen bauchiger Rumpf Teekannenform hat; die Fleute ist das holländische Standardfrachtschiff des 17. Jhs. ► Pinassschiff.

**Fregatte** Im 18. Jh. ein schnelles dreimastiges, als Vollschiff getakeltes Handels- oder Kriegsschiff (genauer: ein Kriegsschiff »5. Ordnung« mit 28–40 Geschützen der Kaliber 12 und 18 Pfund). Im 8. Jh. war »Fragatta« eine Bezeichnung für die dreimastigen Dhaus, aus denen sich die Karavellen entwickelten; aber auch für einen spanischen Fischerboottyp. Die amerikanischen Superfregatten wie die USS Constitution sprengten diese traditionellen Definitionen.

**Galeere** Abgeleitet von lat. »Galea« = Schiff, bezeichnet Galeere im Allgemeinen große, geruderte Fahrzeuge, unabhängig davon, ob die Mannschaft aus Sklaven, Gefangenen oder Freiwilligen besteht. Die heutige Wortbedeutung »Häftlingsschiff« entstand im Mittelalter.

**Galeasse** Bezeichnet ursprünglich sehr große Handelsgaleeren der Römerzeit; in der Galeeren-Schlacht von Lepanto 1571 dienten Galeassen als stationäre Artillerie-Schiffe.

**Galeone** Weiterentwicklung der ► Karacke. Galeonen sind schlanker und haben niedrigere Aufbauten. Am bekanntesten sind die spanischen Schatzgaleonen. Kleinere Galeonen wurden, vor allem in der Karibik, manchmal auch noch gerudert, was die Wortähnlichkeit zu »Galeere« erklärt; das Piratenschiff Adventure Galley ist (wörtlich übersetzt) eine »Risiko«- oder »Wagnis«-Galeere.

**Heck** Hinterer Teil des Schiffs

**Kalfatern** Abdichten eines Schiffs. Zu diesem Zweck wurde Werg (Hanf in Europa, Kokosfasern in Asien, Südsee und Pazifik) zwischen die Planken gestopft und mit flüssigem Pech wasserdicht gemacht.

**Karacke** Dreimastige plumpe Schiffe mit hohen kastellartigen Aufbauten. Phantasie-Darstellungen zeigen auch die Kogge Bunte Kuh als Karacke. Das Wort (auch Karracke oder Karake, holländisch Kraek, Kraeck oder Kraak) ist abgeleitet vom arabischen Qaraqir = Handelsschiff. Dieser Typ wird in Portugal auch als Nao bezeichnet. Aus der Karacke entwickelte sich die flacher und schlanker gebaute ► Galeone.

**Karavelle** Dieser Schiffstyp wird 1255 zum ersten Mal erwähnt als Caravela latina. Er bezeichnet einen zwei- bzw. (meist) dreimastigen Nachbau der schnellen arabischen Dhaus mit Lateinersegeln, z. B. Kolumbus' Begleitschiff Niña. Die Caravela redonda hatte 3 oder 4 Masten und Rahsegel. Aus diesem Schiffstyp entwickelte sich die ► Karacke. Die Bezeichnung Karavelle leitet sich ab von der ► Kraweel-Bauweise.

**Karronade/Carronade** Wörtlich: »Zerschmetterer«, eine wegen ihrer Streuwirkung furchtbare Nahkampfkanone, im Kaliber zwischen 6 und 68 Pfund, die 1779 von Charles Gascoigne für die britische Navy entwickelt wurde. Die 68-Pfünder feuerten mit einem Schuss 500 Musketenkugeln. Diese Waffe machte die Royal Navy unschlagbar.

**Kastell** Turmartige Aufbauten an Bug und Heck, die bei Gefechten als Kampfplattformen dienten. Sie waren oft mittelalterlichen Burgzinnen nachempfunden, daher der Name. Diese Aufbauten gab es nur bei Koggen und ► Karacken, die dadurch sehr instabil waren.

**Kielholen** Um Kiel und Rumpf zu überholen, wurden die Schiffe auf dem Trockenen auf die Seite gelegt. So konnten Algen und Muscheln entfernt und der Rumpf neu ► kalfatert werden. Auch eine Bezeichnung für eine Straf- und Foltermethode, bei der der Delinquent mit einem Seil unter dem Rumpf des Schiffs hindurch gezogen wurde.

**Klinker** Eine Rumpfbauweise, bei der die Planken fächerartig-überlappend genagelt oder gedübelt wurden und die dem Rumpf enorme Dichte und Stabilität gab. Diese Bauweise wurde wegen des extremen Holzbedarfs ausschließlich in Nordeuropa angewendet, bei Wikingerschiffen und teilweise noch bei Koggen.

**Knoten** Seemännisches Maß der Geschwindigkeit – 1 Knoten = 1 Seemeile (1,852 km) pro Stunde –, die mit der durch Knoten unterteilten Logleine gemessen wurde.

**Kraweel** (Kravel) Rumpfbauweise, bei der die Planken nebeneinander gesetzt, genagelt und zusätzlich mit Buchenholz-Zapfen verbunden wurden. Der Begriff stammt aus dem 15. Jh., abgeleitet vom portugiesischen Wort »carvalho« = Eiche. Diese Ableitung ist merkwürdig, denn die Kraweelbeplankung war schon die Standardbauweise der Phönizier und der sogenannten griechischen »Seevölker«. Die Namensgebung Karavelle zeigt auf jeden Fall die Dominanz des portugiesischen Schiffbaus im 15. Jh.

**Kutter** Schiffstyp, der aus schnellen einmastigen Fischerbooten entwickelt wurde. Schon Anfang des 17. Jhs. führten die Niederländer diesen Typ als »yaght« in ihren Reederei-Listen, womit aber vor allem die Schnelligkeit dieser Schiffe bezeichnet wurde. Erst im 18. Jh. setzte sich das Wort »Kutter« als Typenbezeichnung durch; es leitet sich ab vom englischen »to cut«: Tatsächlich durchschneiden Kutter Wasser und Wellen regelrecht.Wegen ihrer enormen Schnelligkeit und Hochseetüchtigkeit waren sie bei Zollbehörden und Piraten gleichermaßen beliebt.

**Lee** Dem Wind abgewandte Seite des Schiffs

**Lebendig** Seemännisches Kommando für »schnell«

**Lot** An einer Leine befestigtes Stück Blei (Senkblei), in dessen Höhlung etwas Talg geschmiert wurde. Auf den Meeresgrund hinabgelassen, blieben am weichen Talg je nach Verhältnissen Sand, Muscheln oder Kiesel kleben. Durch langjährige Erfahrung im Loten wussten z. B. die Koggenkapitäne, wo in der Nord- und Ostsee sie sich befanden. Aber auch in unbekannten Gewässern war das Loten eine wichtige Navigationshilfe.

**Luv** Dem Wind zugewandte Seite eines Schiffs

**Mast** Benannt werden die Masten nach ihrer Stellung im Schiff; von vorne nach hinten: Fock-, Groß- und Kreuz- (Vollschiff) bzw. Besanmast (Bark) (s. S. 258f. und hintere Buchklappe).

**Nao** ▸ Karacke

**Pinasse** Kleines einmastiges Segelschiff (englisch), meist als Beiboot

**Pinassschiff** Schneller holländischer Dreimaster, verwandt mit der ▸ Fleute, aber schlanker und schnittiger. Das Pinassschiff ist ein Vorläufer der ▸ Fregatte.

**Reffen** Verkleinern der Segelfläche eines Segels durch Auftuchen (Aufwickeln)

**Schaluppe/Sloop** Klassisches einmastiges Fischer- und Segelboot

**Schoner** Auch Schooner oder Schuner genannt: Schiffstyp, der aus zweimastigen Fischerbooten entwickelt wurde. Die Konstruktionsideen gingen in Nordeuropa wie in Nordamerika auf alte Wikinger-Traditionen zurück. Schoner wurden auch als Zweimast-Kutter bezeichnet, hatten aber anders als ▸ Kutter einen runden flachen Bug, der sie auf den Wellen »surfen« ließ (▸ Skeidh). Die typisch nach hinten geneigten Masten erinnern an die arabische Dhau. 1713 erhielten sie den Namen Schoner, abgeleitet vom Schottischen »to scoon«: einen Stein über das Wasser springen lassen (s. S. 258f.).

**Seemeile** = 1,852 km

**Segel** Grundsätzlich unterscheidet man Rahsegel und Lateinersegel. Die Rahsegel, mediterranen Ursprungs, sind quadratisch, rechteckig oder trapezförmig; sie werden an einer horizontalen Rah befestigt. Lateinersegel, arabischen Ursprungs, sind dreieckig und werden an einer diagonal gesetzten Rah befestigt ▸ Schratsegel, Gaffelsegel, Spinnacker). Die Segelnamen werden nach Mast und der Höhe, in der sie an diesem angebracht sind, gebildet. Das Großmarssegel z. B. ist das am Großmast in Höhe des Mars gesetzte Segel; das Vorbramsegel ist am Vormast an der Bramstenge gesetzt. (s. S. 259 und hintere Buchklappe)

**sinnig** Seemännisches Kommando für »langsam«

**Skeidh** Neben dem Handelsschiff Knorre (auch Knorr oder Knorren) das Standardschiff der Wikinger und Normannen. Skeidhs waren eine unerhörte Innovation der Schiffsbaukunst. Zu ihrer Stabilität trugen die enormen Eichen Skandinaviens bei. »Skeidh« bedeutet »Rennpferd«.

**Spinnacker** Großes, leichtes, ballonartiges Vorsegel aus moderner Kunstfaser, Weiterentwicklung des »Fliegers« von Kuttern.

**Stabringbüchse** Art schwerer Muskete

**Steuerbord** Rechts, in Fahrtrichtung. Die Schiffe der Ägypter, Phönizier, Griechen, Römer und Wikinger hatten das Steuerruder nicht am Heck, sondern an der Seite des Schiffes, meistens rechts. Das Wort »Steuerbord« stammt aus der Wikingerzeit; viele Begriffe der heutigen internationalen Seefahrtsprache sind wikingischen Ursprungs (engl. Steuerbord: »starbord«, Backbord »bord«). Die Seitenruder verschwanden in Europa durch den Einfluss arabischer Dhaus, die mit Heckruder gesteuert wurden.

**Takelage** Tauwerk eines Segelschiffes; im weiteren Sinn die gesamte Besegelung (s. hintere Buchklappe)

**Vollschiff** Schiffe, die mit Rahsegeln an allen, mindestens aber an drei Masten fahren (s. S. 258f. und hintere Buchklappe)

**Yawl** Zweimastige Segelyacht, bei der der hintere Mast auf dem Heck außerhalb der Wasserlinie steht; bei der Ketsch innerhalb

## SEGELSCHIFFTYPEN

Schaluppe

Kutter

Jacht
mit Kuttertakelung

Anderthalbmast-
Ewer

Anderthalbmast-
Galiott

Zweimast-
Brigg

Zweimast-
Gaffelschoner

Zweimast-Marssegelschoner
(Rahschoner)

Zweimast-
Toppsegelschoner

Zweimast-Schonerbrigg
(Brigantine)

Dreimast-
Vollschiff

Dreimast-
Bark

Dreimast-
Marssegelschoner

Dreimast-
Gaffelschoner

Dreimast-
Toppsegelschoner

Dreimast-Schonerbark
(Barkschoner)

Viermast-
Vollschiff

Viermast-
Schoner

Fünfmast-
Bark

## SEGEL

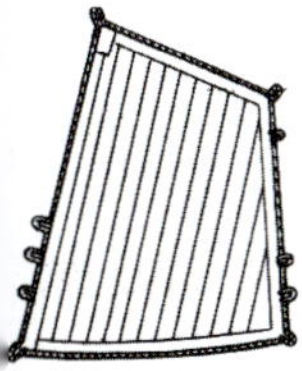

Gaffelsegel

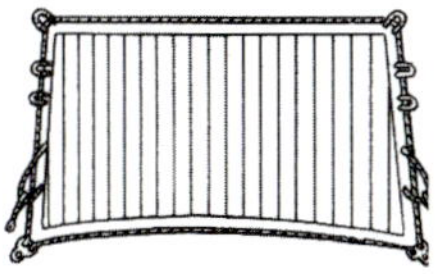

Rahsegel

Stagsegel

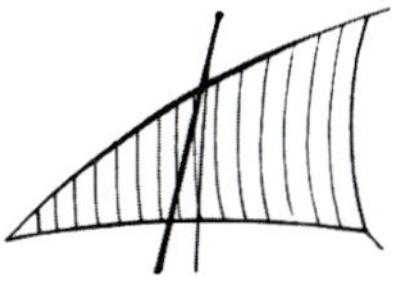

Lateinersegel

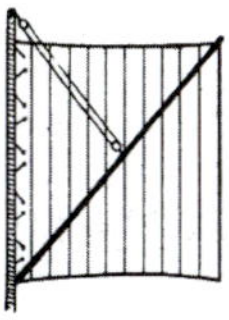

Sprietsegel

Portugiesisches
Segel

# ORTSREGISTER

Statt einer Vielzahl einzelner Orte entlang von Reiserouten führt das Register Großräume (Afrika, Pazifischer Ozean etc.) auf; außerdem enthält es mit »England«, »Karthago«, »Rom« etc. auch Hinweise auf politische Einheiten.

## NAMENSREGISTER

Mythische und literarische Namen sind *kursiv* gesetzt; **fett** gesetzte Seitenzahlen verweisen auf Biographien.

# BILDNACHWEIS

Der Verlag dankt allen, die Bilder zur Verfügung gestellt haben, für die freundliche Genehmigung zum Abdruck.

© Jan Adkins: S. 62 · AKG Berlin: S. 8, 10, 11, 13, 14, 20, 29, 30, 32, 36 und 5, 39, 41, 44, 48 und 5, 50, 54, 56 oben, 57 oben, 58, 65, 66, 74 unten, 75, 76, 78, 79, 81, 84, 87, 88, 92, 94, 97 unten, 102, 106 und U1, 107, 108, 109, 110, 113 oben, 123, 129 und 5, 130, 134, 136, 142, 143, 144, 150, 151, 152, 156 und U1, 158, 159, 160, 161, 162, 165, 167, 168, 170, 171, 172, 175, 176, 177, 180, 182, 184, 187, 188, 192 und U4, 194 unten, 195, 196, 204, 205, 206, 208 und 4, 209 oben, 210 und U1, 218, 228, 231, 232, 264 /AP: S. 242 /British Library: S. 26, 63, 82, 118 /Cameraphoto: S. 51, 53 /Peter Connolly: S. 24, 33, 35 /Werner Forman: S. 17 /Erich Lessing: S. 6, 18, 21, 52, 100, 114 /Gert Schütz: S. 219 /Schütze/Rodemann: S. 154 · Artitec Maquettebouw b. v.: S. 113 unten · Associated Press/Gerald E. Malmed: S. 237 /Stephen Savoia: S. 138 /Matt York: S. 68 · Association du Cotre Corsaire – Saint Malo: S. 155 · Bataviawerf, Lelystad/Foto: Vito Calandra: S. 103 und U4 /Foto: Jaap Roskam: S. 101 und U1 · © John Batchelor: S. 28 · Billing Boats A/S: S. 96 · The Cutty Sark Trust/Foto: Philip Springthorpe: S. 186 · dpa Hamburg: S. 57 unten, 60, 64, 70 und U1, 74 oben, 97 oben, 126, 127 und U4, 164, 194 oben, 209 unten, 224, 230, 238, 241, 244, 246, 248, 249 und 4, 250, 253 /RMS Titanic/Discovery Channel Online: S. 212 · Filmbild Fundus Robert Fischer: S. 211 · © Gerstenberg Verlag, 2004: Karte vordere Buchklappe · The Golden Hinde Trust: S. 85, 89 · Foto: Hans Hammarskiöld für das Vasa Museum, Stockholm, Schweden: S. 98 · Institute of Nautical Archaeology: S. 21 · Interfoto/The Bridgeman Art Library: S. 67, 112 und 4 /The Stapleton Collection: S. 139 · Jauch und Scheikowski: S. 9, 12, 34 und 4, 45, 72, 86 und 4, 90, 93, 104, 119 und U4, 124, 128, 132 und U4, 133, 166, 181, 220, 222, 226 und U4, 227, 233, 234, 236, 240 · The Joshua Slocum Society International Inc.: S. 3, 198, 199, 200, 201, 202 · © Enno Kleinert: S. 1, 7, 16, 56 unten, 71, 174, 185, 191, 245 · © Musée national de la Marine/P. Dantec: S. 122 · Museo Naval, Madrid: S. 146, 147 und 5, 148 und 5 · New Orleans Steamboat Company/Foto: David Mesler: S. 190 · Thomas H. Nguyen: U1 links, S. 252, 254 · Royal Geographical Society, London: S. 214 und Buchrücken, 215, 216 · Severin Archive/Foto: John Egan: S. 25 /Foto: Richard Greenhill: S. 38, 40, 42 · © University Museum of Cultural Heritage – University of Oslo, Norway: S. 47 /Foto: Eirik Irgens Johnsen: S. 46 · USNI Photo Service: S. 137, 140, 223 · The Whydah Joint Venture: S. 116, 117, 120

## IMPRESSUM

*Bibliografische Information Der Deutschen Bibliothek*
Die Deutsche Bibliothek verzeichnet diese Publikation in der Deutschen Nationalbibliografie; detaillierte bibliografische Daten sind im Internet über http://dnb.ddb.de abrufbar.


Gestaltung und Satz: typocepta, Wilhelm Schäfer, Köln
Satz aus der Berthold Concorde und der DTL Caspari
Druck und Bindung: Westermann Druck, Zwickau
Printed in Germany

www.gerstenberg-verlag.de

ISBN 3-8067-2548-9